数据结构与算法

(Python语言版)

侯凤贞　胡建华　潘　蕾　主编

清华大学出版社
北京

内 容 简 介

本书共分为9章,旨在为读者提供数据结构与算法的基础知识。第1章介绍了数据结构与算法的基本概念。第2章概述了Python编程的基础知识,确保读者具备使用Python语言进行编程的能力。本书的亮点集中在第3~9章,分别详细讲述了线性表、字符串、栈和队列、二叉树和树、图等核心数据结构,以及递归算法、二分查找和经典排序算法等。书中不仅解释了这些数据结构和算法的基本概念和特性,还通过Python代码示例演示了它们的具体实现。此外,书中还使用了大量的图示来辅助读者理解复杂的算法逻辑,并结合精选自力扣(LeetCode)平台的经典算法题目,帮助读者加深对知识点的理解和应用。

本书实用性强,易于理解,既可作为高等院校数据科学、人工智能等相关专业的教材,也适合自学使用。

版权所有,侵权必究。举报: 010-62782989, beiqinquan@tup.tsinghua.edu.cn。

图书在版编目(CIP)数据

数据结构与算法: Python语言版/侯凤贞,胡建华,潘蕾主编. -- 北京: 清华大学出版社,2025.5. -- (清华开发者学堂). -- ISBN 978-7-302-68879-2
Ⅰ. TP311.12
中国国家版本馆CIP数据核字第2025G9W358号

责任编辑:张 玥 薛 阳
封面设计:吴 刚
责任校对:韩天竹
责任印制:刘 菲

出版发行:清华大学出版社
网　址:https://www.tup.com.cn,https://www.wqxuetang.com
地　址:北京清华大学学研大厦A座　　　邮　编:100084
社 总 机:010-83470000　　　　　　　　邮　购:010-62786544
投稿与读者服务:010-62776969,c-service@tup.tsinghua.edu.cn
质量反馈:010-62772015,zhiliang@tup.tsinghua.edu.cn
课件下载:https://www.tup.com.cn,010-83470236

印 装 者:三河市龙大印装有限公司
经　　销:全国新华书店
开　　本:185mm×260mm　　印　张:18.5　　字　数:465千字
版　　次:2025年5月第1版　　　　　　　印　次:2025年5月第1次印刷
定　　价:59.80元

产品编号:103992-01

前言

　　数据结构与算法对于解决复杂问题、提高编程效率尤为重要，是计算机科学中重要的研究内容，也是计算机学科中一门重要的课程。Python 语言因简洁明了的语法以及在数据处理、人工智能等领域的独特优势，成为当下广受欢迎的编程语言之一，因此本书以 Python 作为工作语言来介绍数据结构和算法。

　　本书以培养读者的算法思维和逻辑能力为核心目标，系统梳理了数据结构与算法的关键知识点，并将其组织成易于理解和实践的学习单元。全书遵循从简单到复杂的渐进原则，并提供了丰富的例题和习题，以帮助读者提高将理论知识转换为解决实际问题的能力。

　　本书不仅适合希望提高编程技能的自学者和专业人士，也适合高等院校中数据科学、人工智能等相关专业作为教材使用。特别地，它无缝衔接 Python 基础教学与进阶的数据结构课程，因此特别适合以 Python 程序设计语言课程作为数据结构先修课的院校选用。全书共分为 9 章：第 1 章介绍了数据结构与算法的基本概念，第 2 章概述了 Python 编程的基础知识，第 3~9 章详细讲述了线性表、字符串、栈和队列、二叉树和树、图等核心数据结构，以及递归算法、二分查找和经典排序算法等。

　　本书具备以下特色。

　　（1）丰富的图示解析。书中使用了大量精心设计的图示来辅助解释复杂的算法逻辑，使抽象的概念更加直观易懂，帮助读者快速掌握核心知识点。

　　（2）详细的代码示例。为了帮助读者更好地理解和应用算法，本书提供了丰富的代码清单，不仅包括基础性的代码片段，还有模板算法的完整实现，使读者能够轻松上手。

　　（3）突出关键术语。在介绍数据结构的相关章节中，对重要的术语进行了加粗处理，便于教师在课堂教学时重点强调，也方便读者快速识别和记忆关键概念。

　　（4）精选例题和习题。从力扣（LeetCode）平台精选了一系列经典算法题目（访问链接为 https://leetcode.cn/problem-list/RzLylpxP/），覆盖了各个章节的主要知识点，能进一步加强读者对数据结构和算法的理解能力,提高实际编码能力。

(5) 为了支持教学和自学,本书还提供了全面的配套资源,包括教学大纲、教学课件、所有程序的源代码、习题答案,以及长达400分钟的微课视频。这些资源可为教师提供便利的教学工具,也为自学者创造更加丰富的学习环境。读者可以通过清华大学出版社的官方网站免费下载这些资料。

本书由侯凤贞、胡建华、潘蕾共同编写。其中,侯凤贞编写了第5、7和8章并统稿,胡建华编写了第1、2和9章,潘蕾编写了第3、4和6章。在编写过程中,编写团队吸取了国内外教材的精髓,对这些作者的贡献表示由衷的感谢。本书在出版过程中,得到了清华大学出版社和力扣中国网站的大力支持,以及吴越、罗忉秋和石亦珠在校对过程中的帮助,在此表示诚挚的感谢。

由于作者水平有限,书中难免有不妥和疏漏之处,恳请各位专家、同仁和读者不吝赐教和批评指正,并与编者讨论。

编　者
2025年1月

目录

第 1 章 绪论 /1

1.1 算法 /1
- 1.1.1 算法的基本概念 /1
- 1.1.2 算法的表示 /2
- 1.1.3 算法的设计 /4

1.2 算法的分析评价 /6
- 1.2.1 时间复杂度分析 /6
- 1.2.2 时间复杂度分析举例 /8
- 1.2.3 空间复杂度分析 /10

1.3 数据结构 /11
- 1.3.1 数据与数据结构定义 /11
- 1.3.2 数据类型与数据抽象 /15
- 1.3.3 抽象数据类型 /16
- 1.3.4 数据结构和算法的关系 /17

小结 /18
习题 /19

第 2 章 Python 编程基础 /20

2.1 Python 数据类型 /20
- 2.1.1 常用数据类型 /20
- 2.1.2 变量、运算符和表达式 /21
- 2.1.3 内置数据类型的常见运算和操作 /23

2.2 Python 控制结构 /27
- 2.2.1 顺序结构 /27
- 2.2.2 选择结构 /28
- 2.2.3 循环结构 /30

2.3 Python 函数　/34

　2.3.1　函数概述　/34
　2.3.2　函数的声明和调用　/34
　2.3.3　参数传递　/36
　2.3.4　函数的返回值　/38
　2.3.5　变量的作用域　/38
　2.3.6　函数式编程　/40

2.4 Python 面向对象编程　/42

　2.4.1　面向对象程序设计　/42
　2.4.2　类的定义和实例化　/43
　2.4.3　属性　/45
　2.4.4　方法　/47
　2.4.5　类的继承　/48
　2.4.6　类的特殊方法　/50
　2.4.7　对象的引用、浅拷贝和深拷贝　/54

2.5 抽象数据类型面向对象实现　/55

　2.5.1　抽象数据类型和面向对象方法　/55
　2.5.2　有理数的抽象数据类型表示　/55
　2.5.3　有理数抽象数据类型的 Python 语言实现　/56

小结　/58
习题　/58

第 3 章　线性表　/63

3.1 线性表的概念　/63

　3.1.1　基本术语和概念　/63
　3.1.2　线性表的操作　/64
　3.1.3　线性表的实现基础　/65

3.2 顺序表　/65

　3.2.1　顺序表的定义　/65
　3.2.2　顺序表的基本实现　/66
　3.2.3　顺序表例题　/68

3.3 单链表　/69

　3.3.1　单链表的定义　/69
　3.3.2　单链表的基本实现　/70
　3.3.3　单链表基本操作的实现　/72
　3.3.4　单链表例题　/76

3.4 链表的变形与操作　/80

　3.4.1　带尾结点引用的单链表　/80

    3.4.2 循环单链表 /82
    3.4.3 双向链表 /86
    3.4.4 不同结构链表总结 /89
 3.5 有序表及其应用 /90
    3.5.1 有序表的定义 /90
    3.5.2 有序表例题 /90
小结 /92
习题 /93

第 4 章 字符串 /98

4.1 字符串的概念 /98
    4.1.1 基本术语和概念 /98
    4.1.2 串的基本操作 /99
    4.1.3 Python 中的字符串 /100
    4.1.4 基本串操作例题 /100
4.2 字符串匹配算法 /103
    4.2.1 字符串匹配 /103
    4.2.2 朴素的串匹配算法 /103
    4.2.3 无回溯串匹配算法（KMP 算法） /105
    4.2.4 串模式匹配例题 /110
小结 /114
习题 /114

第 5 章 栈和队列 /116

5.1 栈的概念与实现 /116
    5.1.1 栈的结构和操作特点 /116
    5.1.2 栈的表示和实现 /117
5.2 栈的应用举例 /121
    5.2.1 括号匹配问题 /122
    5.2.2 后缀表达式求值 /124
    5.2.3 从中缀表达式到后缀表达式的转换 /126
5.3 队列的概念与实现 /129
    5.3.1 队列的结构特点与操作 /129
    5.3.2 队列的表示和实现 /130
5.4 双端队列 /134
小结 /136
习题 /137

第 6 章 递归 /142

6.1 递归的定义 /142
- 6.1.1 基本概念 /142
- 6.1.2 简单递归操作例题 /143
- 6.1.3 汉诺塔问题 /146

6.2 递归的可视化 /147
- 6.2.1 递归执行过程 /147
- 6.2.2 递归过程可视化 /147
- 6.2.3 递归图形化展示 /149

6.3 回溯法 /150
- 6.3.1 回溯的概念 /150
- 6.3.2 组合问题 /151
- 6.3.3 回溯法例题 /153

6.4 动态规划初步 /157
- 6.4.1 动态规划的概念 /157
- 6.4.2 动态规划的应用 /158
- 6.4.3 动态规划例题 /161

小结 /162
习题 /162

第 7 章 二叉树和树 /166

7.1 树状结构基本概念 /166
- 7.1.1 树的定义和基本术语 /166
- 7.1.2 树状结构的描述 /167
- 7.1.3 二叉树的概念 /168
- 7.1.4 二叉树的性质 /169

7.2 二叉树的存储 /171
- 7.2.1 二叉树的顺序存储 /171
- 7.2.2 二叉树的链式存储 /171

7.3 二叉树的遍历及其实现 /172
- 7.3.1 二叉树按层次遍历的实现 /173
- 7.3.2 二叉树深度优先遍历的递归实现 /175
- 7.3.3 二叉树深度优先遍历的非递归实现 /179

7.4 二叉树遍历算法的应用 /180
7.5 优先队列与堆 /188
- 7.5.1 优先队列的概念及应用 /188

          7.5.2　堆的概念及实现　　/190
   7.6　哈夫曼树　　/195
          7.6.1　基本概念　　/195
          7.6.2　Huffman 树的构造　　/196
          7.6.3　最优前缀编码　　/198
   7.7　树和森林的存储和遍历　　/199
          7.7.1　树和森林的遍历　　/199
          7.7.2　树的存储表示　　/200
          7.7.3　树的遍历算法实现　　/204
   小结　　/207
   习题　　/208

第 8 章　图及其算法　　/213

   8.1　图的概念　　/213
          8.1.1　基本术语和概念　　/213
          8.1.2　其他术语和概念　　/214
   8.2　图的表示与实现　　/216
          8.2.1　邻接矩阵　　/216
          8.2.2　邻接表　　/217
          8.2.3　图表示的 Python 实现　　/218
   8.3　图的遍历及其应用　　/223
          8.3.1　深度优先遍历图　　/223
          8.3.2　广度优先遍历图　　/225
          8.3.3　图遍历算法的简单应用　　/226
          8.3.4　图遍历算法的高阶应用　　/228
   8.4　拓扑排序　　/234
   8.5　并查集　　/236
   8.6　连通网的最小生成树　　/242
   8.7　最短路径问题　　/246
          8.7.1　单源最短路径的 Dijkstra 算法　　/247
          8.7.2　求解任意顶点间最短路径的 Floyd 算法　　/248
   小结　　/249
   习题　　/250

第 9 章　排序和查找　　/255

   9.1　查找　　/255
          9.1.1　基本术语和概念　　/255

9.1.2　顺序查找　　/256
　　9.1.3　二分查找　　/258
9.2　排序　/263
　　9.2.1　基本术语和概念　/263
　　9.2.2　选择排序　　/265
　　9.2.3　冒泡排序　　/267
　　9.2.4　插入排序　　/269
　　9.2.5　希尔排序　　/273
　　9.2.6　归并排序　　/275
　　9.2.7　快速排序　　/278
小结　/280
习题　/280

附录 A　LeetCode 网站在线编程说明　/283

参考文献　/285

第 1 章 绪 论

算法与数据结构是计算机科学中最基本也是最重要的研究内容。计算机是通过运行人编写的程序来解决实际问题的。著名的计算机科学家,图灵奖获得者 Nicklaus Wirth 曾提出一个著名的公式:数据结构+算法=程序,反映了数据结构与算法在计算机科学中的重要地位。目前,几乎所有 IT 公司在员工招聘时,都十分关注求职者对数据结构和算法知识的掌握程度。对数据结构和算法知识的考察是求职入门考试关键必考内容之一。本章将介绍算法与数据结构的基本概念。

1.1 算法

1.1.1 算法的基本概念

计算机科学所研究的内容主要是如何利用计算机解决现实世界中的实际问题。如何设计和制造计算机,如何编写软件只是计算机科学研究内容的一部分,计算机只是一种工具。

计算机解决现实世界实际问题的时候,与人们日常解决问题的方法基本一样,也有具体的方法和步骤。这种解决问题的方法以及所采用的步骤就是算法。

例如,厨师想做一道宫爆鸡丁菜肴,先要准备相关食材,然后一般都是按照一定顺序,先洗菜、切菜,然后热锅倒油,依次将原料下锅,再翻炒一段时间,加上各种调料,最后出锅装盘。对于厨师来说,制造这个菜肴的过程就是一个算法。按照这个算法过程制作的菜肴才是符合食客需要的。因此,菜谱可以理解为厨师的算法书。

这里讨论的算法,称为计算机算法,主要描述的是利用计算机解决实际问题过程的方法和步骤。有了算法,才能根据算法编写程序让计算机执行,计算机才能完成人们交给它的任务。因此说,算法是计算机科学中最重要的研究内容,计算机科学实际上就是关于算法的科学。算法是规则的有限集合,是为解决特定问题而规定的一系列有先后关系的操作。

例如,要计算一个一元二次方程的实数根,可以使用以下的算法来实现。

算法 1.1　计算一元二次方程 $ax^2+bx+c=0$ 的实数根

步骤 1:输入一元二次方程的系数 a,b,c。

步骤 2:如果 $a=0$,则输出问题无意义,算法停止。

步骤 3:计算 $delta=b \cdot b-4ac$。

步骤 4:如果 $delta<0$,输出方程无实数解,算法停止。

步骤 5:计算 $x_1=(-b+sqrt(delta))/(2a)$,$x_2=(-b-sqrt(delta))/(2a)$。

步骤 6:输出 x_1,x_2,算法停止。

计算机本身是不会求解一元二次方程的实数根的,人类通过自己的智慧掌握了求解这个问题的方法,即在求解过程中采用的步骤。

这里的每个步骤,都可以由一条或若干条计算机指令来完成。这个算法就是解决这个数学问题方法步骤的描述。

通过像上面的计算一元二次方程的实数根的各种计算机算法,可以总结出算法具有以下几个特性。

(1) 有输入:有多个或 0 个输入,输入刻画了算法的初始状态。

(2) 有输出:至少有 1 个或多个输出,表示算法计算的结果,没有输出的算法毫无意义。

(3) 确定性:算法的描述必须没有歧义,必须是明确的,以保证算法的输出能精确匹配输入。

(4) 有限性:在有限步骤之内正常结束,不能形成无穷循环。

(5) 可行性:算法必须是可行的,其中描述的操作都可以通过执行有限次已经实现的基本运算来实现。

在上述算法的 5 大特性中,最基本的是有限性、确定性和可行性。

算法可以分为数值算法和非数值算法两大类。数值算法一般是针对科学计算领域,例如,利用牛顿迭代法计算方程的根、利用级数求积分等。而非数值算法主要针对数据处理领域,如图书检索、行程安排等。本书主要介绍的是应用在数据处理领域的非数值算法。

1.1.2　算法的表示

算法是计算机解决问题的依据,是计算机程序的灵魂,但算法本身不是计算机程序。计算机程序是根据某种计算机语言编写的程序指令。例如,一个问题可以通过 C 语言来编写程序解决,也可以用 Python 语言来完成。因此,用算法描述解决问题时,一般与具体计算机语言是无关的。当算法确定后,再由计算机程序员把算法转换为一个具体的计算机语言编写的程序后,计算机才可以执行。实际上,算法是人类解决问题过程中人与计算机交流的工具。

算法必须清晰而严谨地描述解决问题的过程,因此,如何表达算法就是一件比较重要的事情。目前主要有三种方式来描述算法,分别是自然语言描述、算法流程图以及伪代码。

1. 自然语言描述

用人类自然语言描述算法比较直观易懂,对于没有受过计算机方面专业训练的人也比较容易理解,只要把解决问题的方法和步骤描述清楚即可。但是,人类自然语言存在描述不精炼、有时会产生歧义的问题,会造成对算法描述的误解。

2. 算法流程图

算法流程图是一种常见的算法表示工具,它与程序流程图类似,由输入框、处理框、判断框、输出框等基本图表元素构成,然后通过流程线条表示处理的先后次序。图1.1展示了求一元二次方程的算法流程图。算法流程图描述严谨,直观,便于理解。其缺点是当问题比较复杂时,绘制算法流程图会比较困难。

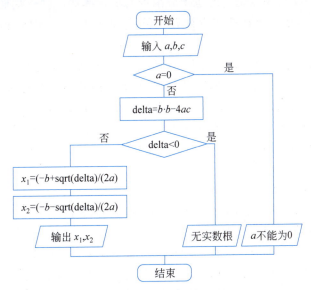

图1.1 求一元二次方程的算法流程图

除了图1.1这种流程图外,还有用比较紧凑格式的N-S图(盒图)的形式。

3. 伪代码

伪代码是算法表示中最常见的方法。一般采用结构化英语的方式进行表达。由于大多数计算机语言也是基于结构化英语方式进行设计的,因此很容易把伪代码转换为具体的计算机程序。伪代码的写法没有固定的标准,如有类似C++的形式,也有类似Pascal语言的形式。下面是求一元二次方程的根的伪代码。

```
/*计算一元二次方程的实根*/
Function getRoots(a,b,c)
    if a=0 Then
        return  "a不能为0"
    delta = b^2 - 4*a*c
    if delta < 0 Then
        return "没有实数根"
    else
        x1 = (-b + sqrt(delta) / (2a)
        x2=(-b - sqrt(delta) / (2a)
    return x1, x2
```

Python语言的语法很接近结构化英语,表达简洁。本书作为一本关于数据结构与算法的入门书,一般情况下,将直接采用Python语言来描述相关算法,以便于学习者能更便捷地实现相关算法,掌握基本的算法思想。第2章将简洁地介绍Python语言的使用,不熟悉

Python语言的读者可以参考学习。

1.1.3 算法的设计

算法设计,就是从问题出发,通过分析和思考得到一个能解决问题的方法和步骤,并加以描述的过程。

算法设计是一件十分重要但有时也十分困难的事。特别是对一些复杂的问题,需要找到一个既能解决问题,还要求耗费较少计算机资源(如CPU运算时间和占用内存的空间)的算法。

例如,要找6和8这两个整数的最大公约数。一种办法是从这两个数中较小的数6开始,逐步用6、5、4、3、2来整除6和8,在此过程中,如果碰到第一个能同时整除6和8的整数,就是这两个数的最大公约数。显然,可以得到是2。这时,共找了5个数才找到。

上述例子推广到对于任意两个整数a和b求最大公约数的情景,其算法可以描述如下。

算法1.2 求两个整数的最大公约数的一般算法

步骤1:输入两个整数a,b。

步骤2:取两数的最小值$r=\min(a,b)$。

步骤3:如果r能整除a和b,则r是最大公约数,算法停止。

步骤4:否则,r减1,返回步骤3。

这个算法是比较"笨"的办法,也称为穷举法,如果a和b是两个很大的数,则可能需要花费很多的计算机时间。如果知道欧几里得算法,也叫辗转相除法,就能很快找到这个数。

算法1.3 求两个整数最大公约数的欧几里得算法

步骤1:输入两个整数a,b。

步骤2:令r为a除以b所得的余数。

步骤3:若$r=0$,b即为答案,算法停止。

步骤4:否则,将b赋值给a,r赋值给b,并返回步骤2。

算法1.3运算很快,对于6和8来说,只要处理两次就能找到答案。

如果是两个很大的整数,欧几里得算法会比第一种算法快很多。这个问题是计算机中加密算法的重要研究内容。

通过这个例子可以看出,设计一个好的算法不是一件容易的事情。算法设计是一种创造性工作,需要人的智慧和经验。对于欧几里得算法来说,如果没有对代数有很好研究的话,是很难设计出这个算法的。

再看一个问题:计算一个多项式的值

$$f(x)=a_nx^n+a_{n-1}x^{n-1}+\cdots+a_1x+a_0$$

如果直接进行多项式的计算,则第n项进行$n+1$次乘法,$n-1$项进行n次乘法,以此类推。因此整个乘法运算次数为$n+1+n+(n-1)+\cdots+1+0=(n+2)(n+1)/2$。另外还有$n+1$次加法。

我国南宋著名数学家秦九韶(1208—1268年)提出了一个算法,可以将表达式写为

$$f(x)=(\cdots((a_nx+a_{n-1})x+a_{n-2})x+\cdots+a_1)x+a_0$$

从括号的最内部开始计算(最高阶开始),依次计算a_ix+a_{i-1},利用一个循环,从内部开始,逐步用递推的方法计算,这样,把高阶的计算转换为一阶多项式的计算,只做了n次

乘法和 n 次加法。

算法 1.4　计算多项式值

```
def poly_eval(x, n, a):
    result = a[n]
    for i in range(1, n + 1):
        result = result * x + a[n - i]
    return result
```

实际上,我们对求出时间复杂度的函数形式并不感兴趣,而是更关心随算法规模增加时的时间增长率如何,这个时间的增长率叫作阶,也就是随着规模增加,时间增加的最主要因素。

进行算法设计需要注意下面三方面。

第一,对问题的理解。算法是解决问题的,如果不能很好地理解问题,没有对问题领域知识的掌握,就没有办法设计出解决问题的算法。在分析问题时,要把实际复杂的问题进行抽象,抓住问题的本质,去掉不相关的细节,才能真正把握住问题的内涵,这需要算法设计人员有较强的抽象能力。

第二,寻找解决问题的方法。这里就需要能提供解决问题的正确步骤,因此需要保证每一个步骤能实现,并通过这些步骤最终获得问题的答案。这就需要算法设计人员有较强的逻辑能力。

第三,需要能清晰地表达算法过程。一个好的算法首先应该便于人们理解和相互交流,其次才是机器可执行。可读性好的算法有助于人们对它的理解,而晦涩难懂的算法则易于隐藏错误且难于调试和修改。

除此之外,还要考虑算法的其他方面,例如,算法的效率、算法的健壮性等。

再来看一个例子。求斐波那契数列中的第 n 个数是多少? 斐波那契数列是这样的一个数列:它的前两个数的值为 0,1,后面每个数都是其前面两个数之和。数学上,这一数列定义为

$$F(0)=0, \quad F(1)=1, \quad F(n)=F(n-1)+F(n-2) \quad (n \geqslant 2, n \in N)$$

要求数列中第 n 个数是多少(n 从 0 开始),按照定义,应先求出并存储第 $n-1$、第 $n-2$ 个数,类似地,要求第 $n-1$ 个数,应先求出并存储第 $n-2$ 个、第 $n-3$ 个数。因为数列中的前两个数为 0,1,那么一种很直接的算法就是从前往后,依次计算并存储第 3 个数、第 4 个数、第 5 个数的值,直到第 n 个数。这样就需要把数列中的前 n 个数的值都存储下来,所求结果即为最后一个数。因此,如算法 1.5 所示,在程序中需要定义一个列表 f 来存储数据,初始时其中存有斐波那契数列中的第 1 个和第 2 个数,即 0 和 1。

算法 1.5　用直接法求斐波那契数列中的第 n 个数(n 从 0 开始计数)

```
def fib(n):
    f = [0, 1]
    for i in range(2, n + 1):
        f.append(f[-2] + f[-1])
    return f[-1]
```

事实上,在从前往后,依次求第 3 个数、第 4 个数直至第 n 个数的过程中,其实没有必要用一个列表把前 n 个数都存储下来,因为每个数其实只跟最靠近它的前两个数直接相关。

这样，只需要用两个变量 a 和 b，亦步亦趋地记录待求数的前两个数即可。也就是说，初始时，a 和 b 分别记录第 1、2 个数的值，当第 3 个数求出来后，a 记录第 2 个数的值，b 记录第 3 个数的值，当第 4 个数求出来后，a 记录第 3 个数的值，b 记录第 4 个数的值，以此类推。

可以发现，在这个过程中，需要不断地用变量的旧值递推并得到变量的新值，我们称之为迭代法。如这段代码所示，这里每次计算求出数列中的一个新数，a 需要更新为原来 b 的值，而 b 则需要更新为旧的 a 与旧的 b 之和。

算法 1.6 用迭代法求斐波那契数列中的第 n 个数（n 从 0 开始计数）

```
def fib(n):
    a, b = 0, 1
    for i in range(2, n + 1):
        c = a + b
        a, b = b, c
    return c
```

从这个例子中可以看到，采用不同的方式来存储程序中的数据，会影响到算法的设计。研究数据、数据之间的关系以及数据的存储，就是数据结构课程的研究范畴。这也呼应了图灵奖的获得者 Wirth 教授提出的公式"算法＋数据结构＝程序设计"。因此，学好本门课程可以帮助读者更好地进行程序设计，从而更好地利用计算机来解决实际问题。

1.2 算法的分析评价

对于同一个问题，往往可以设计出不同的算法。例如前面介绍的求两个整数的最大公约数的问题以及求斐波那契数列中第 n 个数的问题，都给出了两种不同的算法。这些算法到底哪个好，哪个不好，用什么方法来评价它们的优劣呢？

评价算法的标准有很多，其中重要的标准是看这个算法所占用机器资源的多少，而这些花费的计算机资源中所用的时间代价与空间代价是两个最主要的方面。通常称算法执行所需的 CPU 时间为时间代价，所占用的存储空间（一般为内存空间）为空间代价。可以通过评估算法被计算机执行时的时间代价和空间代价的多少来判断一个算法的优劣。

算法分析是每个程序设计人员应该掌握的技术。考察一个算法执行时所需要的时间度量，称为时间复杂度；考察一个算法执行时所需要存储空间（内存空间）的度量，称为空间复杂度。对应的分析评价分别称为时间复杂度分析和空间复杂度分析。

1.2.1 时间复杂度分析

算法就是为了求解问题而设计的一系列步骤。要对算法进行科学分析，需要先弄清楚三个概念：问题、问题实例与问题实例的规模。一个问题是指需要解决（特别地，这里指用计算机计算解决）的一个具体需求。例如，求斐波那契数列中第 n 个数的问题。

问题的一个实例是指该问题的一个具体例子，譬如，求斐波那契数列中第 100 个数、第 10 000 个数，都是求斐波那契数列中第 n 个数这个问题的实例。一个问题抽象了其所有实例的共性。解决一个问题的算法应能求解该问题的所有实例。

问题实例的规模有大有小。以上述斐波那契数列问题为例，该问题的输入中 n 的取值就决定了实例的规模。n 取 100 和取 10 000,计算量是不同的。计算的实际代价通常与实例的规模有关,它应该是实例规模的函数。通常,我们会从算法所耗费的时间和所需要的存储空间两个角度出发来考察一个算法的代价。因此,进行算法分析的目标,就是找出当被求解的问题实例规模为 n 时,算法的时间代价计算函数 $T(n)$,以及空间代价计算函数 $S(n)$。

接下来,以用迭代法求解斐波那契数列中的第 n 个数(算法 1.6)为例,来分析它的 $T(n)$ 是什么。

(1) 第一条输入语句的执行次数和 n 的大小无关,总是 1 次,每次执行所需的时间跟计算机硬件、操作系统环境都有着密切的关系,记为 c_1。

(2) 第二条同步赋值语句执行的次数和 n 的大小无关,总是 1 次,单次执行时间记为 c_2。

(3) for 循环执行了 $n-1$ 遍,假设每一遍循环的时间都为 k,则需要 $k\times(n-1)$。

(4) 最后的 return 语句也跟 n 无关,总是执行 1 次,单次执行时间记为 c_3。

这样,$T(n)$ 可以表示为 $c_1+c_2+k\times(n-1)+c_3$,合并同类项后有 $T(n)=C+kn$。可见,$T(n)$ 和 n 呈线性关系。但若想进一步精确推算这里 C、k 的值,是一件非常难也没有意义的事情,因为它们反映的主要是其他的因素,如计算机硬件、操作系统环境等对算法执行时间的影响。

因此,对于算法的时间代价 $T(n)$,应该不要去关心它到底是个怎样的函数,只需关心它对于 n 的数量级(Order of Magnitude)是什么,即它与什么简单函数 $f(n)$ 是同一数量级的。在这里,用数学中"O"来表示数量级,这样可以给出算法的时间复杂度概念。算法的时间复杂度,即算法的时间量度,记作 $T(n)=O(f(n))$。其中,$f(n)$ 是关于 n 的函数,如 n、n^2、$\log_2 n$、$n\log_2 n$ 等。这样便于对不同算法进行性能比较。$O(f(n))$ 表示随着问题规模 n 的增大,算法的执行时间的增长率和函数 $f(n)$ 的增长率相同,称作算法的渐进时间复杂度,简称为时间复杂度。用数学方式描述就是,如果存在一个常数 c,使得

$$\lim_{n\to\infty}\frac{T(n)}{f(n)}=c$$

则称该算法的时间复杂度为 $O(f(n))$。

一般情况下,随着 n 的增大,$f(n)$ 的增长较慢的算法为时间复杂度最优的算法。经常见到的标准的算法时间复杂度的表示形式有 $O(1)$ 常数型、$O(n)$ 线性型、$O(n^2)$ 平方型、$O(n^3)$ 立方型、$O(2^n)$ 指数型、$O(\log_2 n)$ 对数型、$O(n\log_2 n)$ 二维型。这些复杂度也是人们习惯上使用的时间复杂度度量。

表 1.1 展示了 n 取不同值时,这些常见的算法时间复杂度的 $f(n)$ 值。当 n 充分大时,可以看到,具有 $O(\log_2 n)$、$O(n)$ 时间复杂度的算法随 n 的增大,$f(n)$ 的增长较缓慢,是性能优异的算法。

表 1.1 常用的时间复杂度

n	$\log_2 n$	$n\log_2 n$	n^2	n^3	2^n
1	0	0	1	1	2
2	1	2	4	8	4
4	2	8	16	64	16

续表

n	$\log_2 n$	$n\log_2 n$	n^2	n^3	2^n
8	3	24	64	512	256
16	4	64	256	5096	65536
32	5	160	1024	32 768	2 147 483 648

不同数量级的时间复杂度的函数形状如图 1.2 所示。一般情况下，随着 n 的增大，$f(n)$ 的增长较慢的算法为最优的算法。从图 1.2 中可以看出，如果可能的情况下应尽量选择使用多项式阶 $O(n^k)$ 的算法，而避免使用指数阶 $O(2^n)$ 的算法。

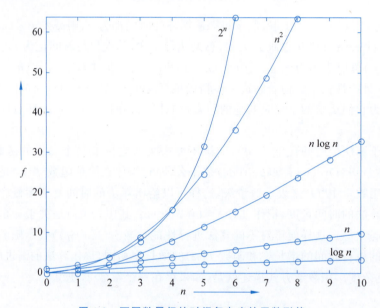

图 1.2　不同数量级的时间复杂度的函数形状

在时间复杂度分析中，经常使用最坏时间复杂度和平均时间复杂度两个词，这主要是因为很多问题的算法是与问题的某种状态有关的。在不同状态下，原操作语句执行的次数是不同的，这就给时间复杂度分析带来了很大的困难。这时会按照最好情况下和最坏情况下执行的频率来进行分析。

人们往往更关注的是在问题"最坏"情况下的时间复杂度，这时算法执行时间最长。例如，要在 100 个教室中找一个人，我们会逐一在每个教室寻找。运气好的时候，在第一个教室就找到此人，这就是最好情况。当然也有可能在第 100 个教室中才找到此人，这就是最坏情况。在算法分析时，一般更注意最坏情况下算法的性能，因此会给出最坏时间复杂度的情况。同时，在可能的情况下，也可以给出一个平均时间复杂度，就是考虑各种概率后得到的一种平均值。

1.2.2　时间复杂度分析举例

根据时间复杂度的定义，在求算法的时间复杂度时，需要抓大放小，着眼于算法中执行频率最高的原操作。在算法分析中，"原操作"通常指的是构成算法的基本操作，它们是不可再分解的最小操作单元。原操作的执行时间通常被认为是常数时间,即不随输入数据的规模变化而变化。原操作的典型例子如下。

(1) 赋值操作:将一个值赋给一个变量。
(2) 比较操作:比较两个值的大小或等同性。
(3) 逻辑操作:如逻辑与、逻辑或、逻辑非等。
(4) 算术操作:如加法、减法、乘法、除法等基本数学运算。

原操作是算法分析的基础,因为它们是构建更复杂操作的基石。分析一个算法的复杂度时,通常将原操作的执行时间设为单位时间,那么 $f(n)$ 函数就可以用执行频率最高的原操作的执行次数来计算。由于只需要考虑数量级,可以进一步忽略 $f(n)$ 中所有低次幂项和最高次幂项的系数。这样就可以得到算法的时间复杂度。

下面通过几个例子来了解一些算法的时间复杂度的分析方法。

例 1.1 设 n 为正整数,分析下列程序段中算法的时间复杂度。

```
for i in range(1, n + 1):
    for j in range(1, n + 1):
        for k in range(1, n + 1):
            x += y
```

【分析】这段代码中有三个嵌套的 for 循环,每层循环的次数均由 n 的值决定,n 就是问题实例的规模。而位于最内层循环的自增操作 $x+=y$ 是执行频率最高的原操作,它嵌套在三重循环中,累计被执行了 $n \cdot n \cdot n = n^3$ 次数,因此该算法的时间复杂度为 $O(n^3)$。

例 1.2 设 n 为正整数,分析下列程序段中算法的时间复杂度。

```
for i in range(1, n + 1):
    for j in range(1, i + 1):
        for k in range(1, j + 1):
            x += y
```

【分析】与例 1.1 算法类似,例 1.2 中执行频率最高的原操作仍然是 $x+=y$,也是嵌套在三重循环中,但是其两个内部循环的循环次数与例 1.1 不同。从内到外,一层层计算出原操作的执行次数如下。

$$\sum_{i=1}^{n}\sum_{j=1}^{i}\sum_{k=1}^{j}1 = \sum_{i=1}^{n}\sum_{j=1}^{i}j = \sum_{i=1}^{n}\frac{i(i+1)}{2} = \frac{1}{2}\left(\sum_{i=1}^{n}i^2 + \sum_{i=1}^{n}i\right) = \frac{n^3}{6} + \frac{n^2}{2} + \frac{n}{3}$$

可以看到,这是关于 n 的一个多项式,式中并没有 i,j,k 等程序中定义的辅助变量。这也就说明,问题实例的规模只与 n 有关,跟这些中间变量无关。根据算法复杂性的定义,可以得出例 1.2 算法的复杂度仍然是 $O(n^3)$。可以看出,在时间复杂度分析中,低阶的运算基本上会被忽略,这主要是归结于当 n 足够大时,低阶项可以不考虑,高阶项决定了算法的时间。

例 1.3 设 m、n 为正整数,分析下列程序段中算法的时间复杂度。

```
for i in range(1, m):
    for j in range(1, n):
        a[i][j] = i * j
        for k in range(n):
            b[k] = k
```

【分析】本例中执行频率最高的原操作是 $b[k]=k$,其执行次数是 $m \cdot n^2$,该算法的时间复杂度为 $O(mn^2)$。

例 1.4 设 N 为正整数,分析下列程序段中算法的时间复杂度。

```
n = N
while n > 0:
    n = n // 2
```

【分析】该例中,$n=N$ 是原操作,但只执行一次。显然,该算法中执行频率最高的原操作是位于 while 循环内的 $n=n//2$,可以看出其执行次数与 n 取值的关系如下。

执行次数	n 的取值
1	$N//2$
2	$N//2^2$
3	$N//2^3$
…	…
k	$N/2^k$

当循环停止时,应满足 $N//2^k=0$,此时原操作的执行次数为 $\lfloor \log_2 N \rfloor +1$。按照时间复杂度的定义,本例的时间复杂度为 $O(\log_2 N)$。这是一个对数阶的复杂度。

时间复杂度的几条基本计算规则如下。

(1) 基本操作,即只有常数项,认为其时间复杂度为 $O(1)$。
(2) 顺序结构,时间复杂度按加法进行计算。
(3) 循环结构,时间复杂度按乘法进行计算。
(4) 分支结构,时间复杂度取某个分支的最大值。

判断一个算法的效率时,往往只需要关注操作数量的最高次项,其他次要项和常数项可以忽略。

在没有特殊说明时,所分析的算法的时间复杂度都是指最坏时间复杂度。

1.2.3 空间复杂度分析

关于算法的存储空间需求,类似于算法的时间复杂度,我们采用空间复杂度作为算法所需存储空间的量度,记作 $S(n)=O(f(n))$。其中,n 为问题的规模。一般情况下,一个程序在机器上执行时,除了需要寄存本身所用的指令、常数、变量和输入数据以外,还需要一些对数据进行操作的辅助存储空间。其中,对于输入数据所占的具体存储量只取决于问题本身,与算法无关,这样只需要分析该算法在实现时所需要的辅助空间单元个数就可以了。若算法执行时所需要的辅助空间相对于输入数据量而言是一个常数,则称这个算法为原地工作,辅助空间为 $O(1)$。

在很多情况下,算法的执行时间的耗费和所需的存储空间的耗费两者是矛盾的,难以兼得。有时候,为了减少算法执行时间,就必然以增加空间存储作为代价,反之亦然。但是,就一般情况而言,常常以算法执行时间作为算法优劣的主要衡量指标。

需要注意的是,随着大数据时代到来,算法空间复杂度的考虑也越来越得到人们的关注。本书作为一本数据结构和算法的入门教材,这方面不是考虑的重点。

总结起来,算法设计需要从以下几方面考虑。

1. 正确性

算法正确性是指算法应该满足具体问题的需求。

2. 可读性

一个好的算法首先应该便于人们理解和相互交流,其次才是机器可执行。可读性好的算法有助于人对算法的理解,而晦涩难懂的算法则易于隐藏错误且难于调试和修改。

3. 健壮性

作为一个好的算法,当输入的数据非法时,也能适当地做出正确反应或进行相应的处理,而不会产生一些莫名其妙的输出结果。

4. 高效率和低存储量

算法的效率通常是指算法的执行时间。对于一个具体的问题的解决通常可以有多个算法,对于执行时间短的算法其效率就高。所谓的存储量需求是算法在执行过程中所需要的最大存储空间,这两者都与问题的规模有关。

  数据结构

1.3.1 数据与数据结构定义

计算机能直接操作的是数据。计算机在解决实际问题时,一般通过对实际问题分析,把问题以数据方式体现,然后通过这些数据的各种操作,最终获得问题的解决。

数据(也称为数据对象)是所有能被输入计算机中,且能被计算机处理的符号的集合,是计算机操作对象的总称。这里的数据是由若干数据元素构成的。数据元素是数据集合中的一个"个体",是数据的基本单位。一个数据元素可以是不可分割的"原子",也可以是由多个数据项构成。数据项是数据结构中讨论的最小单位。

当一个数据元素中有多个数据项时,其中,能起标识作用的数据项,称为关键码,能起唯一标识作用的关键码,称为主关键码(主码)。

例如,表1.2的药品信息表中包含的是描述药品信息的数据,表头是对数据的描述,称为元数据。其余每一行就是一个数据元素,是描述某种药品的编号、名称、生产日期、剂型、类别等信息。每一行是描述一种药品数据的全部属性内容,是原子性的。而表中的每一列称为数据项,构成了完整的一条描述药品的数据。

表 1.2 药品信息表

编号	药品名称	生产日期	剂型	类别
01	复方利血平	2019-1-7	片剂	心脑血管用药
02	感冒灵胶囊	2018-12-1	胶囊剂	清热解毒药品
03	氨苯蝶啶	2019-5-10	片剂	泌尿系统用药
04	氨溴索	2019-6-9	片剂	呼吸系统用药

续表

编号	药品名称	生产日期	剂　型	类　别
05	心痛康片	2018-11-13	片剂	心脑血管用药
06	氢氯噻嗪	2019-8-3	片剂	泌尿系统用药
07	金银花露	2019-3-25	露剂	清热解毒药品
08	氨茶碱	2019-5-6	缓释片	呼吸系统用药

表格中的编号可以唯一代表某种药品,因此编号被称为关键码。有时当数据中包含多个关键码时,可以指定一个关键码作为主关键码。

数据与数据之间往往不是完全孤立的,有时它们之间还存在某种联系,某种相关性。一般把这种联系称为关系。

数据结构是数据元素之间存在的关系,一个数据结构(Data Structure)是由 N 个数据元素组成的有限集合,数据元素之间具有某种特定的关系。

数据结构概念上包含三方面:数据的逻辑结构、数据的存储结构和数据操作。

1. 数据的逻辑结构

数据的逻辑结构是指数据元素之间的逻辑关系,用一个数据元素的集合和定义在此集合上的若干关系来表示,常被简称为数据结构。

关系是指数据元素之间的某种相关性。通过两个数据之间的二元组来表达它们之间的关系。

$<x,y>$ 表示 x 相对于 y 存在有向、顺序的关系。

(x,y) 表示 x 与 y 之间存在无向、相互的关系。

因此,数据结构描述的是数据元素及其关系,它是一个二元组 $D=(E,R)$。E 是数据元素的有限集,R 是 E 上关系的有限集。

下面是两个数据结构形式定义的例子。

例 1.5 结构 $D_1=(E_1,R_1)$,其中:

$E_1=\{a_1,a_2,a_3,a_4,a_5,a_6\}$

$R_1=\{<a_1,a_2>,<a_2,a_3>,<a_3,a_4>,<a_4,a_5>,<a_5,a_6>\}$

如果用图形来表示该数据结构,如图 1.3 和图 1.4 所示。圆圈代表数据元素,用箭头(有向)或不带箭头(无向)的线来表示数据关系。

例 1.6 结构 $D_2=(E_2,R_2)$,其中:

$E_2=\{a_1,a_2,a_3,a_4,a_5,a_6\}$

$R_2=\{<a_1,a_2>,<a_1,a_3>,<a_3,a_4>,<a_3,a_5>,<a_3,a_6>\}$

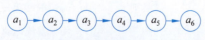

图 1.3　线性数据结构例子

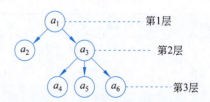

图 1.4　非线性数据结构例子

通过上面两个例子可以看出,即使有相同的数据元素,但元素与元素之间的关系不同,反映的信息是不相同的。

根据数据元素间关系的基本特性,有 4 种基本数据结构,如图 1.5 所示。

(1) 集合结构——元素间除"同属于一个集合"外,无其他关系。

(2) 线性结构——元素间形成一对一的顺序结构。

(3) 树状结构——元素间形成一对多且分层的关系。

(4) 图结构——多个对多个的复杂关系。

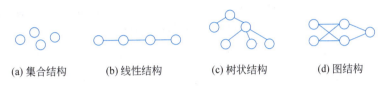

图 1.5 4 种不同类型的数据结构形式

下面的例子显示了如何把一个实际中的事物(人员)之间的关系用一个树状的数据结构表达出来的情形。

例 1.7 某校学生的课外活动小组,其中的人员信息如下。

(1) 整个小组共有 A、B、C、D、E、F、G 7 人,A 为组长。

(2) 整个小组又下设两个分组 $(B、C、D)$ 和 $(E、F、G)$,分组长分别为 D 和 G。

(3) 组长只能"指挥"分组长,分组长只能"指挥"本分组成员,普通成员不能"指挥"任何人。

根据上面人员关系的描述,设计的关于人员之间关系(指挥)的数据结构描述如下。

$D = (E, R)$

$E = \{A, B, C, D, E, F, G\}$

$R = \{<A, D>, <A, G>, <D, B>, <D, C>, <G, E>, <G, F>\}$

图 1.6 是用树状图形来描述以上人员数据之间的逻辑关系。

2. 数据的存储结构

按照计算机工作原理,计算机在处理数据时,必须把数据存放在存储器中,数据保存在计算机内存中的方式与计算机处理数据的方法有密切的关系。

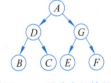

图 1.6 活动小组的组织架构

存储结构(又称物理结构)是逻辑结构在计算机中的存储映像,是逻辑结构在计算机中的实现,它包括数据元素的表示和关系的表示。

逻辑结构与存储结构的关系为:存储结构是逻辑关系的映像与元素本身映像。逻辑结构是抽象,存储结构是实现,两者综合起来建立了数据元素之间的结构关系。

数据元素之间的关系在计算机存储器中有两种不同的表示方法。

1) 顺序存储结构

顺序存储结构使用一组连续的内存单元依次存放数据元素,元素在内存中的物理次序和它们的逻辑次序相同,即每个元素与其前驱及后继元素的存储位置相邻。

例如,某个线性结构有 n 个元素,存储每个元素需要用 a 字节,那么可以将这 n 个元素依次存放在内存中自地址 L_0 开始的连续 $n \cdot a$ 字节单元中。这样也很容易推知,序列中的

第 i 个元素的存储地址是 $L_0+(i-1)\times a$，而它的下一个元素则存放在 $L_0+i\cdot a$ 的位置上。

2）链式存储结构

链式存储结构使用若干地址分散的存储单元存储数据元素，逻辑上相邻的元素在物理位置上不一定相邻。数据元素间的关系需要采用附加信息特别指定。例如，一个数据结构中有两个元素 x 和 y，且存在 $<x,y>$ 的关系。那么可以先在内存中把 y 存下来，并记录 y 的存储位置，然后存储 x，如图 1.7(a) 所示，x 和 y 不一定要相邻，但是在存储 x 时，需要附加一个信息来指示 y 的存储位置，这种用于记录后继元素（或前驱元素）存储地址的信息称为链接或者指针。在链式存储结构中，由元素域和链接域组成一个结点表示一个数据元素。通过链接域把相互之间关联的结点链接起来，结点间的链接关系体现数据元素间的逻辑关系。

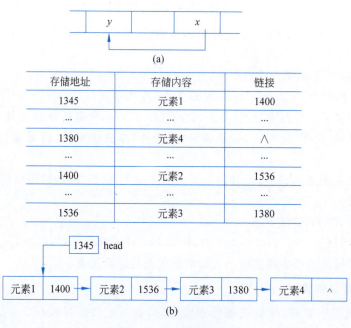

图 1.7　链式存储示意

举个例子，假设有一个含有 4 个元素的线性结构，若采用链式存储，该结构在内存中的情况可能是这样的：如图 1.7(b) 所示，元素 1 存储在地址为 1345 的位置上，同时附加了一个指针值 1400，表示元素 2 存放在 1400 的位置上；同样，元素 2 附加了指针值 1536，表示元素 3 存放在 1536 的位置上；以此类推。这样只要用一个指针 head 记录元素 1 存放在哪里，就能顺着指针链找到元素 2、元素 3，直至元素 4。而最后一个元素，附加的指针值可以为空，表示是最后一个元素，没有后继。这就是采用单链表的方式来存储线性结构的基本思想。在第 3 章中会继续深入讲解。

通常采用指针变量记载前驱和后继元素的存储地址，由数据域和地址域组成一个结点表示一个数据元素。通过地址域把相互之间关联的结点链接起来，结点间的链接关系体现数据元素间的逻辑关系。

例如，线性结构的线性表 $(a_0,a_1,\cdots,a_{n-1})$ 采用上述两种存储结构，如图 1.8 所示。

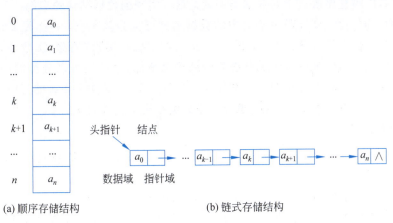

图 1.8　线性表数据的两种方式存储结构

采用顺序存储结构存储线性结构的数据结构（称为线性表），数据元素占用所有存储空间，各个元素连续存储逻辑上相邻的元素，在存储位置上也相邻，数据的存储结构体现了数据的逻辑结构。

采用链式存储结构存储线性表元素，每个元素分散存储。每个元素必须用一个包含数据和地址域的结点存储。数据域保存数据元素，而地址域保存元素的前驱或后继结点的地址。通过结点间的链接关系体现数据的逻辑结构。

3. 数据操作

数据操作是对一种数据结构中的数据元素进行各种运算和处理。每种数据结构都有一组数据操作，一般包含以下基本操作。

（1）初始化。
（2）判断是否空状态。
（3）统计数据元素个数。
（4）按某种次序访问所有元素，每个元素只被访问一次，一般称为遍历操作。
（5）获取指定位置元素的值。
（6）修改指定元素值。
（7）插入指定元素。
（8）删除指定元素。
（9）查找指定元素。

数据操作定义在数据逻辑结构上，对数据操作的实现依赖于数据的存储结构。例如，线性表包含上述一组数据操作，采用顺序存储结构和链式存储结构都可以实现这种操作，但操作的方式存在差异。

1.3.2　数据类型与数据抽象

1. 数据类型

数据类型（Data Type）是一组性质相同的值集合以及定义在这个值集合上的一组操作的总称。数据类型中定义了两个集合，即该类型的取值范围，以及该类型中可允许使用的一组运算。例如,高级程序语言中的数据类型就是已经实现的数据结构的实例。

按"值"的不同特性,高级程序语言中的数据类型可分为两大类:一类是非结构的原子类型,原子类型的值是不可分解的,如 Python 语言中的标准类型(整型、实数型);另一类是结构类型,结构类型的值是由若干成分按某种结构组成的,因此是可以分解的,并且它的成分可以是非结构的,也可以是结构的。例如,在 Python 中,列表类型 list 的值由若干分量组成,每个分量可以是原子类型的数据,也可以是其他结构类型的数据。

2. 数据抽象

计算机解决实际问题实际上是一个抽象的过程。抽象的本质是抽取反映问题的本质点,忽视非本质的细节。

例如,需要解决如何最快地把货物从 A 地点运输到 B 地点的问题,A、B 两地有多条不同的道路、多个不同的中途地点等可以选择。在这个问题上,首先要考虑这个问题的关键是时间最短问题。这时就会忽略很多其他因素,如经过哪些地点会景色优美,哪条路上有多少收费站。诸如采用什么车辆、司机如何行驶、在哪里加油等具体细节更不在考虑的范畴。但是如果需要解决的问题是"如何以最省钱的方式把货物从 A 地点运输到 B 地点",就应该优先考虑通行成本问题,这时就要考虑收费站以及路上的油耗等问题。

为了能解决核心问题,我们会忽略旁枝末节,抓住问题的本质,然后再解决实际的问题。这个过程就是抽象过程。抽象可以分为过程抽象和数据抽象两方面。过程抽象反映的是动态的操作。而数据抽象是把具体问题抽象为计算机可以处理的数据,即用数据来表达问题。

计算机科学中,为了解决上述问题,提出了抽象数据类型的概念。

1.3.3 抽象数据类型

1. 抽象数据类型概述

抽象数据类型(Abstract Data Type,ADT)是计算机科学中一种用于封装数据和操作的编程概念。它定义了一组数据的逻辑结构以及可以在这个数据上执行的操作,但并不指定数据的具体存储方式和操作的具体实现细节。ADT 提供了一种方式来抽象化数据结构的实现,使得程序员可以专注于数据的操作而不必关心底层的实现细节。

ADT 的特点如下。

(1) 数据抽象:ADT 隐藏了数据的内部表示,只暴露了操作的接口。

(2) 数据封装:ADT 将数据和操作封装在一起,形成一个整体。

(3) 操作定义:ADT 定义了一组操作,这些操作描述了可以对数据执行的任务。

(4) 接口:ADT 通过一个接口与外部世界交互,这个接口定义了如何使用 ADT。

常见的抽象数据类型如下。

(1) 栈(Stack):一种后进先出(Last In,First Out,LIFO)的数据结构,主要操作有 push(入栈)、pop(出栈)和 peek(查看栈顶元素)。

(2) 队列(Queue):一种先进先出(First In,First Out,FIFO)的数据结构,主要操作有 enqueue(入队)、dequeue(出队)和 peek(查看队首元素)。

(3) 链表(LinkList):由一系列结点组成,每个结点包含数据部分和指向下一个结点的链接。

(4) 树(Tree):一种层次结构的数据组织形式,每个结点有零个或多个子结点。

(5) 图(Graph)：由顶点(结点)和边组成，可以表示复杂的关系和网络。

ADT 在软件工程中非常重要，因为它们提供了一种思考和设计软件组件的方式，这种方式强调了组件的接口而不是其内部实现。这有助于提高代码的可维护性、可重用性和模块化。

2. 抽象数据类型的定义

常见的 ADT 的定义格式如下。

```
ADT <ADT 名>
{
    数据对象:<数据对象的定义>
    结构关系:<结构关系的定义>
    基本操作:<基本操作的定义>
}ADT <ADT 名>
```

其中，数据对象和结构关系的定义采用数学符号和自然语言描述，而基本操作的定义格式为

```
<操作名称> (参数表)
        操作前提:<操作前提描述>
        操作结果:<操作结果描述>
```

例如，一个线性表的抽象数据类型的描述如下。

```
ADT LinearList
{
数据元素   所有 aᵢ 属于同一数据对象，i=1,2,…,n,n≥0;
逻辑结构   所有数据元素 aᵢ(i=1,2,…,n-1,n)存在次序关系<aᵢ,aᵢ+1>,a₁ 无前趋,aₙ 无后继；
基本操作   设 L 为 Linearlist
    Initial(L)        初始化空线性表；
    Length(L)         求线性表长度；
    Get(L, i)         取线性表的第 i 个元素；
    Insert(L, i, x)   在线性表的第 i 个位置插入元素 x；
    Delete(L, i)      删除线性表的第 i 个元素；
}
```

上述 ADT 数据元素所属的数据对象没有局限于一个具体的数据类型。所具有的操作也是抽象的数学特性，并没有具体到何种计算机语言指令与程序编码。

3. 抽象数据类型的实现

实现抽象数据类型主要通过计算机高级语言。从抽象数据类型的设计出发点和具体的定义形式看，采用面向对象方法的高级语言描述是最自然、最合适的。本书在讨论数据结构时，基本实现都采用 Python 中面向对象方法进行描述和实现。具体参见第 2 章 Python 语言介绍部分。

1.3.4 数据结构和算法的关系

数据结构和算法是计算机科学中两个重要的概念，它们在软件开发和问题解决中起着关键的作用。虽然它们经常被一起提到，但它们之间存在明显的区别。

1. 数据结构和算法的区别

数据结构是组织和存储数据的方式，它关注的是数据的逻辑结构和物理存储结构。数

据结构描述了数据之间的关系和操作数据的方式。数据结构提供了一种组织和管理数据的方式，使得数据可以高效地存储、访问和操作。

算法是解决问题的一系列步骤或操作，它描述了如何通过输入数据来获得期望的输出结果。算法可以被视为一个计算模型，它定义了解决特定问题的计算步骤。算法的目标是找到解决问题的最优方法，使得问题能够以最高效的方式被解决。

2. 数据结构和算法的联系

数据结构提供了对数据的抽象表示，它们描述了数据之间的关系和操作。算法则通过操作这些数据结构来实现问题的解决。数据结构和算法的抽象性使得程序开发人员能够独立思考问题的逻辑和实现，提高了程序的可读性和可维护性。

任何一个算法都是建立在某种数据结构的基础上的，否则就是"巧妇难为无米之炊"。同一个问题，采用了不同的数据结构，其算法可能是不同的。

例如，在对线性表中的元素中进行查找时，如果元素本身是无序的，一般会采用顺序查找，就是按照元素存储的顺序，逐一进行比较，直到找到或未找到为止。但是如果在构造线性表时，已按照元素的某种顺序排好，如从小到大顺序已排好序，这时就可以采用折半查找的方法来查找。就是每次通过比较中间数据来确定查找的元素可能存在的位置。在这种情况下，查找算法的效率会比顺序查找的效率高很多。

有些数据结构也必须依赖算法来建立和维护。例如，在使用哈希表存储数据时，需要选择合适的哈希函数来减少哈希冲突的概率，以提高哈希表的性能。在使用小顶堆来存储优先队列时，需要使用合适的算法来实现新元素的添加和元素的弹出操作，以维持堆的特性。

在软件开发中，算法和数据结构的选择和设计对软件的质量有着重要的影响。正确选择和实现数据结构和算法可以提高程序的性能和可维护性。例如，一个使用了高效数据结构和算法的程序可以在较短的时间内处理大量数据，同时也易于扩展和维护。相反，如果数据结构和算法选择不当，程序的性能和可维护性可能会受到影响，甚至可能导致系统崩溃。

小结

本章介绍了算法和数据结构的有关概念。首先介绍了算法的定义，以及三种算法的表示方法。从算法的时间复杂度和空间复杂度两方面介绍了对算法的分析评价，以及算法时间复杂度的表示方法。介绍了数据结构的定义，抽象数据类型的相关概念，并讨论了算法与数据结构之间的关系。

通过本章的介绍，读者了解了算法和数据结构在计算机科学中的地位和重要性。学习好算法和数据结构是进入计算机科学领域的重要基础，是学习和掌握计算机技术的重要而且必要的途径。

习题

1. 算法的特征有哪些？如何评价算法的优劣？

2. 常见的数据结构有哪几类？它们各有什么特点？

3. 什么是 ADT？ADT 有什么特点？采用 ADT 描述数据结构有什么好处？

4. 分别用算法流程图和伪代码两种方法来描述求两个最大公约数的算法。

5. 设计一个时间复杂度为 $O(n^2)$ 的算法，找到所有 1000 以内的三个数，这三个数的和为 1000。

6. 请根据 1.1.3 节介绍的秦九韶算法计算多项式的值，用自己所熟悉的计算机语言编写一个程序，计算多项式 $f(x)=2x^6+3x^5+5x^3+x^2+4x+7$ 当 $x=3$ 时的值。

第 2 章 Python 编程基础

Python 语言是一种解释型、面向对象的开源计算机程序设计语言。Python 语言有着简单、易学、应用广泛的特点,适合用于各种用计算机解决问题的应用场合。本书介绍的数据结构和算法采用 Python 语言表示和实现,因此读者必须掌握一定的 Python 语言知识。本章主要介绍 Python 编程语言的基本语法和语言要素,如果读者已较好地掌握了 Python 语言,可以略过本章。若希望更进一步掌握 Python 语言,请参阅其他 Python 语言书籍。

2.1 Python 数据类型

数据是程序处理的对象。Python 语言提供了丰富的内置数据类型,用于有效处理各种数据。本节将介绍 Python 语言提供的常用数据类型,这些内置的数据类型也是构成本书所描述的各类数据结构的基础数据类型。

2.1.1 常用数据类型

Python 语言中,所有对象都有一个数据类型。Python 数据类型定义为一个值的集合以及定义在这个值集上的一组运算操作。

Python 数据类型包括内置数据类型和自定义数据类型。Python 语言提供了多种内置数据类型,用于有效处理各种类型数据。

1. 数值数据类型

Python 语言中基本数据类型也称为原子数据类型,包括数字类型、布尔类型等。

(1) 数字类型。数字类型包括整型(int)、浮点型(float)和复数类型(complex),可以进行各种数值运算。整型数据表示整数,如 2、−12;而浮点型数据可以表示实数,如 3.14、12.0、−12。

(2) 布尔类型。Python 中布尔类型数据只有两个值,即 True 和 False。对于布尔类型数据,可以进行逻辑运算,一些关系运算或逻辑运算的结果是布尔类型数据。

2. 序列数据类型

序列数据类型表示若干有序数据。Python 中的序列有下面三种。

(1) 字符串(str)。表示 Unicode 字符序列,如"hello! cpu"。

(2) 元组(tuple)。表示任意类型数据的序列,如(1,2,3),(1, "2","cpu")。

(3) 列表(list)。表示可修改的任意类型的序列,如[1, "2","cpu"]。

序列分为不可变序列数据类型和可变序列数据类型。字符串和元组为不可变序列数据类型,而列表是可变数据类型。

3. 集合数据类型

集合数据类型表示若干数据的集合,数据项目没有顺序,且不重复。Python 集合数据类型包括以下两种。

(1) 集合(set)。可变对象,即集合中的元素可以增加或删除,如{1,2,3}。

(2) 不可变集(frozenset)。顾名思义,就是集合中的元素不可增加或删除,集合是不可修改的。

4. 字典数据类型

字典数据类型表示"键/值"对的字典。在 Python 中内置的字段数据类型为 dict,例如,{1:"one",2:"two"}。

注意：序列数据类型、集合类型以及字典内容都是 Python 提供的内建集合(collection)数据类型。它们都包含多个元素,有一定的相似性。但它们之间还是有一定区别的,是不同的数据类型,有不同的操作和运算方法。

2.1.2 变量、运算符和表达式

1. 变量和对象的引用

Python 对象是位于计算机内存中的一个存储块,有一个存储地址。为了引用对象,必须通过赋值语句把对象地址赋值给变量。指向对象(地址)的引用即为变量。

在 Python 3 中,作为对象的函数和类等也可以通过变量引用。

与 C++、Java 等高级语言不同,Python 属于动态类型语言,即变量不需要显式声明数据类型。通过变量赋值的数据,Python 解释器能自动确定其数据类型,并且在程序中可以动态地指向其他数据类型的数据。

Python 同时也是强类型语言,即每个变量指向的对象均属于某个数据类型,即只支持该类型允许的运算操作。这就意味着必须先确定变量的数据类型,才可以使用该变量。也就是必须给变量赋值,通过赋值获得该变量类型,然后进行后续的合法运算操作。

下面 Python 语句的执行反映了变量的动态引用的过程,从开始引用整型数据 3,后面引用浮点类型数据 3.3,执行前后变量的引用状态参见图 2.1。

由于 Python 是一门解释型语言,因此只需要查看和描述交互式会话就能进行学习。解释器会显示提示符>>>,输入 Python 语句后按 Enter 键,然后会执行语句。

```
>>> a = 3          #第一次赋值,a 引用整型 int 对象,为整型变量
>>> type(a)        #查看类型
```

```
<class 'int'>
>>> a = 3.3          #重新赋值,引用float对象
>>> type(a)          #查看类型
<class 'float'>
```

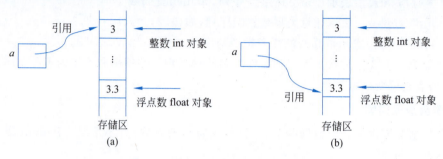

图 2.1　变量动态地引用不同类型对象

2. Python 保留字和变量标识符

标识符是变量、函数、类或模块等对象的名称。在 Python 中,变量标识符和其他对象的标识符一样,规定第一个字符必须是字母或下画线"_",其后的字符可以是字母、下画线或数字等。一些特殊的名字,如 Python 中的保留字,如 if、for 等不能作为标识符。下面列出了 Python 中的保留字。

False	class	finally	is	return
None	continue	for	lambda	try
True	def	from	nonlocal	while
and	del	global	not	with
as	elif	if	or	yield
assert	else	import	pass	
break	except	in	raise	

在定义这些标识符时,应尽量避免与 Python 中约定的、预定义的标识符相冲突。定义的标识符应该做到见名知义。

3. 表达式和运算符

表达式是可以计算的代码,由操作数和运算符构成。操作数、运算符和圆括号按照一定规则组成表达式。一般表达式被执行后会产生运算结果,返回结果对象。不同的表达式会产生不同类型的结果。

在 Python 中,不同的数据类型所具有的运算是不同的。例如,对于数值类型(int 和 float 类型),可以进行加减乘除等运算。

运算符与不同的数据类型操作时,也可能表达的运算不同。例如,2 * 3 结果是 6,而"2" * 3 的结果是"222"。

在进行表达式的运算中,每个运算符的优先级别可能是不同的,就像数学中规定"先乘除后加减"一样。

运算符的优先级,就是当多个运算符同时出现在一个表达式中时,规定先执行哪个运算符。表 2.1 给出了 Python 中常用运算符的优先级顺序,其他运算符的优先级请参考相关

Python 帮助,如位运算符等。

表 2.1 Python 常用运算符优先级

运算符	说明	优先级
**	幂运算	高
*、/、%、//	乘、除、取余、取整	
+、-	加、减	
<、>、<=、>=、==、!=、is、is not、in、not in	比较运算符,身份运算符,成员运算符	
not	逻辑运算符 not	
and	逻辑运算符 and	
or	逻辑运算符 or	
=、+=、-=、*=、/=、%=、//=、**=	赋值运算符	低

以上常用的运算符优先级从上到下依次降低,运算优先级高的先计算,低的后计算。有括号时会优先运算括号中的内容,所以可以利用括号来打破运算优先级的限制。

运算的结合性,就是当一个表达式中出现多个优先级相同的运算符时先执行哪个运算符:先执行左边的叫左结合性,先执行右边的叫右结合性。在 Python 中,大部分运算符都具有左结合性。只有 ** 乘方、单目运算符、赋值运算符等具有右结合性,也就是从右向左执行。

例如,2**3**2 是先计算 3**2=9,然后再计算 2**9=512。

2.1.3 内置数据类型的常见运算和操作

除了前面所述的基本数据类型外,Python 还提供了丰富的复合数据类型,这些复合数据类型也有其特有的运算和操作。

1. 序列数据类型的运算和操作

序列(Sequence)数据类型包括字符串(str)、列表(list)和元组等。它们共同的特点是每个数据对象中包含多个有序的数据元素,可以通过位置索引来获取,因此它们具有许多相同的操作和运算。

必须注意,序列数据类型的元素下标是从 0 开始的。切片操作 myList[1:10]返回的是下标为 1~9 的元素构成的列表,不包含下标为 10 的元素。

在 Python 中,还可以用负整数作为反向编号索引。从最右边元素开始,索引号为 -1,然后右边倒数第二为 -2,以此类推。例如,myList[-1]表示的是列表最右边的元素,即最后一个元素。

Python 中这些内置的数据类型实际上是类,具有一些方法,这些方法决定了这些类型具有的各种操作,见表 2.2。

1) 列表

列表(list)类型是最常见的一种数据结构,也是构成其他数据结构的基础结构(一个类),表 2.3 列出了常见的列表类型具有的方法。

表 2.2 序列数据类型的常见运算

操作	运算符	说明
索引	[ ]	取序列中的某个元素
连接	+	将序列连接在一起
重复	*	重复多次连接
成员	in	查询序列中是否有某元素
长度	len	查询序列的元素个数
切片	[:]	取出序列的一部分,例如,s[1:3]表示取序列数据类型从第 1 个数据到第 2 个元素(不包括 s[3])

表 2.3 Python 列表类型提供的方法

方法	用法	说明
append	mylist.append(item)	在列表末尾添加一个新元素
insert	mylist.insert(i,item)	在列表的第 i 个位置插入一个元素
pop	mylist.pop()	删除并返回列表中最后一个元素
pop	mylist.pop(i)	删除并返回列表中第 i 个位置的元素
sort	mylist.sort()	将列表元素排序(要求列表中元素可排序)
reverse	mylist.reverse()	将列表元素倒序排列
del	del mylist[i]	删除列表中第 i 个位置的元素
index	mylist.index(item)	返回 item 第一次出现时的下标
count	mylist.count(item)	返回 item 在列表中出现的次数
remove	mylist.remove(item)	从列表中移除第一次出现的 item

例如:

```
>>> a = [1,2,3]
>>> b = [1, "cpu", [2,3]]
>>> type(a)
<class 'list'>
>>> type(b)
<class 'list'>
```

说明:type(<变量>)函数是 Python 的内部函数,返回括号内变量的类型。

2) 字符串

字符串(str)是序列,之前提到的所有序列运算符都能用于字符串。例如:

```
>>> s = "cpu"
>>> type(s)
<class 'str'>
```

此外,字符串还有一些特有的方法,表 2.4 列举了其中一些常见的方法。

表 2.4 Python 字符串类型提供的方法

方法名	用法	说明
center	astring.center(w)	返回一个字符串，原字符串居中，使用空格填充新 字符串，使其长度为 w
count	astring.count(item)	返回 item 出现的次数
lower	astring.lower()	返回均为小写字母的字符串
upper	astring.upper()	返回均为大写字母的字符串
find	astring.find(item)	返回 item 第一次出现时的下标
split	astring.split(schar)	在 schar 位置将字符串分割成子串
join	astring.join(iterable)	将字符串列表中的元素连接为一个字符串
replace	astring.replace(old, new, count)	将字符串中的旧子字符串替换为新的子字符串
capitalize	astring.capitalize()	将字符串的首字母大写
endswith	astring.endswith(suffix, start, end)	检查字符串是否以指定的后缀结尾
format	astring.format()	将占位符替换为指定的值。format()方法所包含的内容非常丰富
strip()	astring.strip(chars)	去除字符串两侧指定字符，默认为去除空格
lstrip()	astring.lstrip(chars)	去除字符串左侧指定字符
rfind	astring.rfind(substring, start, end)	查找字符串中子字符串的最后一个匹配项的索引
rindex	astring.rindex(substring, start, end)	查找字符串中子字符串的最后一个匹配项的索引
ljust	astring.ljust(w)	返回一个字符串，将原字符串靠左放置并填充空格至长度 w
rjust	astring.rjust(w)	返回一个字符串，将原字符串靠右放置并填充空格至长度 w

列表能够被修改，字符串则不能。列表的这一特性被称为可修改性。例如，可以通过使用下标和赋值操作来修改列表中的一个元素，但是字符串对于这个操作是禁止的。

3）元组

由于都是异构数据序列，因此元组（tuple）与列表非常相似。元组和字符串一样，是不可修改的。这也是元组和列表的最大区别所在。元组通常写成由圆括号包含并且以逗号分隔的一系列值。如果尝试改变元组中的一个元素，就会抛出错误消息。例如：

```
>>> a = (1,2)
>>> type(a)
<class 'tuple'>
```

2. 集合数据类型的运算和操作

集合（set）也称为集，与数学中的集合概念相似。集合是由零个或多个不可修改的 Python 数据对象组成。集合中不允许有重复元素，并且写成由花括号包含以逗号分隔的一系列值。空集由 set() 来表示。集合中元素可以是异构的，例如：

```
>>> a = {1, 2, 3}
>>> b={1, (2, 3), 'cpu'}
>>> type(a)
<class 'set'>
>>> type(b)
<class 'set'>
```

Python 中集合有如表 2.5 所示的常见运算。

表 2.5 Python 集合支持的运算

运算名	运算符	说明
成员	in	询问集合中是否有某元素
长度	len	获取集合的元素个数
|	aset | otherset	返回一个包含 aset 与 otherset 所有元素的新集合，即并集
&	aset & otherset	返回一个包含 aset 与 otherset 共有元素的新集合，即交集
-	aset - otherset	返回一个集合，其中包含只出现在 aset 中的元素，即差集
<=	aset <= otherset	询问 aset 中的所有元素是否都在 otherset 中

集合支持一系列方法，如表 2.6 所示，包括集合的并、交、差等运算所对应的方法 union、intersection、difference 等。

表 2.6 Python 集合提供的方法

方法名	用法	说明
union	aset.union(otherset)	返回包含 aset 和 otherset 所有元素的集合
intersection	aset.intersection(otherset)	返回一个仅包含两个集合共有元素的集合
difference	aset.difference(otherset)	返回一个集合，其中仅包含只出现在 aset 中的元素
issubset	aset.issubset(otherset)	询问 aset 是否为 otherset 的子集
add	aset.add(item)	向 aset 添加一个元素
remove	aset.remove(item)	将 item 从 aset 中移除
pop	aset.pop()	随机移除 aset 中一个元素
clear	aset.clear()	清除 aset 中的所有元素

集合中的元素是无序的，不能像序列类型数据结构一样通过索引访问集合中的元素。

3. 字典数据类型的运算和操作

字典（dict）是无序结构，由花括号包含的一系列以逗号分隔的"键:值"对表达，例如：

```
>>> shape = {1: '三角形', 2: '圆形', 3: '矩形'}
>>> shapeArea = {'三角形':3.14, '圆形':4.2, '矩形':4.2}
>>> type(shape)
<class 'dict'>
```

在 shape 表示的字典中，1、2、3 是键，对应的值是'三角形'、'圆形'、'矩形'，而在 shapeArea

表示的字典中,'三角形'、'圆形'、'矩形'表示的是键,对应的值是 3.14、4.2、4.2。注意键是唯一的,而不同的键对应的值可以相同。

可以通过字典的键访问其对应的值,也可以向字典添加新的(键:值)对。字典的运算见表 2.7,字典所具有的方法见表 2.8。

表 2.7 Python 字典支持的运算

运算符	用法	说明
[]	adict[key]	返回与 key 相关联的值,如果没有则报错
in	key in adict	如果 key 在字典中,返回 True,否则返回 False
del	del adict[key]	从字典中删除 key 的键:值对

表 2.8 Python 字典提供的方法

方法	用法	说明
keys	adict.keys()	返回包含字典中所有键的 dict_keys 对象
values	adict.values()	返回包含字典中所有值的 dict_values 对象
items	adict.items()	返回包含字典中所有键:值对的 dict_items 对象
get	adict.get(k)	返回 k 对应的值,如果没有则返回 None
get	adict.get(k,alt)	返回 k 对应的值,如果没有则返回 alt

2.2 Python 控制结构

与所有的高级语言一样,Python 程序中语句执行的顺序包括三种基本控制结构:顺序结构、选择结构和循环结构。这种语言控制结构的构成来自结构化程序开发,因此,Python 语言也继承了结构化程序设计的思想。

2.2.1 顺序结构

在顺序结构中,程序中语句执行时按照语句出现的先后顺序依次执行。因此,语句中先后执行的逻辑应符合程序执行的顺序。例如,在计算长方形面积时,应该先获得长和宽的数据,然后才能进行计算,最后输出结果,这个次序是不能改变的。至于先给长赋值或先给宽赋值的先后次序与计算逻辑是没有关系的。图 2.2 表达的就是一般问题的处理逻辑 IPO(Input-Process-Output)模型。顺序结构的基本逻辑依据就是如此。

图 2.2 IPO 模型

例 2.1 计算圆的面积

【题目描述】

从键盘上输入一个圆的半径,输出圆的面积(保留小数点后三位)。

例如,当输入圆的半径为 10 时,应输出 314.159。

【解题思路】

采用 IPO 模型来求解本问题。输入的是圆的半径,输出的是圆的面积。Python 程序是按照输入、处理、输出的逻辑顺序执行的。

【参考代码】

```
r = float(input())              #输入半径
area = 3.14159 * r * r          #处理
print("{:.3f}".format(area))    #输出
```

2.2.2 选择结构

选择结构可以根据条件控制代码的执行分支,也叫作分支结构。

1. 分支的三种基本结构

分支结构有三种基本形式,分别是单分支、双分支和多分支,见图 2.3。

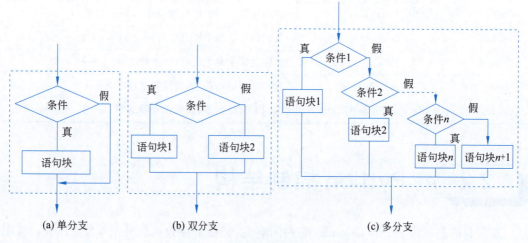

(a) 单分支 (b) 双分支 (c) 多分支

图 2.3 三种基本选择结构流程图

(1) 单分支情况。

```
if <条件>:<单行语句>
```

或者

```
if <条件>:
    <语句块>
```

(2) 双分支情况。

```
if <条件 1>:
    <语句块 1>
else:
    <语句块 2>
```

(3) 多分支情况。

```
if <条件 1>:
    <语句块 1>
```

```
elif <条件 2>:
    <语句块 2>
...
elif <条件 n>:
    <语句块 n>
else:
    <语句块 n+1>
```

注意：if 后面的条件可以是任何表达式,除了结果为 False、None、0、空字符串、空列表、空字典、空元组以外,其他结果都表示条件为真。

语句块若是多行的表达式,就要用缩进的方式,表示一组语句。

除了上述三种基本形式外,还有一种紧凑的二分支结构,例如:

```
if a > b:
    print('yes')
else:
    print('no')
```

可以写成:

```
print("yes" if a > b else "no")
```

这种紧凑的写法使得代码更加简洁,非常适合于简单的条件判断,它允许在单个语句中进行条件判断并返回相应的值。但需要注意的是,如果条件判断过于复杂,使用这种紧凑的写法可能会降低代码的可读性。因此,在选择使用这种结构时,应该根据实际情况和代码的复杂度来决定。

2. 分支嵌套

在 if 语句中又包含一个或多个 if 语句称为 if 语句的嵌套。一般形式如下。

```
if (条件表达式 1):
    if (条件表达式 2):
        语句 1                } if 嵌套
    [else:
        语句 2]
    [else:
        if (条件表达式 3):
            语句 3            } if 嵌套
        [else:
            语句 4]]
```

无论嵌套多么复杂,分支嵌套时应符合问题的逻辑,遵从 Python 语言中通过语句缩进来表达逻辑关系的规则。

例 2.2 删除单词后缀。

【题目描述】

从键盘输入一个单词,如果该单词以 er、ly 或者 ing 后缀结尾,则删除该后缀(题目保证删除后缀后的单词长度不为 0),否则不进行任何操作。

例如,当输入的单词为"preferring",删除后缀"ing"后应输出"preferr"。

【解题思路】

采用 IPO 模型来求解本问题。首先,程序通过 input() 函数获取用户输入的单词,并将其存储在变量 s 中。

接下来,程序使用 if 语句来判断单词的后缀,可以使用 Python 的字符串切片功能来获取单词的最后若干字符。无论是否进行了后缀删除操作,程序最后都会通过 print(s) 输出修改后的单词。

【参考代码】

```python
s = input()
if s[-2:] == "er" or s[-2:] == "ly":
    s = s[:-2]
elif s[-3:] == "ing":
    s = s[:-3]
print(s)
```

2.2.3 循环结构

循环结构用来重复执行一条或多条语句。使用循环结构,可以提高代码程序的编写效率,满足许多需要重复处理问题的需要。Python 语言中使用 for 语句和 while 语句来实现循环结构。

1. while 循环

while 循环称为条件循环,当条件为真时,会反复执行某个程序块,见图 2.4。基本格式是:

```
while (条件表达式):
    语句块
```

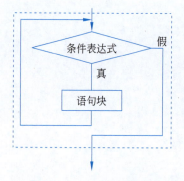

图 2.4 while 循环流程图

例 2.3 牛顿迭代法计算整数的平方根。

【题目描述】

牛顿迭代法,也称为牛顿-拉弗森方法,是一种在实数域和复数域上近似求解方程的方法。本题要求使用牛顿迭代法来计算并输出一个给定整数 n 的平方根(即精确到小数点后 4 位,输出时也以 4 位小数形式输出)。

对于任意一个正整数 n,其平方根的牛顿迭代公式为

$$x_{k+1} = \frac{1}{2}\left(x_k + \frac{n}{x_k}\right), \quad k = 0, 1, 2, 3, \cdots$$

x_0 为初始迭代值,可以为任意一个大于 0 整数。

当 $|x_{k+1} - x_k|$ 小于一个很小的数(eps)时,可以认为 n 的平方根即为 x_{k+1}。本题要求精确到小数点后 4 位,即 eps 为 0.0001。

例如,当输入 n=2 时,输出为 1.4142。

【解题思路】

按牛顿迭代法的定义,以任意一个大于 0 整数(例如 1)作为 x 的初值(用 x_0 表示),计算下一个 x 的值(用 x_1 表示),若 $|x_1 - x_0|$ 大于 eps,则循环迭代更新 x_0 为 x_1,计算更新

$x_1=(x_0+n/x_0)/2$。

【参考代码】

```
n = float(input())
eps = 0.0001
x0 = 1          #初始值
x1 = (x0 + n / x0) / 2
while abs(x1 - x0) > eps:
    x0 = x1
    x1 = (x0 + n / x0) / 2
print("{:.4f}".format(x1))
```

2. for 循环

for 循环一般由一个序列对象或可迭代对象来控制。基本格式是：

```
for x in <可迭代对象>:
    循环语句块
```

可迭代对象一次返回一个元素，因而适用于循环。Python 中常见的基本迭代对象包括序列数据类型（如字符串、列表和元组等）、字典等。实际上，也可以自己创建可迭代对象。

一个最常见的内置可迭代对象就是由 range() 函数产生的对象。可以产生指定范围的数字序列，格式为

```
range([start,] stop, [,step])
```

表示从 start 开始到 stop 结束（注意，不包括 stop），每步增加 step，start 默认为 0，step 默认为 1，返回一个 range 对象。可以用 list 把 range 对象转换为一个列表。

例如，运行 list(range(10)) 的结果是 [0, 1, 2, 3, 4, 5, 6, 7, 8, 9]。

3. 循环嵌套

在一个循环体内又包含另外一个循环结构，称为循环嵌套，也称为多重循环结构。内层循环中还可以包含循环，形成多层循环嵌套结构。

例 2.4 百钱买百鸡问题。

【题目描述】

已知公鸡每只 5 文钱，母鸡每只 3 文钱，小鸡三只 1 文钱。给定一个正整数 n，表示你有 n 文钱，并且需要用这些钱恰好购买 n 只鸡。需要计算出在这样的条件下，可以分别购买多少只公鸡、母鸡和小鸡。如果存在满足条件的解，则输出所有的解，每一个解含有三个整数，分别表示公鸡、母鸡和小鸡的数量。如果不存在满足条件的解，则输出"No Answer."。

例如，当输入 $n=100$ 时，输出如下。

```
0    25   75
4    18   78
8    11   81
12   4    84
```

【解题思路】

可以通过穷举法解决。穷举法，又称为枚举法、暴力法，是一种通过遍历所有可能的情

况来寻找问题解的方法。对于这个问题,可以定义三个变量:c 表示公鸡的数量,h 表示母鸡的数量,s 表示小鸡的数量。根据题目条件,有如下方程组:

$$\begin{cases} c+h+s=n & (1) \\ 5c+3h+\dfrac{s}{3}=n & (2) \end{cases}$$

方程(2)还有一个隐含的条件是,s 必须能被 3 整除。

可以利用两重嵌套循环,实现遍历 c 和 h 的所有可能组合。对于 c 和 h 的每一种组合,可以根据方程(1)计算出 s 的值,如果 s 大于 0、能被 3 整除且满足(2)式,那就找到了一组解。

【参考代码】

```
n = int(input())
cnt = 0
for c in range(n + 1):          #c, h, s 分别表示公鸡、母鸡、小鸡的数目
    for h in range(n + 1):
        s = n - c - h
        if s >= 0 and s % 3 == 0 and c * 5 + h * 3 + s // 3 == n:
            cnt += 1
            print(c, h, s)
if cnt == 0:
    print("No Answer.")
```

4. break 语句

break 语句用于退出 for、while 循环,提前结束循环执行循环语句的后续语句。一般地 break 和 if 组合在一起,当某个条件成立时强制跳出循环。格式如:

if <条件表达式> :break

或者

if <条件表达式> :
    [语句块]
    break

注意:当多个 for、while 语句彼此嵌套时,break 语句只能应用于最里层的语句,即 break 语句只能跳出最近的一层循环。

5. continue 语句

continue 语句类似于 break,必须在 for、while 循环中使用,但它结束本次循环,即跳过循环体内自 continue 下面尚未执行的语句,返回到循环的起始处,并根据循环条件判断是否执行下一次循环。与 break 相似,continue 也是和 if 组合在一起,当某个条件成立时强制跳过当前循环。格式如:

if <条件表达式> :continue

或者

if <条件表达式> :
    [语句块]
    continue

continue 语句与 break 语句的区别在于,continue 语句结束本次循环并返回到循环起始处,如果循环条件满足的话就开始执行下一次循环;而 break 则是直接结束循环,跳转到循环的后续语句执行。与 break 语句类似,当多个 for、while 嵌套时,continue 语句只应用于最里层的语句。

请读者分析下面的代码示例,体会在循环中使用 break 和 continue 所带来的运行结果差异。

```python
data = [1, 2, -12, 4, -4]
sum1 = 0
sum2 = 0
for v in data:
    if v < 0:
        break           #碰到负数,跳出循环
    sum1 += v
print("sum1=", sum1)
for v in data:
    if v < 0:
        continue        #跳过负数不加,继续循环
    sum2 += v
print("sum2=", sum2)
```

程序运行的结果如下。

```
sum1= 3
sum2= 7
```

6. else 子句

在 Python 语言中有一个特别的语法:while、for 语句可以附带一个 else 子句(可选)。如果 for、while 语句没有被 break 语句中止,则会执行 else 子句,否则不执行。

```
while (条件表达式):
    循环体
[else:
    语句块 2]
```

或者

```
for x in <可迭代对象>:
    循环体
[else:
    语句块 2]
```

在下面的代码中,展示了一个使用 for-else 结构的简单示例。

```python
data = [1, 2, 3]
sum = 0
for v in data:
    if v < 0:
        break
    sum += v
else:
```

```
        print("没有发现负数")
print("sum=", sum)
```

程序运行的结果是：

```
没有发现负数
sum= 6
```

因为示例中 data 列表中并没有负数，因此 for 循环不会被 break 中止，循环会在遍历完 data 后正常结束，然后会执行 else 子句。但如果把程序中的 data 修改为 data=[1, 2, －4, 3]，for 循环在遍历到 data 中的－4 时被 break 而结束，这时就不会执行 else 子句，此时运行的结果将不会出现"没有发现负数"的提示，只会显示：sum＝3。

2.3 Python 函数

2.3.1 函数概述

函数是可重用的程序代码段。使用函数可以实现程序的模块化，减少程序的复杂度，实现代码复用，提高代码质量，提高编程效率。

Python 中有内置函数、标准库函数、第三方库函数，以及用户自定义函数 4 种。

1. 内置函数

内置函数是 Python 语言自带的，运行 Python 后自动加载，在程序中直接使用，如 abs()、len() 等。

2. 标准库函数

标准库函数也是 Python 自带的，只是必须在程序中通过 import 语句导入后才可以使用，如 math 库、random 库等。

3. 第三方库函数

第三方库函数是可以从 Python 社区中下载的函数。然后通过 import 语句导入程序中，在程序中就可以使用。第三方库函数可以帮助程序员节省大量的时间和精力，如同站在巨人的肩上。这也是 Python 的魅力所在。

4. 用户自定义函数

用户自定义函数是用户在自己的程序中自己定义的函数，可以反复使用。也可以把这些函数打包后提供给别人使用。

2.3.2 函数的声明和调用

1. 函数的定义

函数的定义格式如下：

```
def 函数名([参数列表])：
    函数体
```

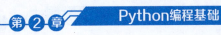

说明:

(1) 函数名的命名规则与一般标识符相同。函数名称只是一个变量、一个对象。在 Python 中"一切都是对象"。可以像普通对象一样,把一个函数赋值给另一个变量,这个变量也被称为函数别名。

(2) 参数列表是函数与外界进行传递数据的变量,是函数的接口,也称为形参变量或形参。参数也没有类型,可以传递任何类型的值给函数,由函数的内容定义函数的接口,如果传递的参数的类型不是函数想要的,那么函数将抛出异常。

(3) 函数体是函数要执行的代码,注意缩进规则。

(4) 函数没有返回值类型,return 可以返回任何类型。

2. 函数的调用

函数调用时,根据需要可以指定实际传入的参数值,称为实参。函数的调用语法格式如下。

函数名([实参列表])

说明:

(1) 函数名是当前作用域中可用的函数对象。即调用函数之前程序必须先执行 def 语句,创建函数对象(内置函数对象会自动创建,import 导入模块时会执行模块中的 def 语句,创建模块中定义的函数)。函数的定义位置必须位于调用该函数的全局代码之前,故典型的 Python 程序结构顺序通常为 import 语句→函数定义→全局代码。

(2) 实参列表必须与函数定义的形参列表一一对应。

(3) 函数调用是表达式。如果函数有返回值,可以在表达式中直接使用;如果函数没有返回值,可以单独作为表达式语句使用。

例 2.5 找出质数。

【题目描述】

输入若干正整数,从中挑选出质数并以每行一个的形式输出。质数也称为素数,是指除了 1 和自己之外,不能被其他整数整除的数。例如,3、5 是质数,9、10 不是质数。

例如,当按如下格式输入 6 个整数时:

3 4 7 347 3467 2987349

则应该以如下格式输出其中的 4 个质数:

3
7
347
3467

【解题思路】

首先编写一个判断质数的函数 def isPrime(n),然后用这个函数依次判断这个列表中的每个元素,如果判断是质数,则输出。判断质数 n 的函数可以根据质数的定义,用一个循环依次检查 2~$n-1$ 的每个整数 i,如果有一个 i 能整除 n(即求得余数为 0),则 n 就不是质数,可以直接返回 False。如果每个 i 都不能整除数 n,则 n 为质数,在循环结束后返回 True。

一个可以优化的地方在于：判定 n 是否为质数，无须检查 $2 \sim n-1$ 的每个整数，只需要检查 $2 \sim \sqrt{n}$ 即可。

【参考代码】

```python
def isPrime(n):          #判断一个整数 n 是否为质数,是则返回 True,否则返回 False
    if n <= 1:
        return False
    for i in range(2, int(n * * 0.5) + 1):
        if n % i == 0:
            return False
    return True

nums = list(map(int, input().split()))
for num in nums:
    if isPrime(num):
        print(num)
```

2.3.3 参数传递

函数调用时，参数传递实际上是形式参数和实际参数相互结合的过程，Python 提供了多种形式的传递方式，使得函数的调用和使用更加灵活和高效。

函数调用时，实际参数值默认按位置顺序依次传递给形式参数，如果形式参数个数不对，会产生错误。

1. 可选参数

在声明函数时，如果希望函数的一些参数是可选的，可以在声明函数时为这些参数指定默认值。调用该函数时，如果没有传入对应的实参的值，则函数使用声明时指定的默认参数值。

注意：必须先声明没有默认值的形参，然后说明有默认值的形参。因为函数调用时，默认是按位置传递实际参数值的。

在下面的代码中，定义的函数 myfunc1 中第二个参数 y=2 说明了 y 是一个可选参数。当实际调用时，如果没有给这个参数传递任何值，则 y 默认就是 2。

```python
def myfunc1(x, y=2):
    print("x=", x, "y=", y)
    sum = x + y
    return sum

print(myfunc1(1))
```

程序运行的结果是：

```
x = 1  y = 2
3
```

2. 位置参数和名称参数

函数调用时实参默认按位置顺序传递给形参，因此这种按位置传递的参数称为位置参数。

也可以改变这种传递方式,通过名称(关键字)指定传入参数。按名称指定传入的参数称为命名参数,也称为关键字参数。使用关键字参数具有三个优点:参数按名称——明确传递;参数和顺序无关;如果有多个可选参数,可以选择指定某个参数值。

在如下代码中,采用了两种传参形式,根据规定,可以看到实际的结果是一样的。

```
def myfunc2(x, y):
    print("x=", x, "y=", y)
    sum = x + y
    return sum

#按位置传递,实参1,2传递给形参x和y
print(myfunc2(1, 2))
#按命名传递
print(myfunc2(y=2, x=1))
```

此时可以发现运行的结果是相同的。

```
x = 1   y = 2
3
```

3. 可变参数

在声明函数时,通过带 * 的参数,允许向函数传递可变数量的实参。调用函数时,从那一点后所有的参数被收集为一个元组。

在下面的代码中,函数 myfunc3 的第二个参数 y 是一个可变参数。函数调用中 2,3,4 作为一个元组传递给它。

```
def myfunc3(x, * y):
    print("x=", x, "y=", y)
    sum = x
    for v in y:
        sum += v
    return sum

print(myfunc3(1, 2, 3, 4))
```

运行的结果如下。

```
x = 1   y = (2, 3, 4)
10
```

在声明函数时也可以通过带**的参数,调用函数时,从那点后所有的参数被收集为一个字典,带 * 或**的参数必须位于形参列表的最后位置。

在下面的代码中,第二个参数 y 是一个列表。

```
def myfunc4(x, * * y):
    print("x=", x, "y=", y)
    sum = x
    for key in y.keys():
        sum += y[key]
    return sum

print(myfunc4(1, a=2, b=3, c=4))
```

运行的结果如下。

```
x = 1   y = {'a': 2, 'b': 3, 'c': 4}
10
```

4. 参数类型检查

在C++、Java等高级语言中，函数定义时，需要指定定义域，也要指定值域，即指定形式参数和返回值的类型。

Python语言的设计理念是定义函数时不用限定其参数和返回值的类型，这种灵活性可以实现多态，即容许函数适用于不同类型的对象。

但是，这个机制会造成当使用不支持的类型参数调用函数时，就会产生错误。解决这个问题可以增加代码来检测这种类型错误。实际上，Python程序设计遵循一个默认的规则，即用户调用函数时，必须理解并保证传入正确类型的参数值。

2.3.4 函数的返回值

函数体内，当程序执行到return语句时，跳出函数，返回函数调用处，并返回return语句后的变量或表达式的值。当函数体中没有return语句时，函数体内所有语句执行完后，跳出函数，默认返回一个None值，它表示没有值。None是NoneType数据类型的唯一值（其他编程语言可能称这个值为null）。

通过return，也可以同时返回多个值，此时多个值组成一个元组返回。在代码清单2.1中，函数caculate_circle返回的是一个圆的周长和面积的元组。

代码清单2.1 计算圆的周长和面积函数，返回元组，然后分别赋值给变量c、a

```python
def caculate_circle(r):
    PI = 3.14159
    if r <= 0:
        raise Exception("半径必须大于0")    #抛出异常
    c = 2.0 * PI * r
    area = PI * r * r
    return c, area                          #返回两个值，构成一个元组

c, a = caculate_circle(10)
print("c={},area={}".format(c, a))
```

程序运行结果如下。

```
c=62.8318,area=314.159
```

2.3.5 变量的作用域

1. 变量作用域的概念

在各种高级语言中，变量的作用域是一个重要的概念。当调用一个函数时，函数的参数变量，以及函数中定义的变量作用范围就在这个函数体内，当函数调用结束后，这些变量就会被丢失，因此称这类变量为"局部变量"，这个函数体内称为局部作用域。而在函数体外定义的变量只是随程序的结束而被销毁，这样的变量称为"全局变量"。

变量的作用域很重要，有如下一些原则。

(1) 全局作用域中的代码不能使用任何局部变量,但局部作用域中可以访问全局变量。
(2) 一个函数的局部作用域中的代码,不能使用其他局部作用域中的变量。
(3) 如果在不同的作用域中,可以用相同的名字命名不同的变量。例如,全局作用域中定义的全局变量可以和局部变量同名,但意义不同。

在下面的代码中,在函数 func 中三个变量 x、y、z 的作用范围是不同的。

```
def func(x):
    x = 2              #局部变量
    y = z + 3          #y是局部变量,z是全局变量
    print("func x={},y={},z={}".format(x, y, z))

x = 3
y = 5
z = 8
func(x)
print("main x={},y={},z={}".format(x, y, z))
```

程序运行的结果如下。

```
func x=2,y=11,z=8
main x=3,y=5,z=8
```

如果需要在一个函数内修改全局变量,就使用 global 语句。如果在函数的顶部有 global y 这样的代码,就意味着在这个函数中,y 指的是全局变量,所以不要用这个名字创建一个局部变量。参见如下代码。

```
def func(x):
    global y
    x=2                #局部变量
    y=z+3              #y,z 是全局的
    print("func x={},y={},z={}".format(x,y,z))
x=3
y=5
z=8
func(x)
print("main x={},y={},z={}".format(x,y,z))
```

程序运行的结果如下。

```
func x=2,y=11,z=8
main x=3,y=11,z=8
```

注意:此时 y 是全局变量,两次输出的结果相同。

可以总结如下 4 条规则来区分一个变量是处于局部作用域还是全局作用域。
(1) 如果变量在全局作用域中使用(即在所有函数之外),它就总是全局变量。
(2) 如果在一个函数中,有针对该变量的 global 语句,它就是全局变量。
(3) 否则,如果该变量用于函数中的赋值语句,它就是局部变量。
(4) 但是,如果该变量没有用在赋值语句中,它就是全局变量。

根据模块化设计的原则,应尽量保持模块之间的高内聚和低耦合,尽量使用局部变量,而不是全局变量。

2. 函数的形参变量

Python 中，函数参数传递是按值传递的，函数的参数变量也是局部变量。当参数变量是一个可变集合类(Collection)变量时，注意变量是对象的引用。参见如下代码程序，在程序运行过程中，对象引用的变化见图 2.5。

```python
def fun(x, data1, data2):
    x = 4
    data1 = []
    data1.append(x)
    data2.append(x)
    print("x=", x, "data1=", data1, "data2=", data2)

alist1 = [1, 2, 3]
alist2 = [1, 2, 3]
a = 1
fun(a, alist1, alist2)
print("a=", a, "alist1=", alist1, "alist2=", alist2)
```

程序运行的结果如下。

```
x= 4 data1= [4] data2= [1, 2, 3, 4]
a= 1 alist1= [1, 2, 3] alist2= [1, 2, 3, 4]
```

在上述程序中，函数 fun 的参数 data1 和 data2 是两个列表（可变的对象），当调用函数 fun(a,alist1,alist2)时，alist1 和 alist2 把引用地址传递给 data1 和 data2。函数中，data1＝[]意味着 data1 已指向另外的引用地址，即创建了一个新的列表。而 data2 没有改变引用的地址，因此，最后两个列表变量产生的结果完全不同。

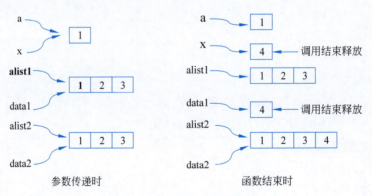

图 2.5　形参变量与实参变量关系

2.3.6　函数式编程

Python 支持函数式编程，通过函数式编程可以大大提高程序处理的灵活性，提高编程效率。

1. 纯函数

纯函数是指不产生副作用的函数，即只依赖于输入参数并返回输出结果，而不修改任何外部状态。纯函数通常易于测试、可组合和并发执行。例如，下面是一个非纯函数。

```
total = 0
def add(n):
    global total
    total += n
    return total
```

这个函数会修改 total 全局变量,因此是有副作用的。相反,下面是一个纯函数。

```
def add(n):
    return n + 1
```

这个函数只依赖于输入参数并返回输出结果,没有任何副作用。

2. 函数作为参数传递

在函数式编程中,函数可以像其他数据类型一样传递给其他函数,也可以从其他函数中返回一个函数。例如,下面程序中,函数作为参数传递。

```
def add(x, y):
    return x + y

def mult(x, y):
    return x * y

def apply(func, arg1, arg2):
    return func(arg1, arg2)

print(apply(add, 5, 3))        #输出 8
print(apply(mult, 5, 3))       #输出 15
```

在这个例子中,定义了一个名为 apply 的函数,它接收三个参数:一个函数参数和两个数据参数。它将这个参数传递给这个函数并返回结果。

3. 高阶函数

高阶函数是指接收一个或多个函数作为参数和/或返回一个函数的函数。Python 提供了许多内置的高阶函数,如 map、filter 和 reduce。

1) map 函数

格式:

```
map(函数, Iterable)
```

map()将传入的函数依次作用到序列的每个元素,并把结果作为新的 Iterator 返回。例如,下面的代码可以返回数字的平方。

```
def square(x):
    return x ** 2

numbers = [1, 2, 3, 4, 5]
squares = list(map(square, numbers))
print(squares)                 #输出[1, 4, 9, 16, 25]
```

2) filter 函数

格式:

```
filter (函数, Iterable)
```

filter()用于过滤序列。filter()也接收一个函数和一个序列,filter()把传入的函数依次作用于每个元素,然后根据返回值是 True 还是 Flase 决定保留还是丢弃该元素。例如,把一个序列中的奇数删掉可以这么写:

```
def is_even(x):
    return x % 2 == 0

numbers = [1, 2, 3, 4, 5]
evens = list(filter(is_even, numbers))
print(evens)              #输出[2, 4]
```

3) reduce 函数

格式:

```
reduce (函数, Iterable)
```

reduce()把一个函数作用在一个序列上,这个函数接收两个参数。reduce()把结果继续和序列的下一个元素做累积计算,例如:

```
from functools import reduce
def add(x, y):
    return x + y

numbers = [1, 2, 3, 4, 5]
sum = reduce(add, numbers)
print(sum)              #输出 15
```

4) Lambda 表达式(匿名函数)

Lambda 是一种简便的,在同一行中定义函数的方法,实际上是生成一个函数对象,即匿名函数。Lambda 表达式的基本格式为

```
Lambda arg1, arg2, … :<表达式>
```

其中,arg1,arg2,… 为函数的参数,<表达式>为函数的语句及结果为函数的返回值,例如语句:

```
lambda x, y: x + y
```

生成一个函数对象,函数参数为 x 和 y,返回值为 x+y。

Lambda 表达式通常在需要一个函数作为参数的地方使用。例如:

```
numbers = [1, 2, 3, 4, 5]
squares = list(map(lambda x: x * 2, numbers))
evens = list(filter(lambda x: x % 2 == 0, numbers))
print(squares)          #输出 [1, 4, 9, 16, 25]
print(evens)            #输出 [2, 4]
```

在这个例子中,使用 Lambda 表达式来定义 map 和 filter 函数的函数参数。

2.4　Python 面向对象编程

2.4.1　面向对象程序设计

面向对象方法已是计算机科学技术领域一项广泛应用的重要技术。所谓的对象,从概

念层面讲,就是某种事物的抽象。抽象原则包括数据(属性)抽象和过程(操作)抽象两方面。数据抽象就是定义对象的属性,过程抽象就是定义对象的操作,面向对象的程序设计强调把数据和操作结合为一个不可分的系统单位。而且对象的外部只需知道它做什么,而不必知道它如何做。

例如,对于汽车,我们知道其有品牌、型号、排量、颜色等属性,这些可以理解为其数据;同时,汽车能启动、行驶、转向、刹车等,这些可以理解为其操作。对于普通的使用者,可以不知道汽车是如何制造的以及它内部是如何工作的,只要会驾驶它即可。

在面向对象的方法中,采用类来描述对象的属性和具有的方法。对象是类的实例,类是对象的模板。

面向对象的程序设计具有三个基本特征:封装、继承和多态,可以大大增加程序的可靠性、代码的可重用性和程序的可维护性,从而提高程序开发效率。

1. 封装

封装是把客观事物抽象并封装成对象,即将数据、成员、属性、方法和事件等,集合在一个整体内,通过访问控制还可以隐藏内部成员,只允许可信的对象访问或操作自己的部分数据或方法。

封装保证了对象的独立性,可以防止外部程序破坏对象的内部数据,同时便于程序的维护和修改。就像汽车有一个保护壳,一般只有专业人士才可以打开并进行维护。

2. 继承

继承是面向对象程序设计中的一个核心概念,它提供了一种高效的代码重用机制。通过继承,开发者可以利用现有类的功能,并在此基础上进行扩展,而无须重新编写原有类。这种能力不仅避免了代码的重复,还简化了代码的维护工作。

通过继承机制,派生类继承了基类的所有非私有属性和方法,同时还可以定义自己的特定属性和行为。这意味着派生类不仅继承了基类的特质,还拥有自己独特的特征。这种特性使得派生类的对象能够表现出两种类型的特性:自身的类型和继承的基类类型。这种能力在面向对象编程中被称为多态性。

3. 多态

多态性允许对象以自己的方式响应相同的消息或请求。这为开发者提供了一种灵活的方式来构建通用软件,使得软件能够以统一的接口处理不同类型的对象。这种特性极大地提高了软件的可维护性和可扩展性,同时也使得代码更加清晰和易于管理。

2.4.2 类的定义和实例化

类实际上是一个数据结构,类定义了数据类型的数据(属性)和行为(方法)。对象是类的具体实体,称为类的实例。

在 Python 语言中,类称为类对象,类的实例称为实例对象。实际上,Python 是一个面向对象的语言,Python 中所有元素都是类,例如前面介绍的 Python 的数据类型、函数都是类。自己也可以定义类并使用它们。

1. 类的定义

类使用关键字 class 声明,类的声明格式如下。

```
class 类名:
    类体
```

其中,类名为有效的标识符,习惯上,命名规则一般为一个或多个单词组成的名称,每个单词除第一个字母大写外,其余的字母均为小写。

类体部分由缩进的语句块组成。定义在类体内的元素都是类的成员。类的成员包括两种类型,即描述状态的数据成员(属性)和描述操作的函数成员(方法)。

代码清单 2.2　Person 类

```
#定义一个类
class Person:
    #初始化函数
    def __init__(self, name, age):
        self.name = name
        self.age = age

    #方法函数
    def sayHi(self):
        print("hi!我是" + self.name + "," + str(self.age) + "岁了.")

#主程序,定义类变量并调用类中的方法函数
student1 = Person("张三", 18)         #定义了一个对象 student1
student1.sayHi()                      #调用 student1 的方法函数
```

在代码清单 2.2 中,定义了一个名为 Person 的类,其中,name 和 age 是实例属性,通过 __init__ 函数的参数 name、age 赋值获得。

注意:在语句中 self.name＝name 中,前后的 name 是不同的变量。self.age＝age 也是一样。

函数 SayHi()是类的一个方法,实现"自报家门"的功能。

Person 类实际上是对一个人的简单抽象描述,他具有姓名和年龄的属性,他会和别人打招呼、进行自我介绍。

2. 类的实例化

定义了类后,可以对类进行实例化。实例化,也就是根据类这个模板,创建一个具体的对象,也称由类派生出一个对象。创建对象的格式如下。

```
对象名 = 类名(参数列表)
```

调用对象的函数和属性的格式是:

```
对象名.对象函数([参数列表])
对象名.对象属性
```

例如,运行下面两个语句,会输出:Hi! 我是张三,18 岁了。

```
student1 = Person("张三", 18)
student1.sayHi()
```

上面的第 1 行语句中,根据类 Person 创建了一个对象,对象名为 student1,具体的姓名属性为"张三",年龄属性为 18。第 2 行语句中,是调用了该实例对象的 sayHi()方法。如果

需要打印出 student1 的姓名属性,则可以用如下语句。

```
print(student1.name)
```

class 实际上是 Python 复合语句,Python 解释器在执行 class 语句时会创建一个类对象。也就是说,类也是一个对象。时刻记住一句话:在 Python 中,一切皆为对象。

2.4.3 属性

1. 实例属性

通过 self.变量名定义的属性称为实例属性,也称为实例变量。由类派生出的每个实例都包含该类的实例变量的一个单独副本。实例变量在类的内部通过 self 访问,在外部通过对象实例访问。

实例属性一般在 __init__ 方法中通过如下形式初始化。

```
self.实例属性名 = 初始值
```

可以在其他实例函数中通过 self 访问。

```
self.实例属性名
```

在创建实例对象后,可以通过对象实例访问,类似如下格式。

```
对象名 = 类名()              #创建实例对象
对象名.实例属性名 = 值
对象名.实例属性名
```

2. 类属性

类本身也是一个对象。Python 允许声明属于类对象本身的变量,即类属性,也称为类变量或静态属性。类属性属于整个类,不是特定实例对象的一部分,而是所有实例之间共享的一个副本。

类属性一般在类体中通过如下形式初始化。

```
类.变量名 = 初始值
```

然后在其类定义的方法中或外部代码中通过类名访问。

```
类名.类变量名 = 值
类名.类变量名
```

在代码清单 2.3 中,定义了一个名为 Student 的类,其中定义了一个名为 count 的类属性,在 __init__ 方法中,每创建一个该类的实例,就给 count 属性值加 1,此时 count 意在用于统计目前已创建的 Student 类实例的数量。

代码清单 2.3 Student 类

```
class Student:
    count = 0              #类属性

    def __init__(self, id, name):
        self.id = id          #实例属性
        self.name = name      #实例属性
```

```
        Student.count += 1

    def sayHi(self):
        print("hi!我是" + self.name + ",我的学号是" + str(self.id))

aStudent1 = Student("20220530101", "张三")
aStudent1.sayHi()
print(Student.count)    #引用类属性,并输出
aStudent2 = Student("20220530102", "李四")
aStudent2.sayHi()
print(Student.count)    #输出类属性
```

运行代码清单 2.3 的结果是:

```
Hi!我是张三,我的学号是 20220530101
1
Hi!我是李四,我的学号是 20220530102
2
```

注意:类属性如果通过"实例对象名.属性名"来访问,则属于该实例的实例属性,虽然类属性可以使用对象实例来访问,但这样容易造成困惑,所以建议不要这样使用,而是应该使用标准的访问方式:"类名.类变量名"。

3. 私有属性和公有属性

与 C++、Java、C♯等其他面向对象的语言不同,Python 类的成员没有显式的访问控制限制。通常约定名称中以两个下画线开头、但是不以两个下画线结束的属性是私有的(private),其他为公共的(public)。在类的外部不能直接访问私有属性,但可以在类的方法中访问。

例如,在代码清单 2.4 定义的 Employee 类中,名为__id 和__name 的属性都是私有属性,在 Employee 类体中定义的实例方法 sayHi()中可以访问它们,但是在类外部就不能直接通过对象名访问它们。

代码清单 2.4 Employee 类,私有属性应用

```
class Employee:
    def __init__(self, id, name):
        self.__id = id                 # __id 是私有属性
        self.__name = name             # __name 是私有属性

    def sayHi(self):
        print("hi!我是" + self.__name + ",工号是" + str(self.__id))   #可以在类中访问

aEmployee = Employee("1011", "王五")
aEmployee.sayHi()
print(aEmployee.__name)                #出错,私有属性不能通过对象名访问
```

运行代码清单 2.4 的结果是:

```
Hi! 我是王五,工号是 1011
Traceback (most recent call last):
  File "M: 05 hjh/程序/2/Employee.py", line 10, in <module>
```

```
    print(aEmployee.__name)  #出错,私有属性不能通过对象名访问
AttributeError: 'Employee' object has no attribute '__name'
```

在 Python 社区中,一般约定以一个下画线开头的为私有属性,但 Python 解释器本身是不约束这一个规则的。

属性私有可以很好地进行信息隐蔽,防止在类以外程序中进行意外修改,是面向对象设计的封装性的体现,也是良好的程序设计习惯。

2.4.4 方法

1. 实例方法

方法是与类相关的函数,也称为方法函数。类方法的定义与普通的函数定义相同。

一般情况下,方法的第一个参数一般为 self,这种方法称为实例方法。实例方法对类的某一个特定的实例对象进行操作,可以通过 self 显式地访问该实例。实例方法的声明格式如下。

```
def 方法名(self,[形参列表]):
    函数体
```

方法调用的格式如下。

```
对象.方法名([实参列表])
```

注意:虽然类的方法的第一个参数是 self,但调用时,用户不需要也不能给参数传值。Python 自动会把实例对象传递给该参数。

2. 静态方法

静态方法不对特定实例进行操作,与类的实例对象无关,在静态方法中访问对象实例会导致错误。静态方法通过@staticmethod 来定义。其声明格式如下。

```
@staticmethod
def 静态方法名([参数列表]):
    函数体
```

静态方法一般通过类名来访问,也可以通过对象实例来调用,其调用格式如下。

```
类名.静态方法名([实参列表])
```

代码清单 2.5 定义的 AreaCaculate 类中定义了两个静态方法,分别计算圆的面积和矩形面积。在调用时,直接用类名调用静态方法。

代码清单 2.5　类静态方法

```
class AreaCaculate:
    @staticmethod
    def getCircleArea(r):
        return 3.14 * r * r
    
    def getRactangleArea(w, h):
        area = w * h
        return area
```

```
r = float(input("请输入圆的半径:"))
print("面积是", AreaCaculate.getCircleArea(r))
w, h = eval(input("请输入矩形的宽和高:"))
print("面积是", AreaCaculate.getRactangleArea(w, h))
```

代码清单 2.5 的运行结果如下。

```
请输入圆的半径:10
面积是 314.0
请输入矩形的宽和高:3,4
面积是 12
```

3. __init__方法和__del__方法

在前面的例子中,已经反复看到了在类体中出现__init__方法(前后各有两个下画线),实际上,__init__就是类的构造函数(构造方法),用于执行类的实例初始化工作,创建对象后调用,初始化当前对象的实例,无返回值。

__del__方法为析构函数(析构方法),用于实现销毁类的实例所需的操作,如释放对象占用的非托管资源,例如,打开的文件、网络连接。默认情况下,当对象不再使用时,__del__方法就会自动运行,由于 Python 解释器实现自动垃圾回收,也是是说,这个方法会自动在适当时运行。

通过 del 语句可以强制销毁一个对象实例。这样才能保证调用对象实例的__del__方法。

在很多情况下,__del__方法可以采用默认方式,无须重载。

4. 私有方法和公有方法

与私有属性类似,Python 约定两个下画线开头,但不以两个下画线结束的方法是私有的,其他为公共的。注意,以双下画线开始和结束的方法是 Python 的专有特殊方法。在类的外部不能直接访问私有方法,但可以在类的其他方法中访问。

5. 方法重载

方法重载是面向对象编程的一个重要特征,在其他程序设计语言中,方法可以重载,即可以定义多个同名的方法,只要保证方法签名是唯一的。签名包括三个部分:方法名称、参数列表和方法返回值。但 Python 本身是动态语言,方法和参数没有声明类型,传值时才确定参数的类型,参数的数量由可选参数和可变参数来控制,因此派生对象时,方法不需要重载。

当有人希望在 Python 类体中定义多个同名的方法以实现方法重载时,虽然不会报错,但最后一个方法才有效,所以在 Python 语言中不要定义重名的方法。

2.4.5 类的继承

类的继承是面向对象最重要的特征之一。继承就是子类可以拥有父类的所有属性和方法。Python 支持多重继承,即一个派生类可以继承多个基类。

派生类的声明格式如下。

```
class 派生类名(基类1,[基类2,…]):
    类体
```

其中,派生类名后为所有基类的名称元组。如果类定义中没有指定基类,则其基类为 Object,Object 类是所有对象的根基类,定义了公共方法的默认实现。

声明派生类时,必须在其构造函数中调用基类的构造函数,调用格式如下。

基类名.__init__(self,参数列表)

通过继承,派生类继承了基类构造方法之外的所有成员,如果在派生类中重新定义了基类继承的方法,则覆盖了基类中定义的方法。

在代码清单 2.6 中,首先定义了一个 Shape 类,此类给出了形状的颜色 color 和坐标 x、y 三个属性。并给出一个 show() 方法,输出形状的颜色和坐标信息。给出了一个 area() 方法,但没有做任何处理。此后,分别定义了 Circle 类和 Rectangle 类,这两个类都是 Shape 的派生类,它们继承了基类 Shape 的属性和方法,并定义了新的属性,重载了 area() 方法。

代码清单 2.6　类的继承：形状类

```python
class Shape:
    def __init__(self, color, x, y):
        self.color = color
        self.x = x
        self.y = y

    def area(self):
        pass

    def show(self):
        print("颜色={0},位置=({1},{2})".format(self.color, self.x, self.y))

class Circle(Shape):
    def __init__(self, color, x, y, r):
        Shape.__init__(self, color, x, y)
        self.r = r

    def area(self):
        return 3.14 * self.r * self.r   #计算圆的面积

class Ractangle(Shape):
    def __init__(self, color, x, y, w, h):
        Shape.__init__(self, color, x, y)
        self.w = w
        self.h = h

    def area(self):
        return self.w * self.h   #计算矩形的面积

aCircle = Circle("红色", 1.0, 1.0, 10)
print("圆的面积=", aCircle.area())
aCircle.show()

aRactangle = Ractangle("蓝色", 1.2, 2.1, 10.0, 2.0)
print("矩形面积=", aRactangle.area())
aRactangle.show()
```

代码清单 2.6 的运行结果如下。

```
圆的面积= 314.0
颜色=红色,位置=(1.0,1.0)
矩形面积= 20.0
颜色=蓝色,位置=(1.2,2.1)
```

2.4.6 类的特殊方法

1. 类的特殊方法

Python 对象中包含许多以双下画线开始和结束的方法,称为特殊方法,特殊方法来自所有 Ptyhon 对象的父类 Object 类,因此这些方法是内置的。这些特殊方法也称为魔法方法。几乎每个魔法方法都有一个对应的内置函数,或者运算符,当我们对这个对象使用这些函数或者运算符时就会调用类中的对应魔法方法,在类中定义这些方法可以理解为重写内置函数。

例如,在创建对象实例时会自动调用__init__方法,当进行 $a<b$ 运算时自动调用对象 a 的__lt__方法。常见的特殊方法如表 2.9 所示。

表 2.9 类的特殊方法

特 殊 方 法	功 能
__add__,__lt__,__eq__等	对应运算符＋、＜、＝＝等运算符重载
__init__,__del__	创建和销毁对象时调用
__setitem__,__getitem__	按索引赋值和取值
__len__	对应于内置函数 len()
__str__	对应于内置函数 str()
__bool__	对应于内置函数 bool()
__repr__	对应于内置函数 repr()
__bytes__	对应于内置函数 bytes()
__hash__	对应于内置函数 hash()
__format__	对应于内置函数 format()
__dir__	对应于内置函数 dir()
__iter__	实现 for v in …

代码清单 2.7 的代码显示了特殊方法__str__的应用。在 Employee 类中,定义了一个__str__,返回一个字符串,这样在程序中可以通过 print 函数直接输出该类的对象时,直接调用__str__方法,输出其返回的字符对象。通过这种方式,在 Employee 类中重载了__str__方法,显示该类的信息。

代码清单 2.7 类的特殊方法

```
class Employee:
    def __init__(self, id, name):
        self.__id = id                          #__id 是私有属性
        self.__name = name                      #__name 是私有属性
```

```
    def __str__(self):
        return "工号:" + str(self.__id) + "\n姓名:" + str(self.__name)

    def sayHi(self):
        print("hi!我是" + self.__name + ",工号是" + str(self.__id))   #可以在类中访问

aEmployee = Employee("1011", "王五")
aEmployee.sayHi()
print(aEmployee)                    #默认调用__str__
```

代码清单 2.7 运行的结果如下。

```
Hi!我是王五,工号是1011
工号:1011
姓名:王五
```

2. 运算符重载

Python 的运算符实际上是通过调用对象的特殊方法实现的。读者可能注意到＋运算,当进行 2＋3 时,进行的是数值加法运算,而进行字符串加法运算时,会发现"2"＋"3"的结果是"23",这就是通过运算符重载实现的,就是重载特殊方法__add__。

表 2.10 列出了 Python 中对运算符重载的特殊方法。通过重载这些特殊方法,可以实现人们平常所见的加减乘除之类的运算符来实现其他类型数据的运算。

表 2.10 运算符重载

运 算 符	表 达	重载特殊方法
相加(＋)	a＋b	__add__
相减(－)	a－b	__sub__
相乘(＊)	a * b	__mul__
求幂(＊＊)	a ** b	__pow__
相除(/)	a / b	__truediv__
整除(//)	a // b	__floordiv__
求模(％)	a％b	__mod__
按位左移(<<)	a <<b	__lshift__
按位右移(>>)	a >>b	__rshift__
按位与(and)	a and b	__and__
按位或(or)	a｜2	__or__
按位异或(^)	a ^ b	__xor__
按位否(~)	~a	__invert__
小于(<)	a<b	__lt__
小于或等于(<=)	a<=b	__le__
等于(==)	a==b	__eq__
不等于(!=)	a!=b	__ne__
大于(>)	a>b	a.__gt__(b)
大于或等于(>=)	a>=b	a.__ge__(b)

在下面的例子中，就是采用了运算符重载，实现了两个袋子相加和比较相等的操作；实际上，类似地还可以定义更多的操作。

例 2.6　Bag 类。

【题目描述】

有一种袋子 Bag，里面可以放一定数量的小球（假设最大数量 maxsize），每个小球上写有一个数字号码。请编写一个类，模拟对这种袋子的各种操作。例如，创建一个袋子，袋子中添加一个带某个号码的小球，取出一个小球，把袋子中的小球依次取出，把两个袋子中的小球合并在一起，判定两个袋子中小球的数字和是否相等。

【解题思路】

对现实问题的抽象是面向对象程序设计的关键，这里可以把列表作为袋子，把整数当作带有号码的小球，对这个列表限制长度，就是限制说明袋子中最多放多少个小球。这样将整数加入列表中，就是将带有号码的小球放入袋子中。因此，对袋子的各种操作就能转换为对列表的各种操作。

对某些操作，可以采用魔法函数来实现，这样程序更加自然。

用一个私有的列表 __data 来表示袋子，类的属性 maxsize 为袋子的容量。

用 __len__ 重载 len 函数，可以获得袋子中装的球的个数。

用 __add__ 来表示两个袋子的合并，生成一个大袋子，大袋子的容量是两个小袋子容量的和。其中的球也合并在一起，即实现运算符"＋"的重载。

注意，我们设计了实例方法 add(self,item) 是向袋子中放一个球，与 __add__ 是不同的。

设计一个迭代器 __iter__，可以实现利用 for 循环遍历袋子中的球，这很重要。

__eq__ 方法是比较两个袋子里所装小球中数字和是否相等，即实现两个袋子的"＝＝"运算操作。

【参考代码】

```python
class Bag:
    """
    一个袋子类
    属性：
        __data：袋子容器，一个列表
        maxsize：袋子的容量
    """

    def __init__(self, maxsize):         #构造函数
        self.__data = []                 #袋子实际上是一个列表，私有的
        self.maxsize = maxsize           #袋子中能存放小球的最大个数

    def __len__(self):                   #重载 len
        return len(self.__data)

    def __iter__(self):                  #可以实现迭代器
        for v in self.__data:
            yield v

    def __add__(self, another):          #合并两个袋子，把另外一个袋子中的球加到一起
```

```python
            maxsize = self.maxsize + another.maxsize
            newBag = Bag(maxsize)
            for v in self:
                newBag.add(v)
            for v in another:
                newBag.add(v)
            return newBag

    def __eq__(self, another):            #重载==
        #比较两个袋子中小球号码的和是否相等
        selfsum = 0
        anothersum = 0
        for v in self:
            selfsum += v
        for v in another:
            anothersum += v
        return selfsum == anothersum

    def show(self):
        print("袋子中有下列号码的球:", end="")
        for v in self.__data:                #访问袋子中的小球
            print(v, end=" ")
        print()

    def add(self, item):                    #向袋子中添加小球
        if not isinstance(item, int):
            raise Exception("必须是 int 类型的数据")
        if len(self) > self.maxsize:
            raise Exception("bag已满了")
        self.__data.append(item)

    def fetch(self):                        #从袋子中取出小球
        item = None
        if len(self.__data) > 0:
            item = self.__data[-1]          #获取最后一个球
            del self.__data[-1]             #然后删除
        return item

#主程序-测试----------------------------------------
bag1 = Bag(10)                              #定义第 1 个 bag
bag1.add(1)
bag1.add(2)
bag1.add(6)
print("Bag1:", end="")
for v in bag1:                              #取出 bag1 中的小球
    print(v, end=" ")
print("\n 取出小球:", bag1.fetch())          #取出一个小球并输出
print("\n 取出一个小球后,Bag1", end="")
bag1.show()                                 #通过 show() 方法显示袋子中的球号码
```

```
bag2 = Bag(10)                    #定义第 2 个 bag
bag2.add(3)
bag2.add(2)
print("\nBag2", end="")
bag2.show()                       #通过 show()方法显示袋子中的球号码
print("\n", bag1 == bag2)         #比较两个袋子中小球号码是否相等
joinbag = bag1 + bag2             #合并袋子
print("合并后的 bag:")
for v in joinbag:
    print(v, end=" ")
```

程序运行的结果如下。

```
Bag1:1 2 6
取出小球：6

取出一个小球后,Bag1 袋子中有下列号码的球：1 2

Bag2 袋子中有下列号码的球：3 2

False
合并后的 bag:
1 2 3 2
```

2.4.7 对象的引用、浅拷贝和深拷贝

对象的复制实际上是对象的引用。创建一个对象并把它复制给一个变量时,该变量是指向该对象的引用,id()函数返回的对象地址是相同的。

变量的赋值实际上是被赋值的变量引用同一个对象,即不复制对象,如果要复制对象可以使用下列方法之一。

- 切片操作,例如,a＝b[：]。
- 对象实例化,例如,a＝list(b)。
- 使用 copy 模块的 copy 函数。

例如：

```
import copy
b = [1, 2, 3]
a = copy.copy(b)
print("a=", a, "b=", b, "\nid(a)=", id(a), "id(b)=", id(b))
```

运行结果如下。

```
a= [1, 2, 3] b= [1, 2, 3]
id(a)=1732219358528   id(b)=1732186603328
```

copy 函数的复制一般是浅拷贝,即复制对象时,对象中包含的子对象并不复制,还是引用同一个子对象,对象如果要递归复制对象中包含的子对象,可以使用 copy 模块的深拷贝函数 deepcopy()。

2.5 抽象数据类型面向对象实现

2.5.1 抽象数据类型和面向对象方法

在第 1 章中介绍了抽象数据类型的概念，抽象数据类型是描述数据结构的重要方法。但是抽象数据类型不能在计算机中直接运行，最终需要把这种抽象数据类型转换为一种能运行在计算机中的高级语言形式。

通过本章中对 Python 语言的介绍，特别是面向对象程序设计的介绍，可以发现用 Python 语言中的面向对象机制来实现抽象数据类型是十分自然的，并更容易实现。

通过第 1 章的学习我们知道，抽象数据类型（ADT）的定义格式如下。

```
ADT <ADT 名>
{   数据对象:<数据对象的定义>
    结构关系:<结构关系的定义>
    基本操作:<基本操作的定义>
}ADT <ADT 名>
```

这种形式与类的定义几乎完全一致，数据对象和结构的关系可以通过 Python 中类的数据属性和构造函数加以实现。基本操作部分可以用类的方法函数实现。

下面将用一个有理数的抽象数据类型的实现来介绍抽象数据类型的具体实现过程。

2.5.2 有理数的抽象数据类型表示

在数学上，有理数可以定义为整数（正整数、0、负整数）和分数的统称，是整数和分数的集合。根据这个定义，可以把有理数写成统一的分数形式：$a/b(b\neq0)$。a 和 b 都是整数。整数有理数可以使分母为 1。我们规定，负的有理数中分子为负数，分母为正数。

关于有理数的讨论是一个复杂的数学问题，为了简化问题，在这里规定有理数有如下基本运算操作，例如，两个有理数之间的加减乘除运算、有理数之间的相等比较等。

可以用 ADT 来进行描述。

```
ADT Rational
{   数据对象: den   正的整数
             num   整数
    结构关系: den 表示分母,num 表示分子,互质,即不包含公因子
    基本操作:
            +运算：两个有理数相加
            -运算：两个有理数相减
            *运算：两个有理数相乘
            /运算：两个有理数相除
            ==相等运算：比较两个有理数是否在数值上相等
            show：显示有理数
}
```

实际上，基本操作还可以包括有理数大小的判断等。在设计一个 ADT 时，应该根据具体问题的需要来定义设计。

2.5.3 有理数抽象数据类型的 Python 语言实现

根据前面定义的有理数 Rational 的 ADT 定义，实现了一个简单的 Rational 类，参见代码清单 2.8。

注意：在这个类的定义中，只实现了基本操作的＋运算、＝＝运算和 show 显示，以及初始化函数和内部方法 __str__。关于减法、乘法和除法运算，请读者根据给出的程序自己来完善。

代码清单 2.8　有理数 Rational 类实现抽象数据类型（部分实现）

```python
"""
    有理数类,形式为分子/分母,例如 3/5
"""
class Rational:
    @staticmethod
    def _gcd(m, n):                              #求两个数的最大公约数
        if n == 0:
            m, n = n, m
        while m != 0:
            m, n = n % m, m
        return n                                 #返回最大公约数

    #初始化函数
    def __init__(self, top, bottom=1):
        #进行规范化
        #分子、分母必须是整数
        if not isinstance(top, int) or not isinstance(bottom, int):
            raise TypeError
        #0 的情况
        if top * bottom == 0:
            self.num = 0
            self.den = 1
            return
        #分子分母约简
        comm = Rational._gcd(top, bottom)        #计算分子、分母的最大公约数
        top = top // comm
        bottom = bottom // comm
        #保证当为负有理数时,分子是负,分母是正数
        if top * bottom < 0:
            if bottom < 0:
                top = -top
                bottom = -bottom
        self.num = top       #分子
        self.den = bottom    #分母

    #输出字符串
    def __str__(self):
        if self.num == 0 or self.den == 1:
            return str(self.num)
```

```
        else:
            return str(self.num) + "/" + str(self.den)

    #显示
    def show(self):
        print("{}/{}".format(self.num, self.den))

    #实现加法运算
    def __add__(self, another):
        newnum = self.num * another.den + self.den * another.num
        newden = self.den * another.den
        return Rational(newnum, newden)

    #判断是否相等
    def __eq__(self, another):
        firstnum = self.num * another.den
        secondnum = another.num * self.den
        return firstnum == secondnum

#主程序
#测试
r1 = Rational(3, 5)
r2 = Rational(6, 10)
r3 = Rational(8, -12)
print("r1=", r1)
print("r2=", r2)
print("r3=", r3)
print("r1==r2?", r1 == r2)
print(r1, "+", r3, "=", r1 + r3)
r1.show()
```

代码清单 2.8 运行的结果：

```
r1= 3/5
r2= 3/5
r3= -2/3
r1==r2? True
3/5 + - 2/3 = -1/15
3/5
```

在上述代码清单 2.8 中，注意方法函数 def _gcd(m，n)是用来求两个整数的最大公约数，这个方法被设计为静态方法，其前面用@staticmethod 来修饰。这个函数可以直接用类名来引用，即用 Rational._gcd(top,bottom)调用。引入这个函数的主要目的就是实现有理数分子、分母的约简。

对有理数的操作有很多，在程序中只加入了加法和相等比较的操作，读者可以在此基础上完善程序，利用魔法函数实现有理数的减法、乘法、小于比较、大于比较等运算方法。

小结

Python 语言是本书采用的工作语言，是读者阅读本书必须掌握的。本章主要介绍了 Python 语言的基本知识，包括 Python 的数据类型、控制结构、函数以及面向对象编程的技术。最后以一个有理数的例子来介绍如何利用 Python 类来实现抽象数据类型（ADT）。

由于篇幅限制，本章介绍的只是 Python 语言的最基本部分，如果读者已熟练掌握 Python 语言，本章可以忽略。如果读者不熟悉 Python 语言，建议读者认真掌握这门语言，无论对于学习本书的内容还是将来的工作需要，都是有益的。

1. 对例 2.6 的 Bag 类进行改造

【题目描述】

引入一个新的私有属性 count 来表示 Bag 类中已存放小球的个数，然后对程序进行优化改造，并增加新的功能，如判定袋子是否已满，两个袋子中球号码之和的大小等。

2. 对代码清单 2.8 中的有理数 Rational 类进行完善

【题目描述】

规定分子、分母是私有的，类的外部不能访问，请添加两个有理数的减法、乘法、比较大小等运算，并设置方法函数获得分子和分母的值。

3. 统计不同年龄段患病人数比例

【题目描述】

某健康研究机构正在调查一种特定疾病的患病情况与年龄的关系。为了更好地了解这种疾病在不同年龄段的分布情况，研究机构需要对患有该疾病的个体进行年龄统计，并按 4 个年龄段来计算各年龄段的患病比例。这 4 个年龄段分别是 0~18 岁、19~35 岁、36~60 岁、61 岁及以上。

输入数据包括两行：第一行是一个正整数 n，表示被统计的患者数量；第二行包含 n 个非负整数，每个整数代表一个患者的发病年龄，且这些年龄值不会超过 100。

输出应为 4 行，每行对应一个年龄段的患病比例（以百分比形式表示），精确到小数点后两位。

【示例】

输入：
  10
  17 22 62 34 15 6 39 45 67 28
输出：
  30.00%
  30.00%

```
20.00%
20.00%
```

4. 流感病人初筛

【题目描述】

在流感季节,为了有效管理医疗资源并及时隔离疑似病例,医院决定对所有前来就诊的病人进行初步筛查。根据医院的规定,如果病人体温达到或超过 37.5℃,并且伴有咳嗽症状,则初步判定为疑似流感病人。现需要编写一个程序来统计每天前来就诊的病人中,有多少人被初筛为疑似流感病人。

输入格式:

(1) 第 1 行是一个正整数 n,表示某天前来就诊的病人数。

(2) 接下来的 n 行,每行包含三个信息(每个信息之间用一个空格分隔)。

- 姓名(字符串,最多 8 个字符,可能包含空格)。
- 体温(浮点数,取值为 36.0~40.0)。
- 是否咳嗽(整数,1 表示咳嗽,0 表示不咳嗽)。

输出格式:

(1) 按照输入顺序依次输出所有被筛选为疑似流感病人的姓名,每个名字占一行。

(2) 最后一行输出一个整数,表示被筛选为疑似流感病人的总人数。

【示例】

```
输入:
5
张三 37.8 1
李四 36.5 0
王五 37.6 1
赵六 38.2 1
孙七 38.9 0
输出:
张三
王五
赵六
3
```

5. 记录去重

【题目描述】

在一家图书馆的管理系统中,为了优化图书借阅记录的存储和查询效率,需要对借阅记录进行去重处理。所谓去重,是指对于每个重复出现的图书编号,只保留该编号第一次出现的记录,删除其余记录。

输入格式:

(1) 第 1 行是一个正整数 $n(1 \leqslant n \leqslant 20\,000)$,表示借阅记录的条数。

(2) 第 2 行包含 n 个整数,每个整数表示一本图书的编号,编号范围为 10~100(包括 10 和 100),整数之间用一个空格分隔。

输出格式:

输出只有一行,按照输入的顺序,输出其中不重复图书的编号,每个编号之间用一个空格分隔。

【示例】

输入:
    8
    25 30 45 30 25 45 50 60
输出:
    25 30 45 50 60

6. 青蛙爬井

【题目描述】

在一个古老的城堡中,有一口深度为 high 米的深井。井底有一只勇敢的小青蛙,它每天白天能够沿着井壁向上爬 up 米,但到了夜晚,由于疲惫和湿滑,它会向下滑 down 米。假设小青蛙从某个早晨开始尝试爬出井口,给定井的深度 high、白天爬升的高度 up 和夜晚下滑的高度 down(均为自然数),计算小青蛙需要多少天才能完全爬出井口。

输入格式:三个正整数 high、up 和 down,分别表示井的深度、白天爬升的高度和夜晚下滑的高度。

输出格式:一个整数,表示小青蛙爬出井口所需的天数。

【示例】

输入:10 3 2
输出:8

7. 彩票摇奖

【题目描述】

为了丰富社区文化生活并支持社会公益事业,阳光市推出了一项福利彩票活动。每张彩票包含 7 个不同的号码,这些号码的取值范围是 1~33。每次开奖前,都会公布一组由 7 个不同号码组成的中奖号码。根据中奖号码与彩票上的号码匹配情况,设置了 7 个奖项等级,具体规则如下。

- 特等奖:彩票上的 7 个号码全部出现在中奖号码中。
- 一等奖:彩票上的 6 个号码出现在中奖号码中。
- 二等奖:彩票上的 5 个号码出现在中奖号码中。
- 三等奖:彩票上的 4 个号码出现在中奖号码中。
- 四等奖:彩票上的 3 个号码出现在中奖号码中。
- 五等奖:彩票上的 2 个号码出现在中奖号码中。
- 六等奖:彩票上的 1 个号码出现在中奖号码中。

若彩票上的号码没有一个出现在中奖号码中,则代表未中奖。注意,兑奖时不考虑号码出现的位置。

现在已知中奖号码和小明购买的若干张彩票的号码,请编写一个程序帮助小明判断他所购买的彩票的中奖情况,并统计各个奖项的中奖张数。

输入格式:

(1) 第 1 行：一个自然数 n，表示小明购买的彩票张数。
(2) 第 2 行：7 个介于 1~33 的自然数，表示中奖号码。
(3) 接下来的 n 行：每行表示小明所购买的一张张彩票，有 7 个介于 1~33 的自然数。

输出格式：输出一行，包含 7 个整数，依次表示特等奖、一等奖、二等奖、三等奖、四等奖、五等奖和六等奖的中奖张数。

【示例】

```
输入：
3
26 31 12 14 19 17 18
11 8 9 23 1 16 7
11 18 10 21 2 9 31
26 31 1 14 19 15 18
输出：
0 0 1 0 0 1 0
```

8. 猴子吃桃

【题目描述】

一只小猴买了若干桃子。第一天它刚好吃了这些桃子的一半，又贪嘴多吃了一个；接下来的每一天它都会吃剩余的桃子的一半外加一个。第 n 天早上起来一看，只剩下 1 个桃子了。问小猴买了几个桃子？

输入一个正整数 n，表示天数。

输出一个正整数，表示小猴买了多少个桃子。

【示例】

```
输入：4
输出：22
```

9. 数论问题

【题目描述】

在一个数学竞赛中，有一个关于数论的问题引起了参赛者的兴趣。问题如下：给定两个正整数 G 和 L，其中，G 是某两个正整数 a 和 b 的最大公约数，而 L 是这两个数的最小公倍数。请编写一个程序来计算，在给定 G 和 L 的情况下，有多少种可能的 (a, b) 组合。注意：G 和 L 的取值范围都是 1~100 000，并且保证 L 是 G 的倍数。

输入格式：一行，包含两个正整数 G 和 L，中间用单个空格隔开。

输出格式：输出一个正整数，表示可能的 (a, b) 组合数目。

【示例】

```
输入：6 36
输出：4
```

10. Armstrong 数

【题目描述】

Armstrong 数是指一个 n 位数的整数，它的各数位上的数字的 n 次方之和恰好等于这个数本身。例如，153 是一个 Armstrong 数，因为 $1^3 + 5^3 + 3^3 = 153$。编写一个程序，找出给定范围内的所有的 Armstrong 数。

输入格式：一行，包含两个正整数 n 和 m，表示寻找 Armstrong 数的范围 $[n,m]$。

输出格式：如果在给定范围内存在 Armstrong 数，则按从小到大的顺序依次输出这些数，以单个空格隔开；如果在给定范围内没有找到任何 Armstrong 数，则输出"None"。

【示例】

输入：100 199
输出：153 370 371 407

11. 验证哥德巴赫猜想

【题目描述】

哥德巴赫猜想指出，任意大于或等于 4 的偶数都可以表示为两个质数之和。编写一个程序来验证这一猜想，并找到给定偶数 n 的分解形式。

具体来说，对于给定的一个偶数 n（$4 \leqslant n \leqslant 10\,000$），程序需要找到两个质数 a 和 b，使得 $n = a + b$。如果存在多个这样的分解方案，则输出 a 最小的那个方案。

【示例】

输入：10
输出：10=3+7

第3章 线性表

线性表是最简单也是最基本的一种线性数据结构。在程序中,如果需要将一组(通常是同为某一种类型)数据元素作为有序序列进行整体管理和使用时,则往往创建线性表这种数据结构。因此,一个线性表不仅是某类元素的一个集合,而且记录着元素之间的一种顺序关系。它通常有两种存储表示方法:顺序表和链表,它的主要基本操作是插入、删除和查找等。线性表在实际程序中应用非常广泛,还往往被用作更复杂数据结构的实现基础。在Python 语言中,内置的列表类型 list 可以支持这种类型的操作需求,常用来作为线性表的顺序实现方式。本章将学习线性表的基本概念及其两种存储表示方式、链表的变形及一些应用实例。

3.1 线性表的概念

3.1.1 基本术语和概念

线性表是 n 个($n \geqslant 0, n=0$ 称为空表)数据元素的集合:表中各个数据元素具有相同特性,表中相邻的数据元素之间存在"一对一的序偶"关系。通常记为

$$(e_1, e_2, \cdots, e_{i-1}, e_i, e_{i+1}, \cdots, e_{n-1}, e_n)$$

其中,e_{i-1} 领先于 e_i,称 e_{i-1} 是 e_i 的直接前驱元素,e_i 是 e_{i-1} 的直接后继元素。在非空线性表中,存在着唯一的一个表首元素和唯一的一个表尾元素。除表首元素之外,表中的其他元素均有且仅有一个直接前驱元素;除表尾元素之外,表中的其他元素均有且仅有一个直接后继元素。

例如,某个集合中只有 4 个整数 1、2、3、4,而且 1 与 2 之间、2 与 3 之间、3 与 4 之间都存在一对一的顺序关系,那么就说这个集合是一个线性表。

可以表示为

$$E1=\{1,2,3,4\}$$
$$R1=\{(1,2),(2,3),(3,4)\}$$
$$L1=(E1,R1)$$

该线性表实例如图 3.1 所示,在这个例子中,2 是 3 的直接前驱,3 是 2 的直接后继。对于表首元素 1 来说,只有直接后继元素 2;而尾元素 4 则只有直接前驱元素 3。

图 3.1 线性表的实例

3.1.2 线性表的操作

作为一种包含元素的数据结构,线性表通常都会支持一些基本操作,例如,如何创建和销毁一个线性表、如何判断表是否为空、如何没有重复和没有遗漏地访问表中的每一个元素、如何往表中插入或者从表中删除一个元素等。在很多实际问题的求解中,如果用到了线性表,对表的操作往往能转换成一个或者多个基本操作的组合或者升华,从而完成程序中的各类应用要求。

从作用性质来看,线性表结构的基本操作可以分为以下三类。

(1) 构造操作:用于构造出该数据结构的一个新实例。

initList():表构造操作,创建一个新表。

destroyList():表销毁操作,销毁已存在的一个表。

(2) 访问操作:用于从已有该数据结构的实例中提取某些信息,但不创建新结构实例,也不修改被操作的结构实例。

is_empty():判断是否为一个空表。

len():获得表的长度。

search(elem):查找元素 elem 在表中出现的位置,不出现时返回 -1。

getelem(i):取出表中第 i 个元素,i 不合法时返回 None。

traverse():依次访问表中的每个元素。

(3) 变动操作:用于修改已有的该数据结构实例。

prepend(elem):将元素 elem 加入表中作为第一个元素。

append(elem):将元素 elem 加入表中作为最后一个元素。

insert(elem,i):将 elem 加入表中作为第 i 个元素,其他元素的顺序不变。

delFirst():删除表中的首元素。

delLast():删除表中的尾元素。

del(i):删除表中第 i 个元素。

forall(op):对表中的每个元素执行操作 op。

上述各个操作的定义仅对抽象的线性表而言,定义中尚未涉及线性表的存储结构以及实现这些操作所用的编程语言,不同的编程语言也可能会影响需要实现的基本操作集合,例如,Python 能自动回收不用的对象,因此不需要专门实现销毁结构的操作。目前,利用这些基本操作可以避开技术细节完成研究算法、分析问题等工作。

从支持操作类型的角度看,线性表结构又可以分为以下两类。

(1) 不变数据结构:该结构只支持构造操作和访问操作,不支持变动操作。创建之后,结构和存储的元素信息都不改变,所有得到该类结构的操作都是创建新的结构实例。例如,Python 中的 tuple 和 frozenset 类型。

(2) 变动数据结构:该结构支持变动操作。在创建之后的存续期间,其结构和所保存的信息都可能变化。例如,Python 中的 list、dict、set 等类型。

3.1.3 线性表的实现基础

对于 3.1.2 节中介绍的线性表需要实现的基本操作,都要依托于线性表的具体存储结构加以实现,通常情况下,基于计算机内存中存储数据的特点以及各种重要操作实现的效率,提出了以下两种线性表的存储表示方法。

(1) 顺序存储表示:将表中元素顺序地存放在一大块连续的存储区里,采用这种存储结构的线性表称为"顺序表"。

(2) 链式存储表示:将表元素存放在通过链接构造起来的一系列存储块里,采用这种存储结构的线性表称为"链表"。

3.2 顺序表

3.2.1 顺序表的定义

在计算机中表示线性表的最简单直观的方法是将表中的数据元素按顺序存放在一片足够大的地址连续的存储单元里,即从首元素开始将线性表中的数据元素一个挨着一个地存放在某个存储区域中,这种存储方式称为线性表的顺序存储表示。相应地,把采用这种存储结构的线性表称为顺序线性表,简称为顺序表。

顺序表中元素之间的逻辑顺序关系与元素在存储区里的物理位置保持一致,因此只要是一个表里保存的元素类型相同,则采用顺序表结构可以方便地实现元素随机存取,即表中任何元素的位置计算非常简单,可以在 $O(1)$ 时间内完成随机访问操作。

设有一个顺序表对象,存储在一片连续的内存区域中,该存储区的起始地址为 L_0,存储在 L_0 处的元素为 e_0,即 $\text{Loc}(e_0) = L_0$,若表中每一个元素需要用的存储单元个数为 a,则表中第 i 个元素 e_i 的地址计算公式为(i 从 0 开始)

$$\text{Loc}(e_i) = L_0 + i \times a$$

顺序表的元素存储布局情况如图 3.2 所示。

如果表元素大小不统一,则若按照上述方式将表元素依序存放在一个存储区域中,则无法使用以上方式来计算元素地址,这时可以采取以下策略完成顺序结构的定义,即将实际元素的引用链接保存在一个顺序表中。由于每个链接所需的存储大小相同,则还是可以通过上述公式,计算出

数据元素	存储地址
0 e_0	$\text{Loc}(e_0)$
1 e_1	$\text{Loc}(e_0)+a$
...	...
i e_i	$\text{Loc}(e_0)+i\times a$
...	...
n-1 e_{n-1}	$\text{Loc}(e_0)+(n-1)\times a$

图 3.2 顺序表的元素存储布局示意

各个索引的元素链接的存放位置,对链接做一次间接访问,即可得到实际元素的数据了,具体实现方法就不展开详述了。

3.2.2 顺序表的基本实现

建立了线性表之后,一项重要的操作是可以往其中动态地加入或者删除元素,也就是说,在一个表存续期间,其长度可能会发生变化。那么在建立表时应采用多大的连续存储区则是一个必须要考量的问题,因为对于顺序存储,存储块一旦分配,就有了大小确定的元素容量。若要考虑变动的表,就需要区分存储区容量和表中元素个数这两个概念。因此,可以增设两个变量 max 和 n,分别记录元素存储区的容量,以及当前表中实际的元素个数。在发生插入或删除等表元素变化的操作时,可同步更新 n 的值,这就是顺序表的一般结构,如图 3.3 所示。

在以上结构中,采用了列表作为顺序表存储对象,max 表示表的容量,n 记录表中实际元素的个数。在此基础之上,线性表的一些基本操作则很容易实现,本节只讨论顺序表的几个主要操作的实现算法。

1. 创建和访问操作

创建空表:即构造一个空的顺序表。需分配一块元素存储区域,记录表的容量并将元素计数值设置为 0,如图 3.4 中是一个容量为 8 的空表,在创建表的同时,应将表信息域的 max 和 n 设置好,保证顺序表的合法性。

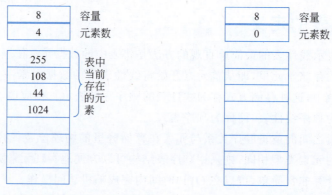

图 3.3 顺序表的一般结构示例   图 3.4 新建的空顺序表

简单判断操作:即判断表是否为空或者是否为满的操作。因为顺序表结构拥有记录表的容量和元素计数值的信息域 max 和 n,所以判断表空和表满的操作都很简单,表空即判断 n 是否为 0,表满即判断 n 是否等于 max,两个操作的时间复杂度均为 $O(1)$。

访问指定索引元素操作:即给定索引 i,访问顺序表第 i 个元素。通常首先需要进行 i 值的合法性判断,即 $0 \leqslant i \leqslant n-1$。若超出该范围则是非法访问,若索引合法,则可利用 3.2.1 节中的地址计算公式,由内定位置得到元素的值,前文已经分析了,该操作不依赖于表的大小,时间复杂度为 $O(1)$。

查找元素操作:即在顺序表中查找其值与给定的值相等的数据元素,并返回其在元素表中出现的索引,该操作又称为检索。通常会从表中的第一个元素开始,依次和所给的值进行比较,一旦找到一个与该值相等的数据元素,则返回它在表中的"位序"(即索引)。如果直到表内所有元素都比较完也没有找到相等元素,则返回一个特殊值(如"-1")。有时候也会要求查找在表中某一指定位置 k 之后是否存在所查找的对象,可只需要从 $k+1$ 位置的元素开始比较即可,查找元素操作的时间复杂度为 $O(n)$。

2. 变动操作

删除元素:即从已有顺序表中删除指定索引位置的元素。这种删除操作通常都会要求实现保序定位删除,即不仅需要保证删除操作结束后,剩余元素在内存中仍然是连续存放的,而且还需要保持剩余元素的相对顺序。因此,一个可行的实现办法就是从待删元素的下一位置起,逐个顺序地将元素上移覆盖。如图 3.5 所示的这个顺序表,开始有 5 个元素,计划要删除位置 2 处的 108,则可以将位置 3 上的 44 上移到位置 2,将位置 4 上的 1024 上移到位置 3,最后将元素计数变量 n 减 1,有效元素更新为 4 个,对应存放在位置 0 到位置 3,而位置 4 上的元素就不是表中的有效元素了,通过这种方式实现顺序表的删除操作。这种删除操作实现的时间主要花费在元素的挪动上面。对于元素个数为 n 的表,删除表首元素需要挪动 $n-1$ 个元素,是效率最低的;而删除表尾元素则无须挪动元素,是效率最高的。假设在任一位置上删除元素的概率相同,则删除顺序表中的某一元素平均需要挪动约一半的元素,因此,该操作的时间复杂度为 $O(n)$。

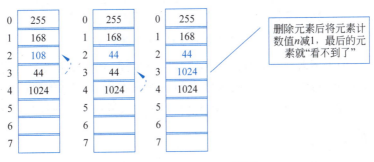

图 3.5 顺序表删除元素操作

插入元素:即在已有顺序表中指定索引位置插入一个元素。这种插入操作通常也都会要求实现保序定位插入,即不仅需要保证操作后所有的元素是连续的,而且原来元素的相对顺序不变。只是在具体实现插入时为了避免错误覆盖,需要逆序,即从最后一个元素起到原来插入位置上的元素,从后往前,逐个往后挪一位,从而腾出位置给待插入的新元素。如图 3.6 所示,以在目前这个元素个数为 4 的表中,在位置 2 处插入元素 108 为例,在插入元素之前,需要先把位置 2 上的 44 往后挪到位置 3 处,但是,位置 3 上有元素 1024,所以需要先把 1024 往后挪,这里恰好 1024 就是表中最后一个元素,因此,可以把它直接往后挪动一个位置,位置 3 上的 1024 后移之后,位置 3 就相当于可以被覆盖了,这时就可以把 44 后移到位置 3 上,此时,位置 2 这个指定插入位置就准备就绪了。将待插入的元素 108 放进去即可。插入新元素后,需将元素计数变量 n 加 1。对于元素个数为 n 的表,在表首插入元素需要挪动 n 个元素,是效率最低的;而在表尾插入元素则无须挪动元素,是效率最高的。假设在任一位置上插入元素的概率相同,则在顺序表中插入某一元素平均也需要挪动约一半的元素,因此,该操作的时间复杂度也为 $O(n)$。

对于插入操作需要注意的一点是:在插入元素前需要检查表是不是已经满了。如果

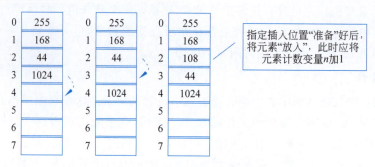

图 3.6 顺序表插入元素操作

是,插入前就需要更换一片更大的存储空间,然后把已有的元素一个个都"腾挪"过去,这也是需要消耗时间的。由于 Python 中的列表类型在内存中占据的即是一个地址连续的存储区域,因此可以直接采用 Python 的列表来描述顺序表中数据元素的存储区域。Python 的列表类型采用一种等比扩容的策略,如图 3.7 所示,比如最初分配的表容量是 4,第一次满时扩到 8,第二次满时扩到 16,以此类推,容量呈指数增长。在这种策略下,可以保证尾端操作的平均复杂度仍为 $O(1)$。

图 3.7 Python 列表的空间分配策略

由于 Python 列表不需要预先分配大小,所以通常情况下直接定义一个列表结构,并采用列表的相关函数和方法就可以完成顺序表的一些基本操作,必要时也可额外设置变量 max 表示表的最大范围。这里就不给出在 Python 里定义顺序表的实际代码了。

3.2.3 顺序表例题

例 3.1 (力扣 27)移除元素。

【题目描述】

给定一个可能包含重复元素的无序列表 nums 和一个确定的数值 val,设计算法实现原地移除数组中所有数值等于给定值 val 的元素,并返回移除后数组的新长度 k。算法空间复杂度要求为 $O(1)$。

例如,当 nums=[3,2,2,3],val=3 时,应返回 2;而当 nums=[0,1,2,2,3,0,4,2],val=2 时,应返回 5。

【解题思路】

由于题目明确要求算法空间复杂度为 $O(1)$,则不能采取新建顺序表,将原表中不等于 val 的元素添加到新表中的策略,只能采取原表操作,需遍历顺序表的同时删除与 val 相等的元素。若此时选择从前往后遍历,当遇到同 val 相等的元素删除时,后边的元素会自动覆盖到被删除元素的位置上,此时循环会略过这个前移的元素往下走,造成遍历的遗漏。因此,应采用逆序遍历来实现移除过程。

【参考代码】

```
def removeElement(self, nums: List[int], val: int) -> int:
    for i in nums[::-1]:
```

```
        if i == val:
            nums.remove(i)
    return len(nums)
```

例 3.2 跑道上的小朋友。

【题目描述】

在一条总长为 m 米的直线跑道上,每隔 1 米就站着一个小朋友。这条跑道可以被想象成一条数轴,其中,数轴的起点位于 0,终点位于 m;数轴上的每个整数值点,即 $0,1,2,\cdots,m$,都对应着一个小朋友的位置。现在,由于学校活动需要,部分跑道区域将被划为比赛区域。这些比赛区域可以通过它们在数轴上的起始和终止位置来界定。每个区域的起始和终止位置都是整数,并且不同的区域可能会有重叠部分。这些区域可以通过一个包含多组起始和终止位置的列表 ls 来标识。设计算法计算在移除所有比赛区域内的小朋友(包括区域边界上的小朋友)之后,跑道上剩余的小朋友总数。

例如,当 $m=400$,ls$=[(25,75),(50,150),(158,358)]$ 时,应返回 74。

【解题思路】

定义一个恰好含有 $m+1$ 个元素的顺序表 flag 表示每个位置上有无小朋友,flag$[i]$ 为 1 表示 i 号位置有小朋友,否则表示无小朋友。则让小朋友离开该点的操作,仅需将 flag 中对应的元素变为 0。最后统计 flag 中 1 的个数(对 flag 列表求和)即可。

【参考代码】

```
def childCount(m, ls):
    flag = [1] * (m + 1)
    for begin, end in ls:
        flag[begin : end + 1] = [0] * (end - begin + 1)
    return sum(flag)
```

3.3 单链表

3.3.1 单链表的定义

3.2 节介绍的顺序表是使用一组连续的存储单元来存放线性表中的元素,元素间的顺序关联是由元素在物理存储器中的相对位置来自然满足的。本节介绍的单链表数据结构同样是一种线性表,但它是链式存储结构,可以用一组地址任意的存储单元来存放线性表中的数据元素,在这种存储机制下,需要为每个元素附加链接来指示其直接后继的存储位置,即用链接显式地表示元素之间的顺序关联。单链表的元素存储布局情况如图 3.8 所示。

图 3.8 单链表的元素存储布局

单链表有一个至关重要的表头变量(也常称为表头指针),它记录了单链表中第一个结点的位置信息,通过它就可以顺着链找到每一个结点。对于表尾元素,虽没有直接后继,但为了保持一致性，也给它添加一个链接，在 Python 中它的值就设为 None，图示时用^表示。通常，对于一个已经建好的单链表，只需要记住其表头变量就可以了，因此也常用表头变量来代表一个单链表。

单链表的优点是不需要大片连续的存储区域，内存动态管理灵活，在指定结点后插入结点或者删除指定结点的直接后继时效率很高，复杂度是 $O(1)$。但是，单链表在查找或访问指定索引值的结点时，需要从表头一个一个循链接遍历下去，因此效率比较低，复杂度为 $O(n)$。

3.3.2 单链表的基本实现

单链表是由一个个数据结点构成的。每个结点含有两个信息域，一个表示元素本身，称为元素域；另一个表示直接后继的存储位置，称为链接域。结点构成如图 3.9 所示。

图 3.9 单链表结点构成

Python 并没有提供现成的单链表类型，要想使用单链表，需要自定义相应的类。由于单链表是由一个个结点链接而成的，所以，首先需要定义表示结点的类型。这里使用 class 保留字定义一个名为 ListNode 的类来表示单链表中的结点。它包含两个属性：val 和 next，分别表示结点的元素值和直接后继链接，其定义如下。

```python
class ListNode:
    def __init__(self, val, next_=None):
        self.val = val
        self.next = next_
```

ListNode 类里只包含一个初始化方法，用于实现给实例对象的 val 和 next 两个属性赋值。该方法的最后一个形参命名为 next_，是为了避免与 Python 标准函数 next 重名，这也符合 Python 的命名惯例。

定义了结点类之后，即可通过以下逐一建立结点的方法生成一个简单的单链表。该链表有 4 个结点，结点元素值从头到尾依次为 1、2、3、4，表头变量用 head 来表示。

```python
node4 = ListNode(4)
node3 = ListNode(3, node4)
node2 = ListNode(2, node3)
node1 = ListNode(1, node2)
head = node1
```

在上面的代码中，每个结点的链接域存放的是它的直接后继的对象名。在建立一个结点之前，如果该结点的后继结点已存在，则该结点的链接域的设置就会十分简单，因此，逆序创建链表是一个很自然的选择。上述代码的执行过程如图 3.10 所示。首先实例化一个 ListNode 类的对象 node4 表示结点 4，该结点的链接域 next_属性采用默认值 None，对象名 node4 中就包含该结点在内存中的地址信息，因此可以将该对象名作为结点 3 的链接域来创建结点 3，以此类推，创建了结点 2 和结点 1，而结点 1 的对象名 node1 也对应着链表首结点的位置，因此，将其赋给表头变量 head 来表示整个单链表。

如果需要创建一个含有更多个结点的单链表，也可以采用类似的方式，并且可以使用循环来简化相似的代码。例如，要想创建结点元素值依次为 $1\sim n$ 的单链表 head，可以使用以下代码来实现逆序创建过程。

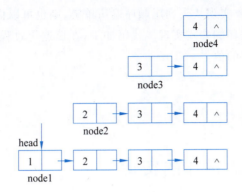

图 3.10 单链表的逆序创建

```
p = None
for i in range(n, 0, -1):
    p = ListNode(i, p)
head = p
```

也可以采用顺序方式创建结点元素值依次为 $1 \sim n$ 的单链表,过程比逆序创建略微复杂,需要设置一个辅助变量 p,用于记录当前创建的结点位置,实现代码如下。

```
head = ListNode(1)
p = head
for i in range(2, n + 1):
    p.next = ListNode(i)
    p = p.next
```

这段代码的执行流程如图 3.11 所示。首先创建结点 1,让表头变量 head 指向它,结点 1 的链接域为空,同步创建变量 p 让其指向结点 1;接着创建第二个结点,并设置 $p.\text{next}$ 的值为新建立的结点 2,即让第一个结点链接上了第二个结点。然后,通过执行 $p = p.\text{next}$,让变量 p 指向当前创建完毕的第二个结点。以此类推,让结点顺序被创建,逐个被链接,形成最终的单链表。

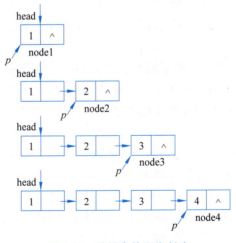

图 3.11 单链表的顺序创建

单链表建立之后，若要实现从头到尾顺序遍历单链，则也可以借助一个 p 指针，从链表头开始，依次后移，通过循环的方式实现。代码如下，在该遍历过程中实现了以每行一个元素的方式输出表中各元素的值。

```
p = head
while p:
    print(p.val)
    p = p.next
```

3.3.3 单链表基本操作的实现

本节讨论单链表的几个主要操作的实现算法。

1. 创建和访问操作

创建链表：从 3.3.2 节中得知要掌握一个单链表，需要且仅需要掌握该表的表头变量。因此，可以按如下方式定义一个单链表类 LList。

```
class LList:
    def __init__(self):
        self._head = None
```

LList 类只包含一个名为 _head 的属性，表示表头变量，在 LList 类的初始化函数里，它被直接设置为空链接（None）。因此，可以通过诸如 mlist＝LList() 的方式来实例化一个空链表 mlist。

但若想实现根据传入的列表来构建一个单链表，让单链表中结点自表头起依次存放列表中自表头起的每一个元素，则需要修改 LList 类的初始化函数，为其增加一个形参 ls 用以接收传入的列表。同时，可以采用逆序方式或者顺序方式根据 ls 中的元素值逐个创建 ListNode 型的结点，从而建立单链表，并将表头变量赋给 self._head 即可。其代码实现参考代码清单 3.1 中的魔术方法 __init__。

判断是否为空表：判断是否为空链表只需要判断表头变量的值是否为 None 即可。其代码实现参考代码清单 3.1 中的实例方法 is_empty。该操作的时间复杂度为 $O(1)$。而对于单链表，是不需要判断表是否已满的，因为结点可以存放在任意位置上，不存在表满一说，除非所有存储空间用完。

求表长：在顺序表中，求表长的时间复杂度是 $O(1)$，因为表中设置了专门的元素个数计数变量。但求单链表的表长需要从表头开始，顺着链表一个结点一个结点地数，直到最后一个结点被数完为止。其代码实现参考代码清单 3.1 中的魔术方法 __len__。该方法的时间复杂度为 $O(n)$。

将单链表转换字符串：在实际应用中，常常需要将表中的元素转换为某种形式的字符串，如"[1,2,3,4]"这种列表形式的字符串。这也需要从表头开始，顺着链表一个结点一个结点地将其元素值以要求的字符串形式拼接在一起，直到最后一个结点被拼完为止。其代码实现参考代码清单 3.1 中的魔术方法 __str__。该方法的时间复杂度为 $O(n)$。

2. 变动操作

定位插入元素：定位插入元素操作即要求在表中第 i 个结点之后插入一个新元素。在链表中加入新元素时,并不需要移动已有的元素,只需要建立一个新结点,然后根据位置要求以修改链接的方式将新结点插入链表即可。定位插入元素操作的代码实现参考代码清单3.1中的实例方法insert。但针对不同位置的操作复杂度可能不同。

假定传入的i值合法,也就是它的值大于或等于0并且小于或等于表长。当i等于0时,表示插到表头结点之前,成为新的表头结点。例如,目前表中有3、4两个结点,要想在表头插入结点q,则可以通过将q的后继链上表头结点,然后将表头变量更新为q即可,实现过程如图3.12所示。

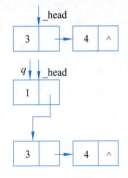

图3.12 在单链表表头插入元素

而对于一般的情况,即i大于0且小于或等于表长时,则需要通过从表头结点开始计数,来找到第i个结点。这里的计数类似于求表长的操作,不同之处在于count的初值设为1,表示表头结点是第1个结点。设p初始指向头结点,循环条件count<i则表示还没有数到第i个结点时就继续循环;p指针不断后移,当循环停止时,p所指的就是第i个结点。之后,将q插到p之后,也就是将p的后继变成q的后继,而q本身成为p的后继即可,实现过程如图3.13所示。

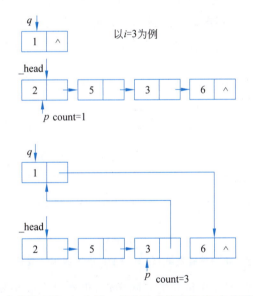

图3.13 在单链表第i(i大于0且小于或等于表长)个位置插入元素

从以上分析可以得出,对于单链表的插入操作,在表头插入最快,其时间复杂度为$O(1)$,在表尾插入最慢,在任意位置处插入时,平均需要寻约一半的结点,其时间复杂度为$O(n)$。

借助以上定位插入元素的方法,可便捷地使用单链表类逆序创建一个元素依次为$1\sim n$的单链表,实现代码如下。

```
mlist = LList()              #实例化一个空表 mlist
n = int(input())             #n个元素,值依次为1,2,3,…,n
for i in range(n, 0, -1):    #逆序,在表头插入元素
    mlist.insert(0, i)
```

定位删除元素：定位删除元素操作即要求删除表中第 i 个元素对应的结点，并返回该元素值。该操作的前提是：表非空，且 i 是 1 和表长之间的任意值。同样，在链表中删除元素时，也不需要移动已有的元素，只需要定位到待删除结点的前驱结点，然后重置其后继结点为待删除结点的后继结点即可。定位删除元素操作的代码实现参考代码清单 3.1 中的实例方法 delete。针对不同位置的操作复杂度也不同。

假定传入的 i 值合法，当 i 等于 1 时，表示要删除当前的表头元素，则只需取出表头元素值，并将表头变量后移一位即可，实现过程如图 3.14 所示。

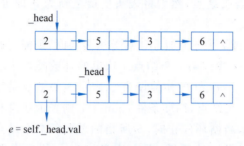

图 3.14　删除单链表表头结点

而对于一般的情况，即 i 大于 1 且小于或等于表长时，则先需要通过从 1 开始的计数来找到第 $i-1$ 个结点，并令 p 指向该结点；然后，通过设置 $p.next = p.next.next$ 的方式实现将第 i 个结点删除的目的。以删除这个单链表的第 4 个结点为例，其实现过程如图 3.15 所示。

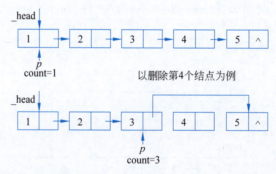

图 3.15　删除单链表第 i（i 大于 1 且小于或等于表长）个结点

从以上分析可以得出，对于单链表的删除操作，仍然是在表头删除最快，其时间复杂度为 $O(1)$，在表尾删除最慢，在任意位置处删除元素，平均也需要寻找约一半的结点，其时间复杂度也为 $O(n)$。

代码清单 3.1　定义单链表 LList 类

```
#定义单链表结点类
class ListNode:
    def __init__(self, val, next_=None):
        self.val = val
        self.next = next_
```

```python
class LList:
    def __init__(self, ls=None):          #根据传入的列表 ls 逆序创建单链表
        p = None
        for item in ls[::-1]:
            p = ListNode(item, p)
        self._head = p

    def is_empty(self):                   #用于判断表是否空
        return self._head is None

    def __len__(self):                    #计算表长并返回
        p = self._head
        count = 0
        while p is not None:
            count += 1
            p = p.next
        return count

    def __str__(self):                    #将单链表转换为列表形式的字符串
        p = self._head
        s = ""
        while p is not None:
            s += str(p.val) + ","
            p = p.next
        return "[" + s[:-1] + "]"

    def insert(self, i, val):             #在表中第 i 个结点后插入元素值为 val 的新结点
        q = ListNode(val)
        if i == 0:
            q.next = self._head
            self._head = q
            return
        p = self._head
        count = 1
        while count < i:
            p = p.next
            count += 1
        q.next = p.next
        p.next = q

    def delete(self, i):                  #删除表中的第 i 个结点,并将其元素值返回
        if i == 1:
            e = self._head.val
            self._head = self._head.next
            return e
        p = self._head
        count = 1
        while count < i - 1:
            p = p.next
            count += 1
        e = p.next.val
        p.next = p.next.next
        return e
```

3.3.4 单链表例题

例 3.3 （力扣 206）反转链表。

【题目描述】

给定单链表的头结点 head，设计算法反转链表，并返回反转后的链表。注意，空链表反转后仍为空链表；本题链表中结点的数目范围是 $[0,5000]$，$-5000 \leqslant \text{Node.val} \leqslant 5000$。

例如，图 3.16 中显示了一个链表反转前后的形态。

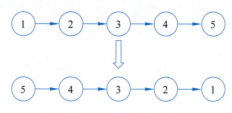

图 3.16 反转链表示例

【解题思路】

本题采用头部删除加头部插入策略，则无须创建额外空间，算法空间复杂度为 $O(1)$，实现过程如下。

(1) 定义变量 p，用于记录结果链表的表头。初始时设置 p 为 None。

(2) 遍历单链表 head，循环执行以下操作直至 head 为 None。

① 定义变量 q，用于指向当前待操作结点，每次循环开始都指向当前表头结点即可。

② 从单链表 head 中删除表头结点（即 head＝head.next，让表头变量 head 顺链后移一个结点即可），注意，此时表头结点仅剩变量 q 来指向。

③ 将 q 所指结点插到结果链表 p 的表头结点之前（即 $q.\text{next}=p$），q 就成为结果链表新的表头。

④ 更新 p，让它始终指向结果链表的表头结点（即 $p=q$）。

链表反转过程如图 3.17 所示，每次从原链表中删除首结点，再将其插到结果链表的表头，从而实现链表的逆序。

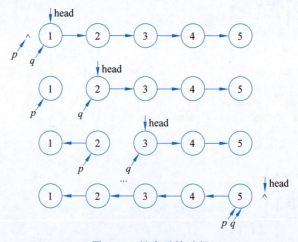

图 3.17 链表反转过程

【参考代码】

```
def reverseList(self, head: ListNode) -> ListNode:
    p = None
    while head is not None:
        q = head
        head = head.next
        q.next = p
        p = q
    return p
```

例 3.4 （力扣 LCR 136）删除链表的结点。

【题目描述】

给定单向链表的头指针 head 和一个要删除的结点的值 val，设计算法删除该结点。返回删除后的链表的头结点(题目保证链表中结点的值互不相同，且 val 一定存在于链表中)。

例如，图 3.18 显示了在一个单链表中删除值为 5 的结点前、后的形态。

【解题思路】

本题采用首先定位结点再修改引用的策略，实现过程为：遍历单链表 head，直到某一结点的元素域和所给 val 值相等，即可定位目标结点 cur。设结点 cur 的前驱结点为 pre，后继结点为 cur.next，则执行 pre.next＝cur.next，即可实现删除 cur 结点，删除过程如图 3.19 所示。

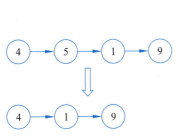

图 3.18　删除链表的结点示例

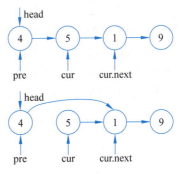

图 3.19　链表中删除给定值结点

可以通过从头开始遍历、逐个结点地查看其元素值是否为 val 的方式找到结点 cur，该操作时间复杂度为 $O(n)$。还有个关键问题是：如何确定 cur 的直接前驱结点 pre。因为在单链表中，可以通过结点的链接域以 $O(1)$ 的复杂度定位其直接后继，但是并无链接域以 $O(1)$ 的复杂度定位其直接前驱。若想找到其直接前驱，一个自然的思路也是从头开始遍历，逐个结点地查看其后继是否为指定结点 cur。显然，可以在查找结点 cur 的同时，亦步亦趋地记录下 cur 的前驱 pre。即开始时初始化 pre＝None 以及 cur＝head，然后，当每次 cur 需要顺链后移(即 cur＝cur.next)时，先让 pre＝cur，然后 cur 再后移。这样当找到了 cur 结点的时候，也记录下了其直接前驱 pre。

本题算法中这种以亦步亦趋的方式同时记录了当前结点及其前驱结点，并同步沿着链表向后边探索边移动的方法，称为"蠕动"，是解决单链表指定元素查找和删除的常用方法。

【参考代码】

```
def deleteNode(self, head: ListNode, val: int) -> ListNode:
    cur = head
    pre = None
    while cur.val != val:
        pre = cur
        cur = cur.next
    if not pre:
        head = head.next
    else:
        pre.next = cur.next
    return head
```

例 3.5 （力扣 24）两两交换链表中的结点。

【题目描述】

给定一个链表 head，设计算法两两交换其中相邻的结点，并返回交换后链表的头结点。

注意：必须在不修改结点内部的值的情况下完成本题（即只能进行结点交换）。

例如，图 3.20 显示了两两交换一个单链表中的结点前、后的形态。

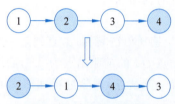

图 3.20　两两交换链表中的结点示例

【解题思路】

可以从前往后依次对相邻的每对结点进行交换处理，为了让第一对结点也和后面的处理模式相同，可以在 head 前先设置一个虚拟的头结点 dummy_head，另设置一个 p 表示当前到达的结点，初始时 $p=$ dummy_head，每次需要交换 p 后面的两个结点。如果 p 的后面没有结点或者只有一个结点，则没有更多的结点需要交换，因此结束交换。否则，获得 p 后面的两个结点分别记作 a 和 b，通过更新结点的指针关系实现两两交换结点，交换过程如图 3.21 所示。

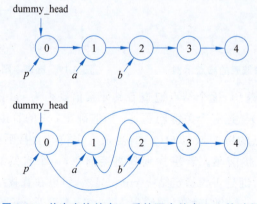

图 3.21　单次交换结点 p 后的两个结点 a、b 的过程

【参考代码】

```
def swapPairs(self, head: Optional[ListNode]) -> Optional[ListNode]:
    dummy_head = ListNode(0, head) #在头 head 前增加一个虚拟的头结点
    p = dummy_head
    while p.next and p.next.next:
```

```
            a = p.next                  # a 表示目前正在交换的结点对中的第一个结点
            b = p.next.next             # b 表示目前正在交换的结点对中的第二个结点
            a.next = b.next             # 第一个结点先抓住第二个结点的后继
            b.next = a                  # 然后第二个结点抓住第一个结点
            p.next = b                  # 与前面连上
            p = a                       # 准备处理下一对结点
        return dummy_head.next
```

例 3.6 （力扣 19）删除链表的倒数第 N 个结点。

【题目描述】

删除链表的倒数第 n 个结点，并且返回链表的头结点。链表长度范围为 $[1, 30]$，$0 \leqslant$ Node.val $\leqslant 100$。

例如，图 3.22 显示了在一个单链表中删除 n 为 2 的结点（即倒数第 2 个结点）前、后的形态。

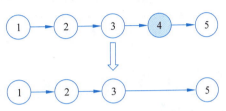

图 3.22　删除倒数第 2 个结点示例

【解题思路】

本题的核心问题是找到链表倒数第 n 个结点的前驱结点，一种容易想到的方法是，首先从头结点开始对链表进行一次遍历，得到链表的长度 L，随后再从头结点开始对链表进行一次遍历，当遍历到第 $L-n+1$ 个结点时，它就是需要删除的结点。

若想提高效率，也可以在不预先求出链表的长度的情形下通过一趟扫描解决本题，可以采用"快慢指针"的方法，用两个指针 fast 和 slow 同时对链表进行遍历，并且 fast 比 slow 超前 n 个结点，当 fast 遍历到链表的末尾时，slow 就恰好处于倒数第 n 个结点。而对于删除结点操作，关键是要找到待删除结点的前驱（即倒数第 $n+1$ 个结点），因此应设法让 fast 比 slow 超前 $n+1$ 个结点。同时，为了避免对"要删除的结点恰好是表头结点 head"这种特殊情况进行单独处理，可以先设置一个虚拟的头结点，指向该结点的指针为 dummy_head。快指针从 head 出发，走 n 步，接着让慢指针从 dummy_head 出发，这样，快指针比慢指针领先 $n+1$ 个结点。再令快慢指针一起同步移动，当快指针走到链表的末尾（即指向 None）时，慢指针指向的就是倒数第 n 个结点的前驱结点，如图 3.23 所示。

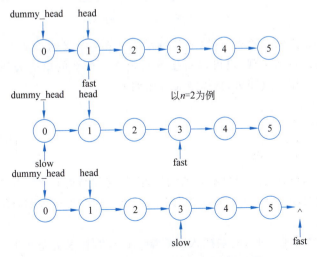

图 3.23　快慢指针法定位待删除结点前驱

【参考代码】

```python
def removeNthFromEnd(self, head: ListNode, n: int) -> ListNode:
    dummy_head = ListNode(0, head)
    fast, slow = head, dummy_head
    for i in range(n):
        fast = fast.next
    while fast:
        fast = fast.next
        slow = slow.next
    slow.next = slow.next.next
    return dummy_head.next
```

3.4 链表的变形与操作

观察 3.3 节介绍的单链表结构的线性表发现,由于有表头变量直接标记着头结点,所以在表头进行加入和删除等操作的时间复杂度均为 $O(1)$,但是,想要在单链表的尾端加入或删除元素效率却很低,因为需要先从头开始以顺链逐个结点遍历的方式来定位尾结点或其前驱,然后才能链接新结点或删除尾结点。在实际应用中,如果经常需要在表的两端进行一些变动操作,则可以通过一些链表的变形来提高操作的效率。

3.4.1 带尾结点引用的单链表

希望能够快速地定位到表尾,最直观的处理方式是可以直接给表对象增加一个对表尾结点的引用,这样在尾端加入元素,也能做到 $O(1)$ 的复杂度,如图 3.24 所示。

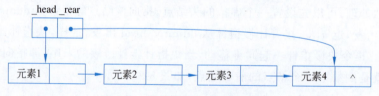

图 3.24 带有尾结点引用的单链表

定义带有首尾结点的单链表,可以通过继承 3.3 节中定义的单链表并在初始化操作中增加一个尾结点的设置来实现,也可以直接重新定义一个新的单链表类 LList1,并在初始化操作中分别设置首尾结点即可,具体定义方法如下。

```python
class LList1:
    def __init__(self):
        self._head = None
        self._rear = None
```

链表的这一新的设计与之前单链表的结构近似,这种结构变化对非变动操作影响不大,一般只影响到表的变动操作,以下重点讨论带尾结点引用的单链表的首端和尾端的插入、删除操作的实现算法。

首端插入:在链表非空时,前端插入不影响 _rear,但在表为空表时,要考虑给 _rear 赋值,如图 3.25 所示。

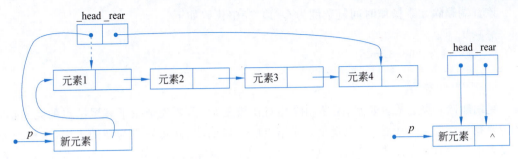

图 3.25　带有尾结点引用的单链表的首端插入

该首端插入元素操作时间复杂度为 $O(1)$，完整代码如下。

```
def prepend(self, val):
    if self._head is None:
        self._head = ListNode(val)
        self._rear = self._head
    else:
        self._head = ListNode(val, self._head)
```

尾端插入：在链表非空时，将尾结点的后继指向新结点，并更新 _rear 指向新的尾结点，如图 3.26 所示。但在表为空表时，仍然要考虑给 _rear 赋值，应使用和前端插入一样的操作。

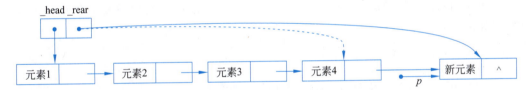

图 3.26　带有尾结点引用的单链表的尾端插入

该尾端插入元素操作时间复杂度也为 $O(1)$，完整代码如下。

```
def append(self, val):
    if self._head is None:
        self._head = ListNode(val)
        self._rear = self._head
    else:
        self._rear.next = ListNode(val)
        self._rear = self._rear.next
```

首端删除：假定链表非空，首端删除很简单，只需取出表头元素，并重置表头指针即可，如图 3.27 所示。

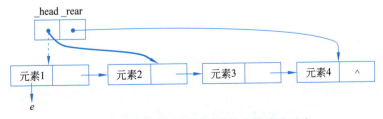

图 3.27　带有尾结点引用的单链表的首端删除

该首端删除元素操作时间复杂度为 $O(1)$，完整代码如下。

```
def pop(self):
    e = self._head.val
    self._head = self._head.next
    return e
```

尾端删除：假定链表非空，尾端删除相对比较复杂，需要先记录下表尾结点的元素值，还需要找到倒数第二个结点，也就是表尾结点的直接前驱，并将它设为新的表尾，这种处理需要表中至少有两个结点。当表中只有一个结点时，删除结点就相当于把表变为空表，而判断是否为空表只需要看表头变量的值是否为 None，所以此时将_head 置为 None 即可；而当原表不止一个结点的时候，就需要寻找表尾的前驱。依旧只能从表头开始，一个个结点进行检查，直至某个结点的后继是_rear 为止，如图 3.28 所示。

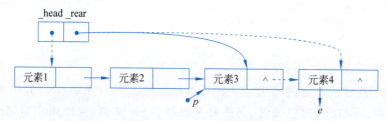

图 3.28　带有尾结点引用的单链表的尾端删除

该尾端删除元素的操作由于要从头遍历查找表尾的前驱，因此时间复杂度为 $O(n)$，完整代码如下。

```
def pop_last(self):
    e = self._rear.val
    if self._head.next is None:    #表中只有一个结点
        self._head = None
    else:
        p = self._head
        while p.next is not self._rear:
            p = p.next
        self._rear = p
    return e
```

3.4.2　循环单链表

单链表还有一种常见的变形设计也能够实现表头、表尾的快速定位，即循环单链表，简称循环链表，只需要将原来单链表中表尾结点的 next 域由 None 改为指向表的第一个结点即可，如图 3.29 所示。

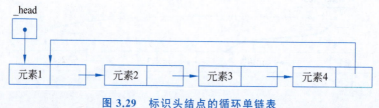

图 3.29　标识头结点的循环单链表

为了使尾部加入元素操作复杂度也能做到 $O(1)$，通常在循环单链表里记录表尾结点更合适，如图 3.30 所示。其实，由于循环链表中的结点首尾相连链接成了一个圈，哪个结点算是表头或表尾，只需要人为定义，从表的内部结构上是没有明确区分的。

图 3.30　标识尾结点的循环单链表

定义这样的循环单链表对象只需要指定一个指向尾结点的指针域 _rear 即可，定义方法如下。

```
class LList2:
    def __init__(self):
        self._rear = None
```

以下重点讨论和实现循环单链表的首端和尾端的插入、删除操作的实现算法。

首端插入：在链表非空时，首端插入操作就是在尾结点和原首结点之间插入一个新的首结点，_rear 不受影响。但在表为空表时，需要考虑给 _rear 赋值，如图 3.31 所示。

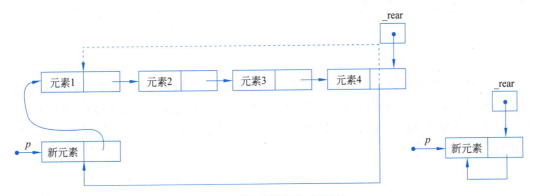

图 3.31　循环单链表的首端插入

该首端插入元素操作时间复杂度为 $O(1)$，完整代码如下。

```
def prepend(self, val):
    p = ListNode(val)
    if self._rear is None:
        p.next = p
        self._rear = p
    else:
        p.next = self._rear.next
        self._rear.next = p
```

尾端插入：循环单链表的尾端插入操作同样也是在尾结点和原首结点之间插入一个新的结点，只需要在插入新结点后把它作为新的尾结点即可。该尾端插入元素操作时间复杂度也为 $O(1)$，代码如下。

```
def append(self, val):
    self.prepend(val)
    self._rear = self._rear.next
```

首端删除：假定循环链表非空，首端删除也很简单，只需取出表尾元素链接的下一元素即可，无须重置表尾指针，如图 3.32 所示。需要考虑一下如果表中只有一个元素，则需要将 _rear 置空。

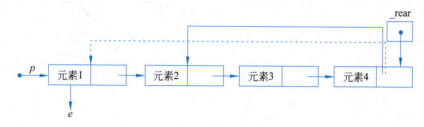

图 3.32　循环单链表的首端删除

该首端删除元素操作时间复杂度为 $O(1)$，完整代码如下。

```
def pop(self):
    p = self._rear.next
    if self._rear == p:
        self._rear = None
    else:
        self._rear.next = p.next
    return p.val
```

尾端删除：循环单链表的尾端删除仍然比较复杂，由于标识了表尾，要删除该元素，还是需要通过一个扫描循环来找到表尾结点的直接前驱，让它链接到原表头结点，并将它设为新的表尾。这种处理也需要表中至少有两个结点，当表中只有一个结点时，则置表空即可，删除过程如图 3.33 所示。

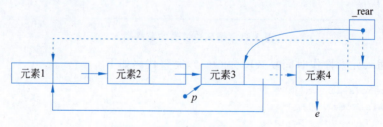

图 3.33　循环单链表的尾端删除

该尾端删除元素的操作由于要从头遍历查找表尾的前驱，因此时间复杂度为 $O(n)$，完整代码如下。

```
def pop_last(self):
    e = self._rear.val
    if self._rear.next == self._rear:   #表中只有一个结点
        self._rear = None
    else:
        p = self._rear.next
```

```
        while p.next is not self._rear:
            p = p.next
        p.next = self._rear.next
        self._rear = p
    return e
```

例 3.7　约瑟夫问题。

【题目描述】

n 个人围成一圈,从某个人开始,按顺时针方向依次编号。从编号为 k 的人开始顺时针从 1 到 m 报数,报到 m 的人退出圈子,下一个人开始继续从 1 到 m 报数,并按同样规则退出,这样不断循环下去,圈子里的人将不断减少。由于人的个数是有限的,因此最终会全部退出。给定 n、k、m 的值,设计算法以列表形式按顺序返回各出列人的原始编号。

例如,当给定 $n=10$,$k=7$,$m=3$ 时,应返回列表 $[9,2,5,8,3,7,4,1,6,10]$。

【解题思路】

约瑟夫问题是计算机算法中的一个常见问题,题目本身不难,但题目的变化很多,求解的结构和方法也很多。如果采用顺序表作为基本结构来实现,则可以考虑借助顺序表索引作为人员编号,而元素值作为是否出列的标识,在报数处理时可以通过取模运算来达到转圈报数。具体算法实现可自行练习,这里就不展开介绍了。下面讨论借助循环单链表结构来解决该问题的方法。由于题目中的 n 个人是围成一个圈的,所以很自然能够想到借助循环单链表的结构来实现,顺序报数可以看作有一个指针沿着循环链表中各元素的 next 域扫描。这个指针可借助循环单链表中现成的 _rear 来实现,而元素出列可以借助删除结点的操作来实现。

首先新建一个约瑟夫环类 JList,它继承上文中循环单链表类 LList2 的初始化方法和各类基本操作,这里给它添加一个 count 方法,它的功能是将循环单链表对象的 _rear 指针沿 next 方向移动 x 步。

Josephus 函数中首先建立一个包含 n 个编号的约瑟夫环,然后将 _rear 指针从表尾移动到第 k 个元素前,做好报数准备,然后进入循环,反复调用 count 方法,移动 m 个元素,并逐个弹出当前 _rear 指针所指的下一个元素,即当前的表头元素,添加到结果列表中直到表空为止。

【参考代码】

```
class JList(LList2):
    def count(self, x):
        for i in range(x):
            self._rear = self._rear.next

    def is_empty(self):
        return self._rear is None

def Josephus(n, k, m):
    result = []
    JL = JList()
    for i in range(n):
        JL.append(i + 1)
    JL.count(k - 1)
```

```
    while not JL.is_empty():
        JL.count(m - 1)
        result.append(JL.pop())
    return result
```

3.4.3 双向链表

无论对于带尾结点引用的单链表还是循环单链表,首端插入、尾端插入、首端删除时间复杂度均为 $O(1)$,而尾端删除时间复杂度为 $O(n)$。尾端删除之所以是痛点,原因在于单链表只有一个方向的链接,需要找尾结点或任一结点的前驱,只能从表头依次扫描、逐步操作。若想高效地实现找任意结点的前驱,可以在增加尾结点引用的基础上,修改表中每个结点的结构,加入一个前向引用域,让每个结点不仅存储其直接后继的链接,也存储其直接前驱的链接。这种链表称为双向链表。其中,表尾结点的后继域设为 None,而表头结点因为没有直接前驱,它的前驱域也设为 None,在这样的带首尾结点引用的双向链表结构中,无论在哪一端进行插入或删除操作,都能做到 $O(1)$ 的复杂度,如图 3.34 所示。

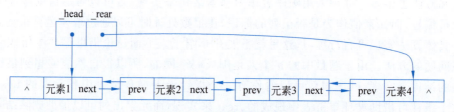

图 3.34 双向链表基本结构

要实现双向链表结构,首先需要定义一个新结点类。可以在单链表结点的基础上扩充一个指向前一结点的链接域,定义方法如下。

```
class DLNode:
    def __init__(self, val, next_=None, prev=None):
        self.val = val
        self.next = next_
        self.prev = prev
```

双向链表类的定义,与带尾结点引用的单链表类类似,可以由带尾结点引用的单链表类继承得到,也可以直接重新定义一个新的双向链表类 DLList,并在初始化操作中分别设置首尾结点即可,定义方法如下。

```
class DLList:
    def __init__(self):
        self._head = None
        self._rear = None
```

双向链表的这一新的设计与之前单链表的结构近似,这种结构变化对非变动操作影响不大,一般也只影响到表的变动操作。以下重点讨论双向链表元素的插入、删除操作的具体实现。

首先讨论一下删除结点。假设要删除双向链表中 p 所指结点,可执行以下语句。

```
p.prev.next = p.next
p.next.prev = p.prev
```

先让 p 的前驱的后继变成 p 的后继,这样就断开了 p 和 p 的前驱之间的连接,相当于把 p 结点从从前往后的链中去掉了。然后,将 p 的后继的前驱设为 p 的前驱,这样就把 p 从从后往前的链中也去掉了。从而 p 的前驱和后继之间就互相链接起来了,p 即从表中删除了,过程如图 3.35 所示。

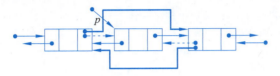

图 3.35 双向链表中删除结点 p

对于首端删除和尾端删除这两种特殊情况,操作更为简单,具体实现如下。

首端删除:假定链表非空,首端删除只需取出表头元素,并重置表头指针为原表头的下一个结点即可,如果此时表仍非空,则需要设置新表头结点的 prev 域为空,如图 3.36 所示。

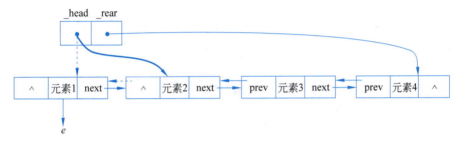

图 3.36 双向链表的首端删除

该首端删除元素操作时间复杂度为 $O(1)$,完整代码如下。

```
def pop(self):
    e = self._head.val
    self._head = self._head.next
    if self._head is not None:
        self._head.prev = None
    return e
```

尾端删除:假定链表非空,当只有一个结点时,尾端删除和首端删除一致,取出表尾结点后,表尾为空,需设置表头为空即可。而当链表中至少有两个结点时,删除尾结点操作需要把尾指针 _rear 移动到倒数第二个结点上,然后将其 next 域设为 None,表示这是新的尾结点,如图 3.37 所示。

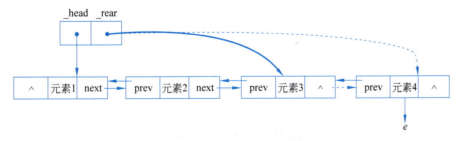

图 3.37 双向链表的尾端删除

由此可以看到，双向链表的尾端删除操作也是 $O(1)$ 的复杂度，真正解决了尾端删除的痛点，其完整代码如下。

```python
def pop_last(self):
    e = self._rear.val
    self._rear = self._rear.prev
    if self._rear is None:    #表中只有一个结点
        self._head = None
    else:
        self._rear.next = None
    return e
```

再看插入结点操作，假设要在双向链表中 p 所指结点后插入 s 所指结点。可先将 s 所指结点与 p 的后继结点作为前驱与后继互相链接起来，代码如下。

```
s.next = p.next
p.next.prev = s
```

然后再将 p 所指结点与 s 所指结点作为前驱与后继互相连接起来，代码如下。

```
p.next = s
s.prev = p
```

以上两段代码的先后顺序不可调换，否则会因丢失了 p 的后继结点而导致插入操作不成功。插入过程如图 3.38 所示。

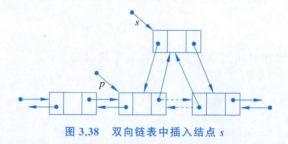

图 3.38　双向链表中插入结点 s

对于首端插入和尾端插入这两种特殊情况，操作也较为简单，具体实现如下。

首端插入：也就是在 _head 之前插入 s 所指结点，同样需要分为表空和非空的情况讨论。在链表非空时，需要建立 s 所指结点和表头结点间的前驱后继联系，再重置表头为 s 即可。在链表为空表时，则只需要将表头和表尾都设置为 s 即可，如图 3.39 所示。

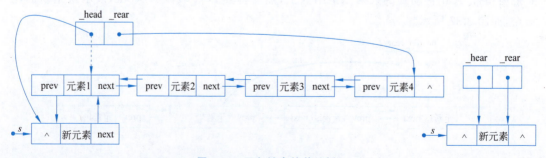

图 3.39　双向链表的首端插入

该首端插入元素操作时间复杂度为 $O(1)$，完整代码如下。

```python
def prepend(self, val):
    s = DLNode(val)
    if self._head is None:
        self._rear = s
    else:
        self._head.prev = s
        s.next = self._head
    self._head = s
```

尾端插入：在链表为空时，尾端插入操作和首端插入操作完全一致。在链表非空时，需要建立表尾结点和 s 所指结点间的前驱后继联系，再重置表尾为 s 即可，如图 3.40 所示。

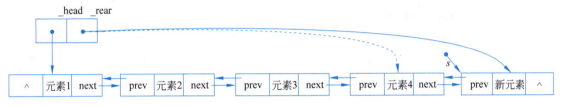

图 3.40　双向链表的尾端插入

该尾端插入元素操作时间复杂度也为 $O(1)$，完整代码如下。

```python
def append(self, val):
    s = DLNode(val)
    if self._head is None:
        self._head = s
    else:
        s.prev = self._rear
        self._rear.next = s
    self._rear = s
```

3.4.4　不同结构链表总结

3.3 节介绍了简单单链表结构，本节介绍了链表的几种变形，现对几种不同结构的链表进行一个简单的总结，其中，时间复杂度中涉及的 n 均指表的长度。

单链表：由一系列结点元素构成，结点间只有一个方向的链接，支持 $O(1)$ 的首端插入和删除，定位操作或尾端操作都需要 $O(n)$ 时间。

带尾结点引用的单链表：在单链表的基础上增加了尾结点引用，可很好地支持首端/尾端插入和首端删除操作，都是 $O(1)$ 时间复杂度，但不能支持高效的尾端删除操作。

循环单链表：使单链表首尾相连，形成一个环状链表，并标识表尾信息，同样支持 $O(1)$ 的首端/尾端插入和首端删除操作，但也不能支持高效的尾端删除操作，在扫描链表时需注意链表结束判断。

双向链表：在带尾结点引用的单链表的基础上，为每一个结点添加了反向链接域，使每一个结点拥有了两个方向的链接，能高效找到每一个结点的前驱后继结点，该结构的链表两端插入和删除操作都能够达到时间复杂度为 $O(1)$ 的要求。

3.5 有序表及其应用

3.5.1 有序表的定义

有序表是一种特殊的线性表，它的数据元素按照特定的顺序排列，这种顺序可以是数值大小(非递减或非递增)、字典顺序或其他任何定义好的顺序，其顺序性使得有序表在进行某些操作时比无序的线性表更加高效。

有序表的实际应用非常广泛，例如，数据库索引、排序算法的实现、优先队列等场景。有序表具体实现时的存储结构既可以是顺序结构，也可以是链式结构，具体选择取决于应用场景对时间复杂度和空间复杂度的不同需求。

有序表的基本操作和线性表大致相同，但由于有序表中的数据元素有序排列，因此在有序表中插入元素的操作应按"有序关系"进行。以顺序有序表为例，假设其中的元素按值递增排序，则以下算法实现了在有序表 L 中插入一个给定值为 val 的数据元素的操作。

```python
def orderedlist_insert(L, val):
    #先追加val,然后逆序遍历列表
    L.append(val)
    for i in range(len(L) - 2, -1, -1):
        if L[i] > val:             #如果当前元素值大于val,将当前元素复制到下一个位置
            L[i + 1] = L[i]
            if i == 0:             #如果已至表头,则将val直接放入表头
                L[i] = val
        else:                      #找到插入点,将val插入正确的位置,退出循环
            L[i + 1] = val
            break
```

该算法的关键是查找到新插入值所在的位置，以上代码的查找过程是从表尾向表头逆向进行的。首先将 val 插入表尾，再从原表中的最后一个元素开始向前逐一与 val 进行比较，如果比 val 大则实时将该元素向后移动一位，选前一个元素继续比较，直到某一个元素值不大于 val 时，即找到了 val 待插入的位置就在该元素之后，算法中对于一些特殊情况，如 val 应插入在表头、表尾及原始为空表的情况均做了相应的处理。

也可以从前向后遍历列表，在找到插入位置后，使用列表的 insert 方法简化逐位移动的过程，实现代码如下。

```python
def orderedlist_insert1(L, val):
    for i in range(len(L)):
        if L[i] >= val:
            L.insert(i, val)
            return
    L.append(val)                  #处理在表尾插入和原表为空表的情况
```

3.5.2 有序表例题

例 3.8 (力扣 83)删除有序表中的重复元素。

【题目描述】

给定一个已排序的链表的头结点 head,设计算法删除所有重复的元素,使每个元素只出现一次,返回已排序的链表。本题链表中结点的数目范围是[0,300],$-100 \leqslant$ Node.val $\leqslant 100$。

例如,图 3.41 中显示了一个有序链表删除重复元素前后的形态。

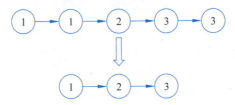

图 3.41 删除有序表中的重复元素示例

【解题思路】

由于给定的链表是有序的,则重复的元素在链表中出现的位置是连续的,因此只需要对链表进行一次遍历,就可以删除所有重复的元素。

具体操作为:新建指针 p 指向链表的头结点,随后开始借助其对链表进行遍历。如果当前 p 与 p.next 对应的元素相同,那么就将 p.next 从链表中移除;否则说明链表中已经不存在其他与 p 所指元素相同的结点,因此可以将 p 移动到 p.next。这样,当 p 指向表尾结点时,就说明已经删除了所有重复的元素,返回链表的头结点即可。

【参考代码】

```
def deleteDuplicates(self, head: Optional[ListNode]) -> Optional[ListNode]:
    if not head:
        return head
    p = head
    while p.next:    #若p.next非空,说明p还没有指向表尾结点
        if p.val == p.next.val:
            p.next = p.next.next
        else:
            p = p.next
    return head
```

例 3.9 (力扣 21)合并两个有序链表。

【题目描述】

设计算法将两个升序链表 l_1 和 l_2 合并为一个新的升序链表并返回。新链表是通过拼接给定的两个链表的所有结点组成的。本题两个链表中结点的数目范围是[0,50],$-100 \leqslant$ Node.val $\leqslant 100$。

例如,图 3.42 中显示了两个有序链表合并成一个有序链表前后的形态。

【解题思路】

可以用二路归并的方法来实现上述算法。

具体操作为:首先为结果链表(初始时为空链表)设定一个虚拟头结点 prehead,这使得在最后能够比较容易地返回合并后的链表。维护一个动态的 p 指针,初始时 p 指向 prehead。我们需要做的是不断寻找合适的结点作为 p 所指结点的直接后继,然后再将 p 指向 p.next。当 l_1 和 l_2 都不是空链表时,首先将 l_1 和 l_2 的头结点作为当前比较结点,将

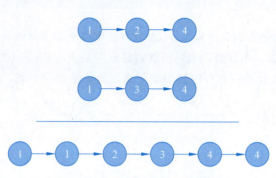

图 3.42 合并两个有序链表示例

两者中值较小的结点赋给 p.next；当一个结点被添加到结果链表之后，则将其所在的原链表中的当前比较结点向后移一位，继续进行比较。直到某个链表为空了，则将另一个非空链表剩余的元素链接在结果链表的表尾即可。最后返回 prehead.next。

【参考代码】

```python
def mergeTwoLists(self, l1: Optional[ListNode], l2: Optional[ListNode]) -> Optional[ListNode]:
    prehead = ListNode(-1)
    p = prehead
    while l1 and l2:
        if l1.val <= l2.val:
            p.next = l1
            l1 = l1.next
        else:
            p.next = l2
            l2 = l2.next
        p = p.next
    #将非空的链表 l1 或 l2 链接到 p 所指结点后面
    p.next = l1 if l1 is not None else l2
    return prehead.next
```

小结

本章介绍了线性表的概念、性质、基本运算、抽象数据类型，以及顺序表和链接表两种线性表的基本实现技术，并在此基础上探讨了一些线性表的基本应用和操作。

在线性表的顺序存储实现中，元素存储在一块连续的存储区中，它的优势是：元素存储紧凑，它们之间的逻辑顺序关系可以通过物理存储位置直接反映，可以方便地实现 $O(1)$ 时间复杂度的按位置随机存取元素。但是，顺序表也存在着显而易见的缺点，即需要连续的大块存储区存放表中的元素；在不明确表中最终元素个数的情况下，可能会有大量空闲单元，在表满时进行表容量扩充也比较困难；面对加入删除元素等变动操作时通常需要移动大量元素。

在线性表的链式存储实现中，表结构是通过一些链接起来的结点形成的，它的优势是：

结点的链接结构直接反映元素的顺序关系,只需要通过修改链接,就能灵活地修改表的结构和内容,如加入或删除一个或多个元素、表翻转、表分解等变动操作,都能够高效率地实现。而链接表显著的缺点是:每个元素增加了链接域的额外存储空间代价;基于位置找到表中元素需要从表头开始遍历实现,所以单链表的尾端操作需要线性时间,虽然可以通过增加尾指针或循环链表等变形方式将尾端加入元素变为常量操作,但仍不能有效实现尾端删除操作;找当前元素的前一元素需要从头扫描表元素,虽然可通过双链表来解决这个问题,但每个结点要再记录前驱信息,需付出更多存储代价以及前向链接的维护操作来实现。

1.(力扣 26)删除有序数组中的重复项

【题目描述】

给定一个非严格递增排列的数组 nums,设计算法原地删除重复出现的元素,使每个元素只出现一次,返回删除后数组的新长度。元素的相对顺序应该保持一致。然后返回 nums 中唯一元素的个数。

【示例】

```
输入:nums = [0,0,1,1,1,2,2,3,3,4]
输出:5
```

解释:函数应该返回新数组的长度 5,并且原数组 nums 的前 5 个元素应被修改为 0,1,2,3,4。不需要考虑数组中超出新长度后面的元素。

2.(力扣 82)删除有序数组中的重复项Ⅱ

【题目描述】

给定一个已排序的链表的头 head,设计算法删除原始链表中所有重复数字的结点,只留下不同的数字,返回已排序的链表。

【示例】

如图 3.43 所示展示了一个链表实例删除前后的形态。

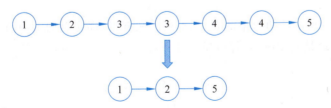

图 3.43 删除有序数组中的重复项示例

3. 删除单链表中的最小元素

【题目描述】

给定一个非空链表的头结点 head,设计算法删除其中元素值最小的结点,若有多个元素值最小的结点,则删除最靠近表头的结点,返回操作后的链表。

【示例】

如图 3.44 所示展示了一个链表实例删除前后的形态。

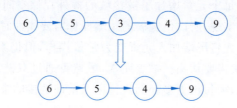

图 3.44　删除单链表中的最小元素示例

4.（力扣 876）链表的中间结点

【题目描述】

给定单链表的头结点 head，设计算法找出并返回链表的中间结点。如果有两个中间结点，则返回第二个中间结点。

【示例】

对于如图 3.45(a)所示的单链表，应返回结点 3；对于如图 3.45(b)所示的单链表，应返回结点 4。

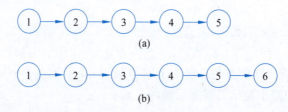

图 3.45　两个单链表示例

5.（力扣 234）回文链表

【题目描述】

给定一个单链表的头结点 head，设计算法判断该链表是否为回文链表。如果是，返回 True；否则，返回 False。

【示例】

对于如图 3.45 所示的两个单链表，都不是回文链表，都应返回 False；对于如图 3.46 所示的两个单链表，都是回文链表，都应返回 True。

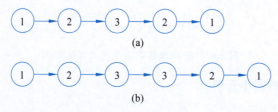

图 3.46　两个回文链表示例

6.（力扣 92）翻转链表 Ⅱ

【题目描述】

给定单链表的头指针 head 和两个整数 left 和 right，其中，left≤right。设计算法反转从位置 left 到位置 right 的链表结点，返回反转后的链表。

【示例】

如图 3.47 所示展示了一个链表实例按要求翻转前后的形态，其中，left＝2 和 right＝4。

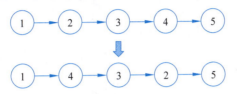

图 3.47　翻转链表指定区域示例

7.（力扣 328）奇偶链表

【题目描述】

给定单链表的头结点 head，将所有索引为奇数的结点和索引为偶数的结点分别组合在一起，然后返回重新排序的列表。第一个结点的索引被认为是奇数，第二个结点的索引为偶数，以此类推。注意，偶数组和奇数组内部的相对顺序应该与输入时保持一致。设计算法在 $O(1)$ 的额外空间复杂度和 $O(n)$ 的时间复杂度下解决这个问题。

【示例】

如图 3.48 所示分别展示了两个链表实例按要求处理前后的形态。

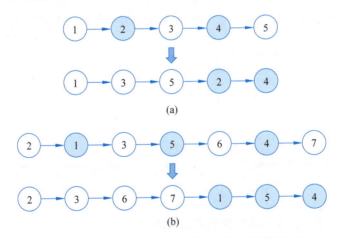

图 3.48　奇偶链表示例（灰色背景结点代表偶数组结点）

8.（力扣 160）相交链表

【题目描述】

给定两个单链表的头结点 headA 和 headB，设计算法找出并返回两个单链表相交的起始结点。如果两个链表不存在相交结点，返回 None。

【示例】

对于如图 3.49(a)所示的两个单链表,它们在结点 3 处开始相交,因此应返回结点 3;对于如图 3.49(b)所示的两个单链表,虽然它们有元素值相同的顶点,但并不是相交,因此返回 None。

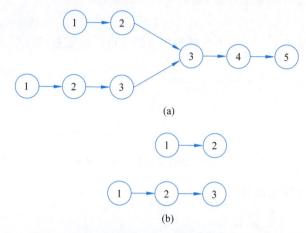

图 3.49 相交链表与不相交链表示例

9.（力扣 23）合并 k 个升序链表

【题目描述】

给定一个链表数组,每个链表都已经按升序排列。设计算法将所有链表合并到一个升序链表中,返回合并后的链表。

【示例】

如图 3.50 所示展示了将含有三个升序链表合并为一个升序链表的例子。

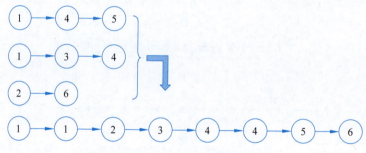

图 3.50 合并 k 个升序链表示例

10.（力扣 LCR029）循环有序列表的插入

【题目描述】

给定循环单调非递减列表中的一个点,写一个函数向这个列表中插入一个新元素 insertVal,使这个列表仍然是循环升序的。给定的可以是这个列表中任意一个顶点的指针,并不一定是这个列表中最小元素的指针。如果有多个满足条件的插入位置,可以选择任意一个位置插入新的值,插入后整个列表仍然保持有序。如果列表为空（给定的结点是 None),需要创建一个循环有序列表并返回这个结点;否则,设计算法返回原先给定的结点。

【示例】

在图 3.51(a)中,有一个包含三个元素的循环有序列表,给定结点 3 的指针 head,需要向表中插入元素 2。新插入的结点应该在结点 1 和 3 之间,插入之后,整个列表如图 3.51(b)所示,最后返回结点 3 的指针 head。

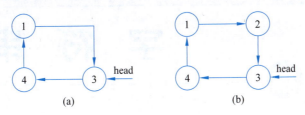

图 3.51　循环有序列表的插入示例

第 4 章　字　符　串

　　文字处理是计算机各类应用中非常重要的一个环节。字符可以说是最基本的数据单位,通常指的是单个的字母、数字、标点符号或任何其他符号。在计算机中,字符通常使用字符集(如 ASCII 或 Unicode)来表示,每个字符对应一个唯一的数值或编码。字符串是由一系列字符组成的任意长度的序列。字符串可以包含文本、单词、句子或段落,是程序中常见的数据类型之一。字符串操作通常包括对字符的访问、插入、删除、替换等。字符串可以用于实现各种算法,如排序、搜索、模式匹配等。字符串处理是计算机科学中的一个核心领域,涉及算法设计、性能优化和复杂性分析。了解字符和字符串的概念对于学习和实现各种数据结构和算法至关重要,因为它们是信息表示和处理的基本构件。本章将学习字符串的基本概念、操作、字符串的朴素匹配和无回溯匹配算法及一些字符串的应用实例。

4.1　字符串的概念

4.1.1　基本术语和概念

　　在数据结构中,字符集的概念对于字符串的存储和操作非常重要。**字符集**通常定义了一组字符以及每个字符在计算机中的唯一表示,如人们熟悉的 ASCII 字符集和 Unicode 字符集等。实际上,在考虑逻辑意义时,完全可以用任意一个数据元素的集合作为字符集。

　　字符串(简称串)是一种由选定的字符集中的字符序列组成的数据结构。可以把字符串看作一类特殊的线性表,但它有其独特的操作特性。在线性表中,人们通常关注的是元素与表的关系,以及元素的插入和删除操作;而在字符串中,由于它表达的更多的是文本含义,所以人们更关注将字符串作为一个整体来使用和处理。涉及许多以整个字符串为对象的操作,而不是单个字符的操作,例如,字符串的拼接、搜索、模式匹配等,这要求在数据结构的研究和应用中对字符串给予特别的关注和考虑。

串长度：一个字符串中字符的个数称为该串的长度，长度为 0 的串称为空串。

串索引：指在字符串中定位每个字符的位置标识符的方法，通常用于访问或操作字符串中的特定字符。索引必须在合法范围内，通常是从 0 到字符串长度减 1，即长度为 n 的字符串中第一个字符的索引值为 0，最后一个字符的索引值为 $n-1$，如果索引超出了字符串的实际长度范围，则会引发越界错误或异常。

字典序：是一种对字符串进行排序的方法，它遵循类似于字典中单词排序的规则，具体如下。

(1) 字符比较：首先比较字符串的第一个字符。如果第一个字符不同，那么具有较小字符的字符串在字典序中排在前面，结束比较；否则，接着以相同的方式继续比较第二个字符、第三个字符……

(2) 长度比较：如果所有字符都相同且两者长度相同，那么两个串相等；否则，较短的字符串排在前面。

(3) 空字符串：在字典序排序中，空字符串通常被认为是最小的。

以上字符比较中的大小关系，由字符集中预先规定的字符序来确定。

串拼接：是指将两个或多个字符串连接在一起形成一个新字符串的过程。这是一种常见的操作，特别是在处理文本数据时，通常用"+"表示拼接，如 $s_1=$"hello"，$s_2=$"world"，则 $s_1+s_2=$"helloworld"。串拼接操作满足结合律，即 $(s_1+s_2)+s_3=s_1+(s_2+s_3)$，但不满足交换律，即 $s_1+s_2 \neq s_2+s_1$。

子串：是指从一个原始字符串（主串）中提取出的连续字符序列。子串可以是原始字符串的任意部分，包括整个字符串本身或空字符串，对子串的操作包括提取、搜索、替换等。以下是子串相关的一些概念。

(1) 索引：子串通常由其在主串中的起始索引和结束索引定义。例如，如果有一个字符串 "Hello"，其子串 "ell" 可以由起始索引 1 和结束索引 3 来定义，不同语言具体实现时，结束索引有可能使用结束索引本身，也可能使用结束索引值加 1 来表示。

(2) 长度：子串的长度是子串中字符的数量，可以通过结束索引与起始索引的值计算获得。

(3) 空子串：如果子串的长度为 0，那么子串就是一个空字符串。在某些情况下，空子串也被认为是有效的子串。

(4) 前缀：前缀是字符串的开始部分，直到某个特定位置。如果有一个字符串 s，$s=s_1+s_2$，则 s_1 可以被认为是 s 的一个前缀。空串和 s 均是 s 的前缀。

(5) 后缀：后缀是字符串的结束部分，从某个特定位置直到字符串的末尾。如果有一个字符串 s，$s=s_1+s_2$，则 s_2 可以被认为是 s 的一个后缀。空串和 s 也均是 s 的后缀。

串替换：指在字符串中查找特定的子串，并将这些子串替换为另一个字符串的操作。串替换通常包括三个主要部分：被查找的子串（目标子串）、要替换的新字符串（替换字符串），以及原始字符串。替换可以是一对一的，也可以是一对多的。一对一指的是局部替换，即只替换字符串中第一次出现的子串。一对多则是全局替换，即替换字符串中所有出现的子串。

4.1.2 串的基本操作

在数据结构中，字符串的基本操作是构建更复杂文本处理算法的基石。从作用性质来看,串结构的基本操作也可以分为以下三类。

(1) 构造操作。

String():串构造操作,创建一个新串。

(2) 访问操作。

is_empty():判断本字符串是否为一个空串。

len():获得字符串的长度。

char(index):获得字符串中位置为 index 的字符,$0\leqslant \text{index}<\text{len}(\text{self})$。

substr(a,b):获得字符串从索引 a 到索引 b 的子串。

match(string):查找串 string 在本字符串中首次出现的位置,如没有出现时返回-1。

(3) 变动操作。

concat(string):获得本字符串与另一字符串 string 的拼接串。

replace(str1,str2):获得将本字符串里的子串 str1 全部替换为 str2 的结果串。

上述各个操作的定义仅对抽象的字符串而言,具体实现时还要依赖不同的编程语言中对字符串类型的定义和支持。这些操作大部分都很简单,只有 match 和 replace 操作相对比较复杂。可以看出,字符串匹配(子串检索)操作 match 是字符串的核心操作,因为 replace 操作的基础也是 match,本章后面将详细讨论该操作的不同实现。

4.1.3 Python 中的字符串

Python 中提供的标准数据类型 str 可以看作以上抽象的字符串概念的一种具体实现,本节从数据结构的角度来分析 Python 的字符串类型。

Python 中的字符串是不可变的字符序列,Python 在内部使用专门的数据结构来存储字符串,以优化内存使用和性能。字符串是 Python 中的序列类型之一,这意味着它们支持序列类型的各类操作,如索引、切片和迭代等。Python 提供了大量的内置方法来操作字符串,而 4.1.2 节中讨论的字符串抽象数据类型的基本操作大部分可以通过这些内置函数和方法来实现,如 Python 中字符串的内置函数 len(s)可直接返回字符串 s 的长度;索引操作符 $s[i]$ 可直接返回字符串 s 的第 i 个字符;切片操作符 $s[m:n]$ 可返回字符串 s 索引第 m 到第 $n-1$ 的子串;字符串连接操作符"+"可以直接实现两个字符串的拼接。如表 2.4 所示,Python 中还提供了丰富的字符串处理方法来实现包括查找子串、查找前缀、查找后缀、替换、分割、合并等各种字符串操作。如果直接调用这些方法,有时并不能直观感受到不同处理方法的优劣,因此 4.1.4 节将重点讨论字符串匹配即 match 这一字符串核心操作的不同算法实现。

4.1.4 基本串操作例题

例 4.1 (力扣 345)反转字符串中的元音字母。

【题目描述】

给定一个由可打印的 ASCII 字符组成的串 s,设计算法仅反转字符串中的所有元音字母(其他字母位置不能变动),并返回结果字符串。元音字母包括'a'、'e'、'i'、'o'、'u',且可能以大小写两种形式出现不止一次。(提示:$1\leqslant s.\text{length}\leqslant 3\times 10^5$。)

例如,若 $s=$"hello",应返回"holle";再如,若 $s=$"leetcode",应返回"leotcede"。

【解题思路】

可以使用双指针法,借助两个指针 i 和 j 对字符串相向地进行遍历。具体方法为:指针 i 初始时指向字符串 s 的首位,指针 j 初始时指向字符串 s 的末位。在遍历的过程中,不停地将 i 向右移动,直到 i 指向一个元音字母(或者超出字符串的边界范围);同时,不停地将 j 向左移动,直到 j 指向一个元音字母。此时,如果 $i<j$,则交换 i 和 j 指向的元音字母,否则说明所有的元音字母均已遍历过,退出遍历过程即可。

该算法时间复杂度为 $O(n)$,其中,n 是字符串 s 的长度。在最坏的情况下,两个指针各遍历整个字符串一次。空间复杂度则取决于使用的语言中字符串类型的性质,由于 Python 字符串是固定类型,不能索引复制,所以需要使用 $O(n)$ 的空间将字符串临时转换为可以修改的数据结构(如列表),因此空间复杂度为 $O(n)$。

【参考代码】

```python
def reverseVowels(self, s: str) -> str:
    n = len(s)
    s = list(s)
    i, j = 0, n - 1
    while i < j:
        while i < n and s[i] not in "aeiouAEIOU":
            i += 1
        while j > 0 and s[j] not in "aeiouAEIOU":
            j -= 1
        if i < j:
            s[i], s[j] = s[j], s[i]
            i += 1
            j -= 1
    return "".join(s)
```

例 4.2 (力扣 443)压缩字符串。

【题目描述】

给定一个由大小写英文字母、数字或符号组成的字符列表 chars($1 \leqslant$ chars.length $\leqslant 2000$),要求使用下述算法压缩(压缩后的长度必须始终小于或等于原列表的长度):对于 chars 中的每组连续重复字符,如果这一组长度为 1,则直接保留该字符,否则需要保留该字符后追加表示这一组长度的字符,如果组长度为 10 或 10 以上,则在 chars 列表中会被拆分为多个字符。请在修改完输入列表后,返回该列表的新长度。

例如,当 chars=["a","b","b","b","b","b","b","b","b","b","b","b","c","c","c"]时,由于字符 "a" 不重复,所以不会被压缩,"bbbbbbbbbbbb" 被 "b12" 替代,其中组长度 12 会被拆分成"1"和"2"两个字符,"ccc" 被 "c3" 替代,因此,应将输入列表的前 6 个字符修改为["a","b","1","2","c","3"],返回 6。

注: 必须设计并实现一个只使用常量额外空间的算法来解决此问题。

【解题思路】

这道题需要在原字符列表中生成压缩后的字符串,并返回压缩字符串的长度。根据压缩规则,可以发现。

(1)当字符长度为 1,则只保留"一个字符"的形式。

（2）当连续的字符长度超过 1 但小于 10 时，这部分连续字符将转为"一个连续字符＋一个数字字符"的形式，长度恒为 2，一定不超过原字符串的长度。

（3）当连续的字符长度为 10 或 10 以上时，这部分连续字符将转为"一个连续字符＋多个数字字符"的形式，其长度一定小于原字符串的长度。

因此，压缩后的长度肯定始终小于或等于原列表的长度。由于题目限定了空间复杂度为 $O(1)$，可以使用双指针法进行原地修改，基本思路如下。

（1）用一个 i 指针去遍历 chars 中的字符，在遍历过程中统计连续的相同字符的出现次数 count。当出现不同字符时，就应该将刚统计的字符及其连续出现次数按要求写入 chars 中。

（2）用另一个指针 j 指示在 chars 中何处进行写入，其初值应为 0。每写入一个字符，j 应增加 1。

由于压缩后的长度肯定**始终**小于或等于原列表的长度，因此 i 一定是不会落后于 j 的，所以 j 不会覆盖掉原有字符串中未处理的字符。字符串压缩过程示例如图 4.1 所示。

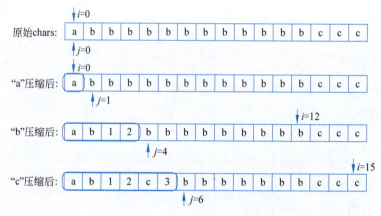

图 4.1 字符串压缩过程示例

【参考代码】

```python
def compress(self, chars: List[str]) -> int:
    n = len(chars)
    count = 0                                    #统计连续字符的个数
    j = 0                                        #指向存储压缩后字符串的字符的指针
    for i in range(n):
        count += 1                               #字符个数加 1
        #到达字符串最后一个字符或者下一个字符，即要处理当前的连续字符
        if i == n - 1 or chars[i] != chars[i + 1]:
            chars[j] = chars[i]                  #存储当前字符
            j += 1
            if count > 1:                        #个数大于 1 的才存储个数
                for k in str(count):
                    chars[j] = k
                    j += 1
            count = 0                            #清零重新计算
    return j                                     #最终 j 的位置即为压缩后字符串的长度
```

4.2 字符串匹配算法

4.2.1 字符串匹配

字符串匹配又称为模式匹配,是查找一个模式字符串(也称为子串)在另一个目标字符串(也称为主串)中首次出现的位置的过程。设目标串为 t,模式串为 p,两者的长度分别为 n 和 m,可记为 $t = t_0 t_1 t_2 \cdots t_{n-1}$,$p = p_0 p_1 p_2 \cdots p_{m-1}$。字符串匹配就是在 t 中查找与 p 相同的子串的操作,通常有 $m \ll n$,即目标串长度远大于模式串长度。

字符串匹配不仅是字符串结构的一个核心操作,更是计算机科学中的一个经典问题,在搜索引擎、文本编辑器、编译器和生物信息学等领域都有着广泛的应用。在这些现实领域,字符串匹配问题可能对应了各类不同的复杂需求。例如,用一个模式串在各个很长的目标串中多次匹配,或是用一组模式串在一个或多个目标串中查找是否匹配等。不同的算法在处理这些不同的实际问题时,表现或性能都会有不同。

本书范围内仅讨论以上字符串匹配定义中提到的基本查找需求,即在一个目标串中查找给定的一个模式串的位置。这个问题看上去简单易行。人们很容易想到的就是最简单直接的算法,即拿模式串同目标串里等长度的所有子串,从头开始按位比较字符即可,这样的算法称作朴素的串匹配算法。这种直接的算法实现简单,却往往不是高效的算法,因为它并没有很好地利用给定字符串本身的内在特征。因此,人们也针对效率问题研究出了如 KMP 算法这样的无回溯串匹配算法。以下将分别详细介绍朴素的串匹配算法和 KMP 算法这两种类型的算法。

4.2.2 朴素的串匹配算法

朴素的串匹配算法,也被称为暴力搜索算法,是一种最基本的字符串搜索方法。其核心思想是从目标字符串起始位置开始逐个考查与模式字符串长度相等的子串,与模式字符串进行匹配,直到找到匹配的位置或搜索完所有可能的子串为止。

朴素的串匹配算法在具体实现时方法很多。一种非常简单的方式是借助 Python 的基本字符串类型的切片和比较操作,从目标串 t 的左端开始逐一利用切片操作取出长度与模式串 p 相等的子串 s,比较 p 与 s 是否相等,如果相等返回当前子串 s 的起始位置即可。若在遍历的过程中,一直没有出现相等的情况,就说明 t 中找不到 p,应返回 -1。具体实现如代码清单 4.1 中的函数 naive_matching0 所示。

代码清单 4.1 朴素的串匹配算法

```
def naive_matching0(t, p):
    n, m = len(t), len(p)
    i, j = 0, 0
    for i in range(0, n - m + 1):
        s = t[i : i + m]
        if s == p:
            return i
```

```python
        return -1

def naive_matching(t, p):
    n, m = len(t), len(p)
    i, j = 0, 0
    while i < n and j < m:
        if p[j] == t[i]:
            i, j = i + 1, j + 1
        else:
            i, j = i - j + 1, 0
    if j == m:
        return i - j
    else:
        return -1
```

总体说来，naive_matching0 的代码易写易读，因为利用了字符串类型内置的切片和比较操作。代码清单 4.1 中的函数 naive_matching 则给出了另一种不使用这些操作的实现方法。虽然不用切片和字符串比较，但其核心思想依然是：从目标字符串起始位置开始逐个考查与模式字符串长度相等的子串，将其中字符与模式串的相应字符逐一进行比较。设置两个指针 i 和 j，分别指向目标串与模式串中正在进行比较的字符。其具体实现步骤如下。

(1) 初始化：i 和 j 分别指向目标字符串 t 的起始位置和模式字符串 p 的起始位置。这就意味着准备考查 t 中第一个与模式字符串长度相等的子串。

(2) 逐字符比较：将 $t[i]$ 和 $p[j]$ 进行比较，如果相等，则将两个指针都向前移动到下一个字符，继续比较。这一过程应重复进行，直到模式字符串的所有字符都被匹配或者当前比较字符不匹配。

(3) 不匹配处理：如果在比较过程中发现字符不匹配，该趟匹配失败。算法将准备考查 t 中下一个与模式字符串长度相等的子串。此时，应将 i 设置为这个子串的起始位置，将 j 重置为 0。

(4) 匹配成功：如果模式字符串的所有字符都被成功匹配，则当前考查的目标字符串子串的位置即为所求。由于 i 和 j 在逐字符匹配时，是同步往后移动的，因此，t 中这个使匹配成功的子串的位置即为 $i-j$。

例如，考虑目标字符串 $t=$"abbababc"和模式字符串 $p=$"aba"，如图 4.2 所示，其朴素的串匹配算法将按照以下步骤进行。

(1) 第一趟匹配考查目标串中开始于位置 0 处的子串，如图 4.2 中第一趟匹配所示。$t[0]=p[0]$、$t[1]=p[1]$，但 $t[2]\neq p[2]$，匹配失败于 $i=2$、$j=2$ 处，应考查目标串中下一个子串，其位置为 $i-j+1=1$。

(2) 第二趟匹配考查目标串中开始于位置 1 处的子串，如图 4.2 中第二趟匹配所示。$t[1]\neq p[0]$，匹配失败于 $i=1$、$j=0$ 处。应考查目标串中下一个子串，其位置为 $i-j+1=2$。

(3) 第三趟匹配考查目标串中开始于位置 2 处的子串，如图 4.2 中第三趟匹配所示。$t[2]\neq p[0]$，匹配失败于 $i=2$、$j=0$ 处。应考查目标串中下一个子串，其位置为 $i-j+1=3$。

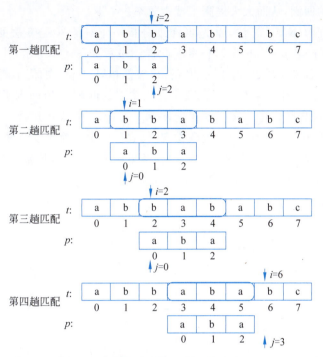

图 4.2 朴素串匹配算法的比较过程示例

(4)第四趟匹配考查目标串中开始于位置 3 处的子串,如图 4.2 中第四趟匹配所示。$t[3]=p[0]$、$t[4]=p[1]$、$t[5]=p[2]$,成功匹配整个模式字符串,返回该子串的位置为 $i-j=3$。

朴素的串匹配算法非常简单直观,容易理解,但其效率却很低,当模式字符串较长、目标字符串中匹配项靠后或没有匹配项时,需要进行大量的比较操作。最坏情况是每一趟比较都到了最后才发现不匹配的情况。假设目标串和模式串的长度分别用 n 和 m 表示,则在这种匹配算法中总共需要做 $n-m+1$ 趟比较,总的比较次数为 $m(n-m+1)$,因此,该算法的时间复杂度为 $O(mn)$。例如,目标串为"aaaaaaaaaaaaaaaaaaaab",而模式串为"aaaaab",即便最终匹配成功,它们的匹配依然符合以上最坏情况的假设。

朴素的串匹配算法效率低下,在匹配失败时,目标串指针 i 会回溯到前面的位置。Python 中的 find()方法的工作原理就是这样的朴素线性搜索。这种算法虽然便捷,但完全没有利用字符串自身的特征,而是把每一次比较都当作毫无关系的全新操作,忽略了模式串本身以及前面已经做过的部分匹配的信息。而在实际应用中,由于字符集通常固定,模式串不仅长度有限,往往还会被反复匹配,因此,对模式串的研究通常会很有价值,4.2.3 节将会介绍一种借助提前读取模式串特征实现的高效字符串匹配算法。

4.2.3 无回溯串匹配算法(KMP 算法)

KMP(Knuth-Morris-Pratt)算法是一种高效的字符串匹配算法,它的基本思想是通过预处理模式串,创建一个部分匹配表(也称为前缀函数)来记录模式字符串中的前缀和后缀信息。这样,在搜索过程中一旦发现不匹配的字符,算法可以利用部分匹配表直接跳到下一个可能的匹配位置,而不是简单地将模式字符串向右移动一位。它的主要优势在于避免了比较过程中频繁的回溯，从而大大提高了搜索效率。

为了更好地理解 KMP 算法，首先再详细分析一下朴素匹配算法的不足。设目标串 $t=$"abababca"，模式串 $p=$"ababc"，朴素匹配详细过程如图 4.3 所示，共需经历三趟匹配。第一趟匹配 i 和 j 都从 0 开始，前 4 次的字符比较都相等，i 和 j 的值不断增加，进行到模式串中字符"c"，即 i 和 j 都为 4 时匹配失败。进入第二趟匹配，i 值回到了 1，j 仍从 0 开始，字符比较不等，匹配失败。进入第三趟匹配，i 从 2 开始，j 仍从 0 开始，逐位比较，5 次字符比较均相等，j 值达到 5，匹配成功。观察发现，代表目标串当前比较位置的 i 每趟比较都需要跳回上一趟匹配起始的下一个字符再与模式串重头开始匹配，这样的操作令这个算法的时间复杂度为 $O(mn)$，m、n 分别为模式串和目标串的长度。

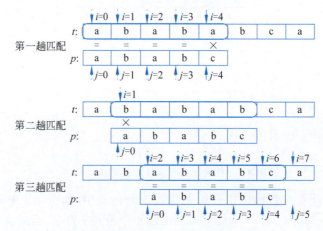

图 4.3　朴素匹配算法的具体执行过程

如果能够采取一种新的策略让 i 在整个执行过程中都不需要回溯，则算法的时间复杂度即可下降为线性复杂度。KMP 算法就是这样一种只需要在一次目标字符串的遍历过程中就可以匹配出子串的算法，算法匹配过程如图 4.4 所示，当第一趟匹配失败进入第二趟匹配时，i 值没有变，仍保持在 4 的位置，j 也并没有从 0 开始，而是跳过了两个字符，从 2 开始，逐一进行字符比较，最终 j 值达到 5，匹配成功。

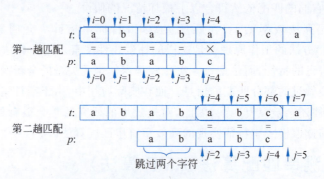

图 4.4　KMP 匹配算法的具体执行过程

可以看到，KMP 算法的关键在于一趟匹配失败后，目标串中当前 i 的位置不变，模式串需要跳过几个字符，或者说模式串滑行到什么位置，再同目标串进行下一轮匹配。而具体跳过字符的个数在 KMP 算法中由一个相对模式串的部分匹配表 pnext 来决定，有关 pnext 表的具体含义和获取方式将在后文中详述。如上例中的模式串 $p=$ "ababc"，它的 pnext 表内容如图 4.5 所示。当第一趟匹配在模式串中字符"c"即 $p[4]$ 上匹配失败后，就直接在 next 表中找到字符 $p[4]$ 的前一位 $p[3]$ 所对应的 pnext 值，其值为 2，则直接跳过模式串的前两位，拿 $p[2]$ 与目标串中当前比较字符 $t[4]$ 开始进行第二趟匹配即可。这里有个较难理解的地方就是，在 $p[j]$ 与 $t[i]$ 匹配失败后，原本似乎应该根据目标串 t 中 i 之前的已匹配的一段来决定模式串的跳过位置，实际上只需要根据模式串 p 本身的情况就可以决定了。这是因为在匹配失败前已匹配成功的部分目标串与部分模式串是完全相同的。这也说明了，完全可以在与任何目标串进行匹配之前，通过对模式串本身的分析，获得在模式串任何位置发生匹配失败时应该怎么前移的问题答案。

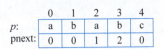

图 4.5　模式串"ababc"的部分匹配表 pnext

根据以上实现过程的分析，代码清单 4.2 中列出了 KMP 算法的一种实现代码，如函数 kmp_match 所示。该算法中首先根据所给的模式串 p 获取其对应的 pnext 表，i 和 j 分别表示目标串 t 和模式串 p 当前比较字符位置。从头开始比较，若字符相同，则 i、j 各向后移动一位。若字符不同，则判断是否模式串的首字符就失配，若是则直接将 i 向后移一位，否则 j 取 pnext$[j-1]$ 的值，跳过模式串前 pnext$[j-1]$ 个字符的比较，继续匹配。当 j 的值达到了模式串的长度 m，则说明匹配成功，返回匹配的初始位置即 $i-j$ 的值即可。

整个算法执行过程中 i 的值只增不减，因此算法时间复杂度为 $O(m+n)$。现实应用中，目标串规模 n 往往比模式串规模 m 大很多，所以通常认为 KMP 算法的时间复杂度为 $O(n)$。

代码清单 4.2　KMP 串匹配算法

```
def kmp_match(t, p):
    pnext = gen_pnext(p)        #根据所给的模式串 p 构建其对应的 pnext 表
    n, m = len(t), len(p)
    i, j = 0, 0
    while i < n:
        if t[i] == p[j]:
            i, j = i + 1, j + 1
        elif j == 0:
            i += 1
        else:
            j = pnext[j - 1]
        if j == m:
            return i - j
    return -1

def gen_pnext(p):               #利用递推法，根据所给的模式串 p 构建其对应的 pnext 表
    pnext = [0]
    k = 0
    i = 1
    while i < len(p):
        if p[k] == p[i]:
            i, k = i + 1, k + 1
            if p[i] == p[k]:
                pnext.append(pnext[k - 1])
```

```
        else:
            pnext.append(k)
    elif k == 0:
        pnext.append(0)
        i += 1
    else:
        k = pnext[k - 1]
return pnext
```

上文中未详细描述的部分匹配表 pnext 的构建是 KMP 算法的核心问题。之前已了解 pnext 中的值代表了在失配时,模式串中可以跳过匹配的字符个数,以下具体分析 pnext 的含义和构建方式。

首先介绍两个相关的概念,即字符串的前缀和后缀。前缀是字符串中从第一个字符开始到某个位置的连续子串。例如,在字符串"abcd"中,"a""ab"和"abc"都是前缀。后缀是字符串中从最后一个字符开始到某个位置的连续子串。例如,在字符串 "abcd"中,"d""cd"和"bcd"都是后缀。空串和字符串本身按道理也属于字符串前缀和后缀的特例,但这里讨论的是不包含它们的<u>真前缀</u>和<u>真后缀</u>。

实际上,模式串的<u>部分匹配表 pnext</u> 本质上就是用于记录模式串中每个位置之前的子串的最长相同真前缀和真后缀的长度。它能帮助算法在发现不匹配时跳过尽可能多的字符。举例来说,对于上例中的模式串"ababc"。

pnext[0]=0,对于子串"a"来说,不存在真前缀和真后缀,其匹配长度为 0。

pnext[1]=0,对于子串"ab"来说,不存在相同真前缀和真后缀,其匹配长度为 0。

pnext[2]=1,对于子串"aba"来说,最长相同真前缀和真后缀为"a",其匹配长度为 1。

pnext[3]=2,对于子串"abab"来说,最长相同真前缀和真后缀为"ab",其匹配长度为 2。

pnext[4]=0,对于子串"ababc"来说,不存在相同真前缀和真后缀,其匹配长度为 0。

由以上分析,得到模式串"ababc"的部分匹配表 pnext 为 $[0,0,1,2,0]$。如图 4.4 中,当第一趟匹配在 $j=4$ 上匹配失败后,就找到 $pnext[j-1]=2$,则直接跳过模式串开头的两位"ab",拿 $p[2]$ 与目标串中当前比较字符 $t[4]$ 进行第二趟匹配即可。

综上,生成模式串的部分匹配表只需要对模式串 p 里的每个位置 $i(1 \leqslant i \leqslant \text{len}(p)-1)$,求出模式串的子串 $p_0 \cdots p_i$ 的最长相等的真前缀和真后缀的长度即可。显然可以用暴力求解方式来解决:从 $p_0 \cdots p_i$ 的长度最长(为 i)的真前缀开始考查,看它是否与相同长度的真后缀相等;如果相等,其长度即为 $pnext[i]$ 的值,否则继续考查长度小 1 的真前缀和真后缀是否相等。实现代码如下。

```
def gen_pnext0(p):
    m = len(p)
    pnext = [0] * m
    for i in range(1, m):                    #为模式串 p 里的每个位置 i,计算 pnext[i]值
        for j in range(i, 0, -1):            #从最长的真前/后缀开始考查,直至长度为 1
            if p[0:j] == p[i-j+1:i+1]:
                pnext[i] = j
                break
    return pnext
```

这种方法效率太低,时间复杂度达到 $O(n^3)$,一般不建议使用。这里介绍一种利用递推法来实现该功能的算法,过程中可以不断利用已经掌握的信息来避免重复的运算。

首先,对任意非空模式串 p 均有 pnext[0]=0。假设目前已知 pnext[$i-1$]=k,利用递推法求 pnext[i]($1 \leqslant i \leqslant$ len(p)-1)的步骤如下。

(1) 比较 $p[i]$ 和 $p[k]$ 的值,如果 $p[i]=p[k]$,则 $p_0 \cdots p_i$ 的最长相等前后缀的长度就是 $k+1$,即 pnext[i]=$k+1$,i 值加 1 后可继续递推下一个 pnext 值。

(2) 若 $p[i] \neq p[k]$,若此时 k 为 0,则目前 $p_0 \cdots p_i$ 的最长相等前后缀的长度就是 0,即 pnext[i]=0,i 值加 1 后可继续递推下一个 pnext 值;否则将 k 设置为 pnext[$k-1$],也就是转去考虑前一个已经确定的更短的保证匹配的前缀,基于它再返回步骤(1)继续考察 $p[i]$ 和 $p[k]$ 是否相等。

以上递推法生成部分匹配表 pnext 的代码如下。

```
def gen_pnext1(p):
    pnext = [0]
    k = 0
    i = 1
    while i < len(p):
        if p[i] == p[k]:
            i, k = i + 1, k + 1
            pnext.append(k)
        elif k == 0:
            pnext.append(0)
            i += 1
        else:
            k = pnext[k - 1]
    return pnext
```

观察 gen_pnext1()函数会发现,该算法和前面 KMP 匹配主函数 kmp_match()在结构上十分相似,其原理本身就是将各前缀作为模式串,而将模式串本身作为目标串的匹配过程,该算法的时间复杂度为 $O(m)$,其中,m 是模式串的长度。

以上递推法生成 pnext 表的算法还可以做一些小的调整和优化。在利用 KMP 算法模式匹配时,只有发生目标串和模式串字符比较失配时才需要检索 pnext 表。因此,如要获取 pnext[i]的值,则必然存在 $p[i+1] \neq t[j]$ 的失配情形。因此,当 gen_pnext1()函数中递推过程的某一时刻 $p[i]==p[k]$ 条件满足后,i 和 k 的值各加 1 后,要将当前的 k 值计入 pnext 表前,可以判断一下此刻的 $p[i]$ 和 $p[k]$ 是否还相等。若仍然存在 $p[i]=p[k]$,则必存在 $p[k] \neq t[j]$,在这种情况下,模式串应该滑动到更靠左的 pnext[$k-1$]的位置,而不仅仅是滑动到 k 的位置。优化后的函数定义代码如代码清单 4.2 中的 gen_pnext 所示。

执行优化前的 gen_pnext1()函数得到模式串"ababc"部分匹配表 pnext 为[0,0,1,2,0],执行优化后的 gen_pnext()函数,可得到模式串"ababc"的 pnext 为[0,0,0,2,0]。设目标串 t="abababca",模式串 p="ababc",则利用改进前后的 pnext 进行 KMP 匹配过程的对比情况如图 4.6 所示,可以观察到改进后的算法在第二趟匹配时模式串有更大尺度的右移,提高了算法执行效率。

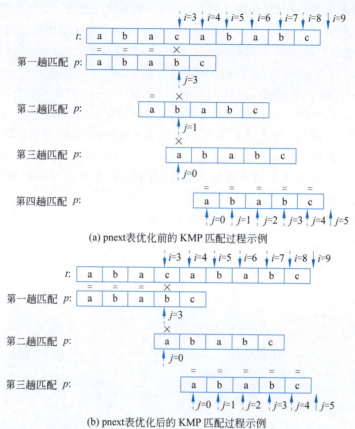

(a) pnext表优化前的 KMP 匹配过程示例

(b) pnext表优化后的 KMP 匹配过程示例

图 4.6 改进前后的 KMP 匹配过程对比

4.2.4 串模式匹配例题

例 4.3 （力扣 14）最长公共前缀。

【题目描述】

给定一个字符串列表 strs，其元素都是仅由小写英文字母组成的、长度不超过 200 的字符串，且 1≤strs.length≤200。设计算法来查找并返回其中所有字符串的最长公共前缀。如果不存在公共前缀，返回空字符串""。

例如，当 strs=["flower","flow","flight"]时，应返回"fl"；而当 strs=["dog","racecar","car"]时，因为不存在公共前缀，因此返回空字符串。

【解题思路 1】

用 $LCP(S_1\cdots S_n)$ 表示字符串 $S_1\cdots S_n$ 的最长公共前缀，可以得到如下结论。

$$LCP(S_1\cdots S_n) = LCP(LCP(LCP(S_1, S_2), S_3),\cdots, S_n)$$

基于该结论，可以得到一种查找字符串数组中的最长公共前缀的简单方法：依次遍历 strs 中的每个字符串，对于每个遍历到的字符串，更新最长公共前缀。当遍历完所有的字符串以后，即可得到字符串数组中的最长公共前缀。如果在尚未遍历完所有的字符串时，最长公共前缀已经是空串，则最长公共前缀一定是空串，因此不需要继续遍历剩下的字符串，直接返回空串即可。

该算法的时间复杂度为 $O(mn)$，其中，m 是字符串数组中的字符串的平均长度，n 是字符串的数量。在最坏的情况下，字符串数组中的每个字符串的每个字符都会被比较一次。由于使用的额外空间复杂度为常数，算法空间复杂度为 $O(1)$。

【参考代码1】

```
def longestCommonPrefix(self, strs: List[str]) -> str:
    if not strs:
        return ""
    prefix, count = strs[0], len(strs)
    for i in range(1, count):
        prefix = self.lcp(prefix, strs[i])
        if not prefix:
            break
    return prefix

def lcp(self, str1, str2):
    length, index = min(len(str1), len(str2)), 0
    while index < length and str1[index] == str2[index]:
        index += 1
    return str1[:index]
```

【解题思路2】

方法一是横向扫描，依次遍历每个字符串，更新最长公共前缀。另一种方法是纵向扫描。纵向扫描时，从前往后遍历所有字符串的每一列，比较相同列上的字符是否相同，如果相同则继续对下一列进行比较，如果不相同则当前列不再属于公共前缀，当前列之前的部分为最长公共前缀。

该算法时间复杂度也为 $O(mn)$，其中，m 是 strs 中的字符串的平均长度，n 是字符串的数量。最坏情况下，strs 中的每个字符串的每个字符都会被比较一次。

空间复杂度：$O(1)$。使用的额外空间复杂度为常数。

【参考代码2】

```
def longestCommonPrefix(self, strs: List[str]) -> str:
    if not strs:
        return ""
    for i in range(len(strs[0])):
        c = strs[0][i]
        for s in strs[1:]:
            if len(s) == i or s[i] != c:
                return strs[0][:i]
    return strs[0]
```

例 4.4　字符串的全匹配。

【题目描述】

给定一个目标文本串 t 和模式字符串 p，设计算法以列表形式返回 t 中所有和 p 相匹配的子串的位置。

例如，当 $t=$ "cababacdabaaba"，$p=$ "aba" 时，算法应返回列表 $[1,8,11]$，而当 $t=$ "cababacdabaaba"，$p=$ "abc" 时，则返回 $[]$。

【解题思路】

字符串全匹配问题在计算机科学中非常重要，因为它是很多文本处理任务的基础，如搜索、替换等操作。可以借助朴素匹配算法或 KMP 算法，在找到首个匹配位置后并不返回，而是继续逐个位置尝试匹配，记录下所有的匹配结果并返回即可。但通过本例的输入/输出示例发现，本题的全匹配并不包含嵌套满足的字符串匹配结果，则具体实现时，可以通过多次调用模式串匹配算法，在每找到一个匹配位置后，直接从当前位置向后偏移模式串长度，然后继续下一轮匹配来实现。

【参考代码】

```python
def findAllPattern(self, t: str, p: str) -> list[int]:
    n, m = len(t), len(p)
    res = []
    j = 0
    while j <= n - m:
        i = naive_matching(t[j:], p)
        if i == -1:                #如果找不到了则结束循环
            break
        else:
            i += j                 #每次找到的位置 i 应加上本次切片的起始位置 j
            res.append(i)
            j = i + m              #当前位置 i 加上子串长 m 为下一次查找的起始位置
    return res
```

例 4.5　补全字符串。

【题目描述】

给定一个目标文本串 s 和模式字符串 t，t 中所有字符均为小写字母，而 s 中的字符为小写字母或字符"?"，设计算法判断是否能将 s 中的"?"更改成任意小写字母，使得新串 s' 能够满足 t 是 s' 的子串。若不可以则输出"unrestorable"，若可以则输出字典序最小的 s'。

例如，当 s = "?tc????tc????t"，t = "coder" 时，算法应返回 "atcaaaatcodert"，而当 s = "?tc???t"，t = "coder" 时，算法应返回 "unrestorable"。

【解题思路】

根据描述得知对给定一个目标字符串 s 和一个模式字符串 t，s 中的"?"可以被替换为任何小写字母，要求是判断是否可以通过替换 s 中的"?"来使得 t 成为 s 的子串，如果可以，则需要在符合条件的替换串中返回字典序最小的一个。针对字典序最小的要求，需要逆序检查子串，从而确保找到的第一个可行解就是字典序最小的解。设 t 的长度为 m，借助 for 循环从后往前依次考察 s 中的各个长度为 m 的子串看其是否与 t 相同，或者能够通过将"?"进行字符替代达成与 t 相同，一旦找到则保留当前的子串位置 i，并将该子串替换为 t，将 i 之前和 $i+m$ 之后的"?"全部替换为"a"，返回替换完成的字符串即可，如果所有的子串都检查完毕，没有找到可以转换的子串，那么返回"unrestorable"。

【参考代码】

```python
def completeString(self, s: str, t: str) -> list[int]:
    n, m = len(s), len(t)
    for i in range(n - m, -1, -1):
```

```
            j = 0
            while j < m:
                if s[i + j] == "?" or s[i + j] == t[j]:
                    j += 1
                else:
                    break
            else:
                return s[:i].replace("?", "a") + t + s[i + m :].replace("?", "a")
    else:
        return "unrestorable"
```

例 4.6 （力扣 1408）数组中的字符串匹配。

【题目描述】

给定一个字符串列表 words，其元素个数不超过 100 个。每个元素都是一个仅包含小写英文字母、长度不超过 30 的字符串，都可以看作一个单词。设计算法按任意顺序返回 words 中是其他单词的子串的所有单词。题目数据保证 words 的每个元素都是独一无二的。

例如，当 words＝["mass","as","hero","superhero"]时，因为"as"是"mass"的子字符串，"hero"是"superhero"的子字符串，因此["hero","as"]、["as","hero"]都是有效的答案，返回任一答案均可。

再如，当 words＝["blue","green","bu"]时，words 中没有一个单词是另一个单词的子串，因此应返回一个空列表。

【解题思路】

可以用暴力枚举的方式依次考查 words 中的每个元素 words[i]，判断它是否是 words 中其他字符串的子串。因此，对于每个 words[i]，需要枚举 words[j]，若 j 不等于 i 且 words[i] 是 words[j] 的子串，那么将 words[i] 加入结果列表中。

在判断 words[i] 是否是 words[j] 的子字符串时，可选择朴素匹配算法或者 KMP 匹配算法。若采用朴素匹配算法，则时间复杂度为 $O(n^2L^2)$，其中，n 是字符串数组的长度，L 是字符串数组中最长字符串的长度。使用 KMP 算法可以将时间复杂度优化到 $O(n^2T)$，其中，T 是字符串数组中所有字符串的平均长度。若采用朴素匹配算法空间复杂度为 $O(1)$，若使用 KMP 算法空间复杂度为 $O(T)$。若没有特殊的执行效率要求，在具体实现时也可以直接选择 Python 的 find() 方法来完成子串查找，它的底层逻辑也是朴素的线性搜索。

【参考代码】

```
    def stringMatching(self, words: List[str]) -> List[str]:
        ans = []
        for i, x in enumerate(words):
            for j, y in enumerate(words):
                if j != i and kmp_match(y, x) != -1:
                    ans.append(x)
                    break
        return ans
```

小结

本章介绍了字符串数据结构的概念、性质及基本操作,重点介绍了朴素匹配算法和 KMP 算法两种常见的字符串匹配算法。朴素匹配算法简单易懂、实现容易,不需要复杂的数据结构。但其效率较低、预处理不足。KMP 算法效率较高,通过预处理模式字符串,构建部分匹配表,可以快速确定匹配失败时的下一步位置,避免了回溯,但其算法逻辑相对复杂,需要理解部分匹配的概念和构建部分匹配表的过程,且构建部分匹配表需要一定的时间,这在某些情况下可能会影响性能。朴素匹配算法适合于模式字符串较短或不经常使用的场合,因为它的实现简单。而 KMP 算法则适合需要高效搜索的场景,尤其是当模式字符串较长或搜索操作频繁时。在实际应用中,选择哪种算法取决于具体的需求和场景。

1.(力扣 125)验证回文串

【题目描述】

如果在将所有大写字符转换为小写字符并移除所有非字母数字字符之后,短语正着读和反着读都一样,则可以认为该短语是一个回文串。注:字母和数字都属于字母数字字符。给你一个字符串 s,如果它是回文串,返回 True;否则,返回 False。

【示例】

输入:s = "A man, a plan, a canal: Panama"
输出:true

解释:"amanaplanacanalpanama" 是回文串。

2.(力扣 28)找出字符串中第一个匹配项的下标

【题目描述】

给你两个字符串 haystack 和 needle,设计算法在 haystack 字符串中找出 needle 字符串的第一个匹配项的下标(下标从 0 开始)。如果 needle 不是 haystack 的一部分,则返回 −1。

【示例】

输入:haystack = "sadbutsad", needle = "sad"
输出:0

解释:"sad" 在下标 0 和 6 处匹配。第一个匹配项的下标是 0,所以返回 0。

3.(力扣 459)重复的子字符串

【题目描述】

给定一个非空的字符串 s,设计算法检查是否可以通过由它的一个子串重复多次构成。

给定的字符串只包含小写英文字母,并且长度不超过 10 000。

【示例】

输入:s = "abcabcabcabc"
输出:True

解释:可由子串"abc"重复 4 次构成。(或子串"abcabc"重复两次构成。)

4. (力扣 3) 无重复字符的最长子串

【题目描述】

给定一个字符串 s,设计算法找出其中不含有重复字符的最长子串的长度。给定的字符串由英文字母、数字、符号和空格组成,并且长度不超过 50 000。

【示例】

输入:s = "pwwkew"
输出:3

解释:请注意,答案必须是**子串**的长度。因为无重复字符的最长子串是"wke",所以返回其长度 3。

第5章 栈和队列

本章将深入探讨栈和队列这两种经典的数据结构,它们在计算机科学中扮演着至关重要的角色。栈和队列都是线性数据结构,其特点在于基本操作的特殊性。栈必须按照"后进先出"的规则进行操作,而队列则必须按照"先进先出"的规则进行操作。相较于线性表,它们的插入和删除操作受到更多的约束和限制。本章将介绍这两种数据结构的基本概念、Python 实现及常见的操作。本章还会列举一些栈和队列的应用,帮助读者建立起对这两种数据结构的深入理解,为将来应用它们解决实际的计算机科学问题奠定基础。

5.1 栈的概念与实现

5.1.1 栈的结构和操作特点

在生活中,经常会遇到"后进先出"(Last In First Out,LIFO)的情形,一个简单的例子就是洗盘子和使用盘子的过程。假设有一堆完全相同的盘子,在清洗它们时会一个个地摞起来,最后一个洗好的盘子自然放在最上面。然而,当需要使用盘子时,会直接取最上面的盘子,而不是随机抽取。这种具有只从顶端进行放入和取出操作的结构,正是栈在现实生活中的一个直观体现。

栈是一种具有特殊性质的线性数据结构,它遵循 LIFO 的原则。如图 5.1 所示,在栈的运作过程中,元素的添加和移除都发生在同一端,这一端通常被称为栈顶,另一端被称为栈底。当栈中没有任何元素时,称为空栈。

由栈的定义出发,可以发现栈具有如下的结构特点:
(1) LIFO 原则:栈最显著的特点是最后添加的元素将会是第一个被移除的。
(2) 单一操作端:所有的操作(如添加、删除、访问等)都在栈顶进行。
(3) 限制性访问:栈不支持随机访问,不能跳过元素或者直接访问栈中间的某个元素。

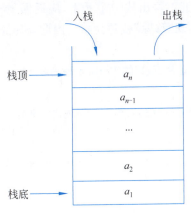

图 5.1 栈的示意图

只能访问栈顶元素,即最后一个添加的元素。

对于栈这种数据结构,可以定义一系列基本操作来管理栈的元素:

(1) is_empty():检查栈是否为空。如果栈中没有任何元素,返回真(True),否则返回假(False)。

(2) is_full():仅适用于具有固定大小的栈,检查栈是否已满。如果栈达到了其最大容量,返回真(True),否则返回假(False)。

(3) push(e):将一个元素 e 添加到栈顶,通常称为"入栈"。对于具有固定大小的栈,在执行此操作之前,需要检查栈是否已满。如果栈满,该操作无法执行,这称为栈溢出。

(4) pop():移除并返回栈顶元素,通常称为"出栈"。在执行此操作之前,需要检查栈是否为空。如果栈空,该操作无法执行,这称为栈下溢。

(5) peek():返回栈顶元素的值,但不移除它。这个操作允许查看栈顶元素而不影响栈的状态。

通过这些基本操作,可以有效地管理栈中的元素,并利用它们来解决实际问题。例如,在计算机程序中,栈被广泛用于管理函数调用、表达式求值等场景。通过将数据压入栈中,可以在需要时恢复到之前的状态,这正是栈作为一种数据结构的强大之处。

5.1.2 栈的表示和实现

和线性表类似,栈也有两种存储表示方法:顺序栈和链栈。

1. 顺序栈

顺序栈指的是利用顺序存储分配实现的栈,即利用一组地址连续的存储单元依次存放自栈底到栈顶的数据元素,同时附设指针 top 指示栈顶元素在顺序栈中的位置。可以预先设置顺序栈中数据元素存储区域的最大容量,这样就可以设置一个固定大小的栈。

代码清单 5.1 中给出了一个顺序栈类型 SStack 的 Python 语言实现。其中,使用列表 stack 来描述顺序栈中数据元素的存储区域,其容量由 capacity 决定。鉴于 Python 语言中列表的正向索引值从 0 开始,因此,以 top=-1 表示空栈。每入栈一个元素,top 指针增加 1,top=capacity-1 时栈满,此时若需要继续入栈,则应该先扩容。代码清单 5.1 中采用的方式是等比例扩容,直接按当前容量翻倍。也可以采用按照预设的扩容增量进行扩容的方式,有兴趣的读者可以自行研究。每出栈一个元素,应返回 top 所指示的元素值,然后通过将 top 指针减去 1 的方式来实现"移除"栈顶元素。因此,SStack 的入栈、出栈操作的时间复杂度都是 $O(1)$。

代码清单 5.1 顺序栈类型 SStack 的 Python 语言实现

```python
class SStack:
    def __init__(self, capacity=10):        #创建容量为 capacity 的空栈
        self.stack = [None] * capacity      #用列表存放栈中的元素
        self.top = -1                       #栈顶指针,-1 表示当前所含元素个数为 0
        self.capacity = capacity            #该顺序栈可以容纳 capacity 个元素

    def is_full(self):                      #判断栈是否已满
        return self.top == self.capacity - 1

    def is_empty(self):                     #判断是否为空栈
        return self.top == -1

    def push(self, val):                    #将 val 入栈
        if not self.is_full():
            self.top += 1
        else:
            self.stack = self.stack + [None] * self.capacity    #先扩容一倍
            self.top = self.capacity
        self.stack[self.top] = val          #将 val 放在栈顶

    def pop(self):                          #出栈
        if not self.is_empty():             #若栈不空,则移除栈顶元素并返回它
            item = self.stack[self.top]
            self.top -= 1                   #栈顶指针"下移",意味着移除栈顶元素
            return item
        else:                               #栈空,则输出相应提示信息并返回 None
            print("栈为空,无法移除元素。")
            return None

    def peek(self):
        if not self.is_empty():             #返回栈顶元素的值,但不移除它
            return self.stack[self.top]
        else:
            print("栈为空。")
            return None
```

2. 链栈

链栈指的是利用链式存储实现的栈,链栈的结点结构和单链表的结点结构相同,每个结点包含一个元素域和一个链接域(如图 5.2 所示)。

在单链表中,每个结点的链接域记录了其直接后继的链接,因此,顺着链可以从表头结点逐个遍历到表尾结点。在表头结点前插入一个新结点或者删除表头结点,时间复杂度都是 $O(1)$。但是在表尾结点后插入一个新结点或者删除表尾结点,时间复杂度都是 $O(n)$。

因此,在使用单链表来实现链栈的存储时,若想实现高效的入栈和出栈操作,应让栈顶

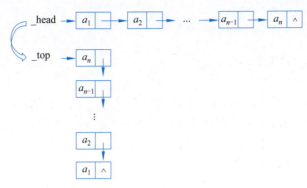

图 5.2　从单链表到链栈

元素成为表头结点。如图 5.2 所示，这一转变无须改变结点的结构，每个结点仍可由一个元素域和链接域构成，只是这里链接域链接的是结点逻辑上的直接前驱。这样，顺着链可以实现从栈顶结点开始逐个遍历到栈底结点。

代码清单 5.2 中给出了一个链栈类型 LStack 的 Python 语言实现。和单链表的实现一样，需要先定义一个表示结点的类型，它含有两个域，分别表示元素域和链接域。这里仍然沿用单链表中的结点类型 ListNode，不做修改。而对于链栈类型 LStack，它只有一个表示栈顶变量的_top 属性，如同单链表类型 LList，仅有一个表示表头变量的_head 属性一样。

代码清单 5.2　链栈类型 LStack 的 Python 语言实现

```python
class ListNode:
    def __init__(self, val, next_=None):
        self.val = val
        self.next = next_


class LStack:
    def __init__(self):
        self._top = None

    def is_empty(self):                    #判断是否为空栈
        return self._top is None

    def push(self, val):                   #将 val 入栈
        self._top = ListNode(val, self._top)

    def pop(self):                         #出栈
        if not self.is_empty():
            item = self._top.val
            self._top = self._top.next
            return item
        else:
            print("栈为空，无法移除元素。")
            return None

    def peek(self):                        #返回栈顶元素的值，但不移除它
```

```
        if not self.is_empty():
            return self._top.val
        else:
            print("栈为空。")
            return None
```

上述定义的 SStack 类和 LStack 类的使用方式完全一样。例如,在"借助一个栈来逆序输出列表 ls 中的元素"时,可以将所有元素按照列表中的顺序依次入栈,然后再依次出栈并输出,就可以利用栈操作"后进先出"的特性来达到逆序输出列表中元素的目的。如下代码段给出了基于 SStack 类的实现方案。

```
st = SStack()              #第一行
for x in ls:
    st.push(x)             #依次入栈
while not st.is_empty():
    print(st.pop())        #依次出栈并输出
```

若想基于 LStack 类来完成此任务,仅需将第一行的代码替换为 st=LStack()即可。从使用的角度来看,这两个类除了类名不同之外,完全可以相互代替。这也是抽象数据类型的功劳。

在基于 Python 语言进行栈相关的算法设计时,也可以直接使用列表类型及其操作来替代栈及其基本操作。建立空栈,就对应于创建一个空列表;那么判断是否为空栈,就对应于判断是否为空表的操作。同时,将表尾元素视为栈顶元素。入栈操作,可以用列表类型的 append 方法来代替;出栈操作,可以用列表类型的 pop 方法来代替,当其参数取默认值时,弹出的就是表尾元素。而取得栈顶元素的值,只需要使用列表的元素索引操作,取索引为−1 的元素即可。在这种设计下,上述"借助一个栈来逆序输出列表 ls 中的元素"也可以采用如下方式实现。

```
st = []                    #利用列表来直接表示栈
for x in ls:
    st.append(x)           #依次入栈
while st != []:            #栈非空则继续循环
    print(st.pop())        #依次出栈并输出
```

例 5.1 (力扣 946)验证栈序列。

【题目描述】

给定 pushed 和 popped 两个序列,每个序列中的值都不重复,设计算法来判定:这两个序列是否为在最初空栈上进行的入栈 push 和出栈 pop 操作序列的结果。如果是,则返回 True;否则,返回 False。

例如,给定 pushed=[1,2,3,4,5],popped=[4,5,3,2,1],应返回 True。因为可以按以下顺序执行入栈和出栈操作:push(1),push(2),push(3),push(4),pop()→4,push(5),pop()→5,pop()→3,pop()→2,pop()→1。

又如,给定 pushed=[1,2,3,4,5],popped=[4,3,5,1,2],则应返回 False。因为前面的入栈和出栈操作只能按如下顺序进行:push(1),push(2),push(3),push(4),pop()→4,pop()→3,push(5),pop()→5,这样一来,由于栈的 LIFO 特性,1 只能在 2 之后弹出,不可

能得到要求的 popped 序列。

【解题思路】

栈的入栈(push)和出栈(pop)操作需要遵循 LIFO 原则。本题要求判断给定的两个序列是否能够通过一个空栈的入栈和出栈操作得到。

首先,根据题目条件"每个序列中的值都不重复"可以推断出如果序列 pushed 和 popped 是有效的栈操作序列,那么在完成所有的入栈和出栈操作后,栈应该为空,因为每个元素都恰好入栈和出栈了一次。

为了验证这一点,可以模拟整个入栈和出栈的过程。

(1) 模拟入栈操作:遍历 pushed 序列,将每个元素依次压入模拟栈 st 中。这一步骤直接反映了题目中的入栈操作。

(2) 模拟出栈操作:在模拟入栈的同时,需要检查是否可以模拟出栈操作。由于栈的特性,只有栈顶元素可以被弹出。因此,检查栈顶元素是否与 popped 序列中的当前元素(可定义索引 idx 来指示)相匹配。如果匹配,将栈顶元素弹出,并在 popped 序列中前进到下一个元素(idx+=1)。

(3) 优化出栈检查:在弹出栈顶元素后,继续检查栈顶是否还有与 popped 中当前元素相匹配的元素,如果有,继续弹出操作,直到栈顶元素与 popped 中的当前元素不匹配或栈为空为止。这样做可以确保我们尽可能地模拟连续的出栈操作。

(4) 验证序列有效性:遍历完 pushed 序列后,检查模拟栈 st 是否为空。如果为空,说明所有元素都已按照 popped 序列的顺序成功出栈,返回 True 表示序列有效。如果栈不为空,则说明存在无法按 popped 序列的顺序出栈的元素,返回 False 表示序列无效。

【参考代码】

```python
def validateStackSequences(self, pushed: List[int], popped: List[int]) -> bool:
    st = []              #用一个栈 st 来模拟元素推入和弹出过程
    idx = 0              #指示 popped 序列中"当前元素"的位置
    for e in pushed:
        st.append(e)
        while st and st[-1] == popped[idx]:
            st.pop()
            idx += 1
    return st == []
```

5.2 栈的应用举例

因其具有后进先出的固有特性,栈常常被作为算法或程序中的辅助存储结构,临时保存信息,供后面的操作使用。对于那些本质上符合后进先出原则的问题,栈提供了一种自然而直观的解决途径。它是算法和程序设计中的有用工具。本节将通过若干具体的例子,展示栈在各种计算任务中的应用。通过这些实例,读者将了解到栈如何在实际编程中发挥作用,以及如何有效地利用栈来设计解决方案。

5.2.1 括号匹配问题

括号匹配是编程和数学等领域中常见的问题。在编写程序代码或数学公式时,括号的使用至关重要。每种开括号,如圆括号"("或方括号"[",都需有一个对应的闭括号,如圆括号")"或方括号"]",以形成有效的配对。

在处理括号匹配时,不仅需要确保每一种类型的括号都有对应的闭合,还需要保证它们之间的嵌套关系是正确的。例如,在数学表达式中,复杂的公式可能包含多层嵌套的括号,它们的匹配对于表达式的正确理解和计算至关重要。

简单起见,此处以仅包含圆括号和方括号的表达式来阐述什么是正确的括号匹配。显然,单独的一对圆括号或者方括号是正确匹配的。进一步,如果一个括号序列本身是正确匹配的,那么在其外层添加一对相同类型的括号,或者将两个正确匹配的括号序列首尾相连,所得到的新序列也是正确匹配的。

相反,不正确的括号匹配会表现为以下几种情况。

(1) 类型不匹配:序列中的闭括号与相应的开括号类型不符。例如,序列"[()]"中,在第三个位置上,期望的圆括号")"未出现,而是出现了一个方括号"]"。

(2) 多余闭括号:序列中出现了无法匹配的额外闭括号。例如,在序列"[()])"中,最后的闭括号")"没有对应的开括号;再如,在序列")("中,一开始就出现了一个不匹配的闭括号。

(3) 缺少闭括号:序列中的开括号没有对应的闭括号。如序列"([]()"中,第一个圆括号"("缺少闭合。

从刚才的分析中可以发现,当闭括号出现的时候,要么就是匹配了某个开括号,要么就可以得出匹配失败的结论。现在,以下述括号序列为例,来研究一下具体的判定算法。

```
(    (    [    ]    [    ]    )    )
1    2    3    4    5    6    7    8
```

可以考虑从头开始扫描括号序列。对于本例,第 1 个字符是开括号,暂且不管它,继续下一个字符,仍然是开括号,暂且不管它,然后又是开括号,依然不管。接下来是闭括号。当闭括号出现的时候,就应该去检查一下它是不是匹配的,也就是去看看前面离它"最近"的一个开括号是否与它匹配。至此可以发现,之前经过的开括号不仅需要记录下来,而且应该按顺序记录下来,因为现在需要的是最后经过的开括号。对于开括号的存储和使用顺序,具备鲜明的"后进先出"的特征。

所以,可以考虑在程序中设置一个栈,用来记录扫描过程中经过的开括号。在这个例子中,先依次把 1、2、3 处的开括号都入栈,等待配对使用。然后当碰到 4 处的闭括号时,直接将它和栈顶的开括号进行配对检查。配对成功,就意味着栈顶的这个开括号无须再等待配对了,因此把它出栈。这时,2 处的开括号就成了新的栈顶,表示接下来最急着配对的开括号就是它了。

接下来,继续扫描。遇到的是 5 处的开括号,把它入栈,它成为新的栈顶,现在若想使序列配对成功,最需要的是与它配对的闭括号"]"。原来的栈顶所期待的圆闭括号的等待急迫程度就下降了一级。如果这时来了圆闭括号,就会导致匹配失败。所以,在这个问题中使用栈,会自动地调整处于等待中的开括号们的配对急迫程度。

继续扫描到 6 处闭括号,配对成功,出栈;继续扫描到 7 处闭括号,配对成功,出栈;最后扫描到 8 处闭括号,配对成功,出栈。至此,字符串扫描完毕,栈也空了,意味着刚刚好,既没有多余的闭括号,也没有仍在等待的开括号,括号匹配成功。

再思考以下两种情况:

(1) 如果在扫描的过程中,扫描到一个闭括号,但是此时栈已空,意味着什么?

(2) 如果字符串扫描完毕了,但栈不是空的,意味着什么?

显然,上述第(1)种情况意味着"多余闭括号",而第(2)种情况意味着"缺少闭括号",它们都应被判定为括号匹配失败。

综上,可以得到括号匹配问题求解的基本算法如下:

(1) 从头开始顺序遍历表达式中的所有字符,对于每个遇到的开括号,将其推入栈中。

(2) 对于每个闭括号,检查栈顶元素是否与其匹配。如果遇到栈空或类型不匹配的情况,括号匹配失败;否则弹出栈顶元素。

(3) 如果字符串遍历结束时栈为空,则表明所有括号都已正确匹配,括号匹配成功;否则表明栈中剩余的开括号没有对应的闭括号,括号匹配失败。

给定一个只包括"(",")","{","}","[","]"的括号字符串 s,检验其是否为有效括号串的具体算法实现可以参考代码清单 5.3。

代码清单 5.3　判断括号字符串是否有效

```
def isValid(s):
    d = {")": "(", "]": "[", "}": "{"}
    st = []
    for c in s:
        if c in "([{":
            st.append(c)
        else:
            if st and d[c] == st[-1]:
                st.pop()
            else:
                return False
    if st:
        return False
    else:
        return True
```

例 5.2　(力扣 1249)移除无效的括号。

【题目描述】

给出一个由"("、")"和小写字母组成的字符串 s,设计算法从 s 中删除最少数目的"("或者")",可以删除任意位置的括号,使得剩下的字符串中的括号是匹配的,返回操作后的字符串。

【解题思路】

本问题可以分解为如下两个子问题。

(1) 确定 s 中所有需要删除的括号的索引,存放在一个集合 pos 中。

(2) 遍历 s 中所有的字符,如果其索引不在 pos 中,则将其添加到结果字符串中。

可以把第一个子问题转换为:在判定字符串 s 中的括号是否匹配的过程中,当出现匹配失败的情况时,就往 pos 中添加失配括号的索引。在本题中,因为仅有圆括号这种类型的括号,不正确的括号匹配只会表现为"多余闭括号"或"缺少闭括号"。在多余闭括号时,失配的括号是当前到来的闭括号;而在"缺少闭括号"时,失配的括号是栈中剩余的开括号。因此,栈中应存放括号的索引,而不是括号本身,这样有利于获得失配括号的索引。

【参考代码】

```python
def minRemoveToMakeValid(self, s: str) -> str:
    st = []
    pos = set()
    for i, c in enumerate(s):
        if c not in "()":
            continue
        if c == "(":
            st.append(i)
        else:
            if st:          #栈非空,则括号匹配
                st.pop()
            else:           #栈空,说明此处到来的闭括号是多余的,添加其索引至pos
                pos.add(i)
    if st:                  #栈非空,说明缺少闭括号,将栈中剩余的开括号索引合并到pos中
        pos = set(st) | pos
    ans = ""
    for i, c in enumerate(s):
        if i not in pos:    #仅保留串 s 中位置不在 pos 中的字符
            ans += c
    return ans
```

5.2.2 后缀表达式求值

任何一个表达式都由操作数、运算符和界限符组成。其中,操作数可以是常数,也可以是被说明为变量或常量的标识符。运算符主要有算术运算符、关系运算符和逻辑运算符三类。基本界限符有左右括号和表达式结束符等。为了叙述简洁,在此仅限于讨论只含加、减、乘、除 4 种二元运算符的算术表达式。例如:

```
(3 - 5) * (6 + 17 * 4) / 3
```

书写这种式子,我们从小到大就有一种习惯:将两个操作数分别写在运算符的左右两侧,即运算符位于两个操作数的中间。在计算机科学中,将这种式子称为中缀表达式。在中缀表达式中,可以通过引入括号来改变运算的优先级(括号内的先计算)。

中缀表达式适合于人类阅读,但在使用计算机来求值时,括号的引入会增加处理的难度。在计算机处理时,更适用的是被称为后缀表达式(也称为逆波兰式)的写法——在这种写法中,运算符总写在它们的运算对象之后。对于上面的例子,其后缀表达式为

```
3 5 - 6 17 4 * + * 3 /
```

可以看到,在后缀表达式中没有括号。在后缀表达式中,运算符总写在它们的运算对象之后。在对后缀表达式进行计算求值时,对于每个运算符,就需要用它前面、最靠近它的两个数作为操作数进行运算。因此,计算需要从前往后进行。碰到操作数时先记录下来,碰到

运算符就需要用刚刚记录的两个操作数进行计算。计算的结果也需要记录下来,因为它可能是下一个运算符的某个操作数。

因此,在这个算法中,需要存储碰到的操作数或者计算结果。这些存储下来的数据,在使用时,具有"后进先出"的特点。因此,宜选用栈来存放这些数据。

例 5.3 (力扣 150)逆波兰式求值。

【题目描述】

给定一个字符串数组 tokens,其中元素从前到后依次代表一个逆波兰式由左到右的各个部分。设计算法计算该逆波兰式的值并返回。

注意:

(1) 有效的运算符为'+'、'-'、'*'和'/'。

(2) 每个操作数(运算对象)都可以是一个整数或者另一个表达式。

(3) 两个整数之间的除法总是向零截断。

(4) 表达式中不含除零运算。

(5) 答案及所有中间计算结果可以用整数表示。

例如,当 tokens=["2","1","+","3","*"]时,其对应的中缀算术表达式为(2+1)*3,计算的结果为 9。

又如,当 tokens=["10","6","9","3","+","-11","*","/","*","17","+","5","+"]时,其对应的中缀算术表达式为((10*(6/((9+3)*-11)))+17)+5,计算的结果为 22。

【解题思路】

准备一个空栈(可以是 SStack 或 LStack 类的对象,也可以直接使用列表来表示)。从头开始,依次处理列表中的每个元素:如果是操作数,就仅需将它入栈;如果是运算符,则需要连续两次出栈,第一次出栈的元素作为右操作数,第二次出栈的元素作为左操作数,根据运算符的类型选择进行相应的计算,将计算结果入栈。这样循环操作直至处理完列表中的所有元素。此时,栈中一定有且仅有一个元素,它的值就是所求的表达式的值。

【参考代码】

```python
def evalRPN(self, tokens: List[str]) -> int:
    st = []
    for x in tokens:
        if x not in "+-*/":
            st.append(int(x))     #栈中存放的是整数形式的操作数
        else:
            a = st.pop()
            b = st.pop()
            if x == "+":
                res = b + a
            elif x == "-":
                res = b - a
            elif x == "*":
                res = b * a
            else:
                res = int(b / a)
            st.append(res)
    return st.pop()
```

5.2.3　从中缀表达式到后缀表达式的转换

在中缀表达式的计算过程中,运算的顺序是由运算符的优先级、结合性和括号决定的。而从 5.2.2 节可以看到,后缀表达式的计算规则要简单得多,使用计算机程序可以非常方便地计算后缀表达式的值。现在,考虑如何将中缀表达式自动转换为后缀表达式。简单起见,这里考虑的中缀表达式仅含具有左结合性的二元运算符。

为分析这里的情况,重看前面的例子。

中缀：(3 － 5) * (6 ＋ 17 * 4) / 3。

后缀：3 5 － 6 1 7 4 * ＋ * 3 /。

对照两个表达式,可以看到：后缀表达式中的操作数顺序和中缀表达式是一致的。因此,可以从左到右扫描中缀表达式,如果遇到操作数,直接将其添加到后缀表达式中。而在从左到右扫描中缀表达式的过程中,先遇到的运算符并不一定先执行。因此需要一种机制来"记住"在扫描过程中遇到的运算符,直到它的操作数都准备好了之后,再将它送往后缀表达式。需要仔细控制运算符送出的时机。

考虑运算符在后缀表达式里的出现位置时,有下面这些情况：

（1）扫描到一个运算符时不能将其送出,只有看到下一运算符的优先级不高于本运算符时,才能去做本运算符要求的计算(也就是将其送出,发往后缀表达式)。在这个过程中,总要拿当前运算符和前面最近的且尚未送走的运算符进行优先级比较,若当前运算符优先级不高时,就需要送出前面的运算符。这样,在对运算符进行存储并使用的机制中,就展现出了"后进先出"的特征。因此,应采用一个栈来保存尚未处理的运算符。在操作中,当栈空时,扫描到的当前运算符就无须比较,直接入栈。

（2）表达式里的括号是配对的：左括号标明了一个应该优先计算的子表达式的起点,需要记录(压入运算符栈中)；右括号则说明了应该先计算的子表达式的终点。因此,在遇到右括号时,需要逐个弹出栈里的运算符并添加到后缀表达式中,直到遇到左括号并将其弹出。

（3）当整个中缀表达式被扫描完毕后,栈中若有剩余的运算符,它们的计算都应该进行,因此需要依次弹出它们并添加到后缀表达式中。

综上所述,可以以栈的机制来"记住"在扫描过程中遇到的运算符,并在合适的时机将它们送往后缀表达式。使用栈可以简化算法的逻辑。不需要在每个步骤都检查所有的操作符和操作数,而是通过栈的 LIFO 特性自然地处理操作符的优先级和顺序。具体算法实现可以参考代码清单 5.4。

代码清单 5.4　从中缀表达式到后缀表达式的转换

```
d = {
    "(": 0,
    "+": 1,
    "-": 1,
    "*": 2,
    "/": 2,
}                        #运算符优先级字典,仅考虑带圆括号的四则运算
ls = []                  #把所求的后缀表达式的各项先存入列表 ls 中
ops = []                 #运算符栈
for token in tokens:     #tokens 列表中依次存储了中缀表达式中的从左到右的每一项
```

```
        if token == "(":
            ops.append(token)
        elif token == ")":
            while ops[-1] != "(":
                ls.append(ops.pop())
            ops.pop()
        elif token in "+- * /":
            while ops and d[token] <= d[ops[-1]]:
                ls.append(ops.pop())
            ops.append(token)
        else:
            ls.append(token)
    for op in ops[::-1]:          #把运算符栈中剩余的运算符依次发往后缀式
        ls.append(op)
    print(" ".join(ls))
```

例 5.4 （力扣题 227）基本计算器。

【题目描述】

给定一个简单的算术表达式 s（中缀表达式），其中只可能包含＋、－、＊、/共 4 种运算符以及正整数及空格，设计一个算法 calculate 求 s 的值。

注意：整数除法仅保留整数部分；不允许使用任何将字符串作为数学表达式计算的内置函数，如 eval()。

【解题思路 1】

一种显而易见的思路是两步走：第一步将 s 转换为后缀表达式 t；第二步对 t 求值，具体代码此处不再赘述。另一种思路是将这两个步骤合并起来，即在中缀表达式转换为后缀表达式的过程中，每次从运算符栈中出栈一个运算符时，直接做计算。这就意味着依然需要两个栈：一个运算符栈，一个操作数栈。对每个运算符进行计算时，仍需从操作数栈中出栈两次以取得相应的两个操作数，计算所得结果也需要存入操作数栈待用。注意本题的中缀表达式中不含括号，因此在中缀表达式转换为后缀表达式时相比代码清单 5.4 可以简化；另外，在本题中，中缀表达式中的每项需要从字符串 s 中进行提取。

【参考代码 1】

```
def calculate(self, s: str) -> int:
    def func(op, a, b):      #对操作数 a 和 b 执行 op 指定操作,返回操作结果
        if op == "+":
            return b + a
        elif op == "-":
            return b - a
        elif op == " * ":
            return b * a
        elif operator == "/":
            return int(b / a)

    #将中缀表达式的每项从 s 中拆分出来,存放在列表 tokens 中
    tokens = []
    num = 0
    for c in s:
```

```python
        if c.isdigit():
            num = num * 10 + int(c)
        if c == " ":
            continue
        if c in "+-*/":
            tokens.append(num)
            num = 0
            tokens.append(c)
    tokens.append(num)

    d = {"+": 1, "-": 1, "*": 2, "/": 2}
    operators = []          #运算符栈
    operands = []           #操作数栈
    for token in tokens:
        if isinstance(token, int):
            operands.append(token)
        else:
            while operators and d[token] <= d[operators[-1]]:
                operator = operators.pop()
                a = operands.pop()
                b = operands.pop()
                res = func(operator, a, b)
                operands.append(res)
            operators.append(token)

    for operator in operators[::-1]:
        a = operands.pop()
        b = operands.pop()
        res = func(operator, a, b)
        operands.append(res)
    return operands[-1]
```

【解题思路2】

正因为本题的中缀表达式 s 中不含括号,且仅含加减乘除 4 种运算,也可以先将 s 中的第一项(一定是一个整数)保存待用,然后按如下方式从左到右依次处理中缀式中的每一个运算符项:

(1) 若遇到'+',则将其后的整数(记为 x)保存待用。

(2) 若遇到'-',则将其后的整数(记为 x)取反后(即$-x$)保存待用。

(3) 若遇到'*',假设其后的整数为 x,则此时应做一次乘法运算,将刚刚保存的数取出来与 x 相乘,结果保存待用。

(4) 若遇到'/',假设其后的整数为 x,则此时应做一次除法运算,将刚刚保存的数取出来除以 x,结果保存待用。

在上述过程中,暂存的整数存在着"后进先出"的特点,因此,可以采用栈来保存需要保存的整数。当处理完所有的运算符后,累加栈中所有的元素,就实现了对原中缀表达式的"先乘除后加减"的操作,即可得到问题的解。

【参考代码 2】

```python
def calculate(self, s: str) -> int:
    #将中缀表达式的每一项从 s 中拆分出来,存放在列表 tokens 中
    tokens = []
    num = 0
    for c in s:
        if c.isdigit():
            num = num * 10 + int(c)
        if c == " ":
            continue
        if c in "+-*/":
            tokens.append(num)
            num = 0
            tokens.append(c)
    tokens.append(num)

    #从左到右处理所有的运算符
    st = [tokens[0]]   #先把第一项放入栈中
    for i in range(1, len(tokens) - 1):
        if not isinstance(tokens[i], int):
            op = tokens[i]
            if op == "+":
                st.append(tokens[i + 1])
            elif op == "-":
                st.append(-tokens[i + 1])
            elif op == "*":
                pre = st.pop()
                st.append(pre * tokens[i + 1])
            elif op == "/":
                pre = st.pop()
                st.append(int(pre / tokens[i + 1]))
    return sum(st)
```

5.3 队列的概念与实现

5.3.1 队列的结构特点与操作

生活中有许多"队列"的例子,如排队用餐、排队购物等。在计算机程序中,队列也被广泛使用,如医院、银行的叫号系统,先取号的会先被叫到。对于多人共享的网络打印机,它的管理程序中也维护着一个队列,用于缓存打印任务。接到新打印任务时,如果打印机忙,该任务就被放入队列;一旦打印机完成了当前工作,管理程序就查看队列,取出最早的任务送给打印机。在这些例子中,不允许插队,只能从队尾进入队列,也只有队头元素才能出队。数据结构中的队列描述的就是这样的一种数据结构,它是限定在一端进行插入、在另一端进行删除的线性表。如图 5.3 所示,容许删除的一端称为队头,容许插入的一端称为队尾。当队列中没有任何元素时,称为空队列。

图 5.3　队列结构示意图

由队列的定义出发,可以发现队列最显著的操作特点是先进先出(First In First Out, FIFO),即最先添加的元素一定最先被移除。此外,与栈的操作类似,队列也不支持随机访问,队列的插入操作只能在队尾进行,删除操作只能在队头进行,而且也只能查看队头元素的值。

对于队列这种数据结构,可以定义一系列基本操作来管理其中的元素。

(1) is_empty():检查队列是否为空。如果队列中没有任何元素,返回真(True),否则返回假(False)。

(2) is_full():仅适用于具有固定大小的队列,检查队列是否已满。如果队列达到了其最大容量,返回 True,否则返回 False。

(3) enqueue(e):将一个元素 e 添加到队尾,通常称为"入队"。对于具有固定大小的队列,在执行此操作之前,需要检查队列是否已满。如果队列已满,可以设计为扩容后再入队,也可以设计为抛出异常来终止操作的执行。

(4) dequeue():移除并返回队头元素,通常称为"出队"。在执行此操作之前,需要检查队列是否为空。如果队列空,可以设计为抛出异常来终止操作的执行。

(5) peek():返回队头元素的值,但不移除它。这个操作允许查看队头元素而不影响队列的状态。

5.3.2　队列的表示和实现

队列可以实现为在一端插入和在另一端删除的线性表,比栈的实现略复杂。同样地,可以使用顺序表和链接表两种方式来实现。

先看队列的链接表实现,可以考虑带尾结点引用的单链表。如图 5.4 所示,这种单链表的结构中有两个指针_head 和_rear,分别指向单链表的表头结点和表尾结点。这样,如果删除表头结点,只需要把_head 顺链后移一个结点即可,时间复杂度为 $O(1)$;如果要在表尾后插入一个新结点,也只需要把新结点链接到_rear 所指结点之后,然后把_rear 顺链后移一个结点,时间复杂度也是 $O(1)$。因此,可以用这种链表来实现队列,并约定_head 所指的是队头,_rear 所指的是队尾,这样可以实现出队、入队操作都是 $O(1)$ 的时间复杂度。

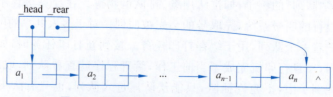

图 5.4　带尾结点的单链表(链队列)示意图

现在考虑用顺序表技术实现队列,这就需要用一片连续的空间来存放队列中的元素。对于顺序表来说,在表尾插入或删除,都不会影响表中的其他元素,时间复杂度都是 $O(1)$。

但是，在表头插入，意味着其他元素要依次后移；在表头删除，则其他元素都要依次前移，时间复杂度都是 $O(n)$，复杂度为 $O(n)$ 的根源在于元素的移动。这样，无论选哪一端作为队头，另一端就必须为队尾，入队、出队操作的时间复杂度总是一个为 $O(1)$、另一个为 $O(n)$。对于采用顺序表实现的队列，若想实现入队和出队操作都是 $O(1)$ 的时间复杂度，就需要设计一些策略来避免元素的移动。

可以这样设计：入队总在"队尾"后的第一个空位上，复杂度为 $O(1)$；队头元素出队时，后面的元素不前移，而是记住新的队头元素的位置。这就需要设置两个指针，分别称为 _head 和 _rear，来指示"队头"元素和"队尾"后的第一个空位在表中的位置。

如图 5.5 所示，以一个能存放 6 个元素的顺序表为例，来探讨一下这个策略的实施细节。初始化建立空队列时，令 _head 和 _rear 都为 0，指示 0 号位置；每当需要插入一个新的元素时，就在 _rear 指示的位置插入，然后令 _rear 增加 1。例如，此时若想插入元素 J_1，那么就把它插在 0 号位置上，然后 _rear 后移指示 1 号位置。若再想插入元素 J_2，就把它插入 1 号位置上，然后 _rear 后移指示 2 号位置。这样就实现了让尾指针 _rear 始终指向队尾元素的"下一个"位置的设计思想。

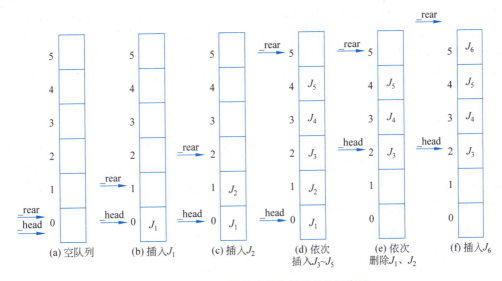

图 5.5 顺序队列操作过程中指针变化示意图

再来看出队操作。如图 5.5(d) 所示，假设此时队列中已经依次插入了 $J_1 \sim J_5$ 元素。J_1 是最先入队的，是队头。显然，此时出队的元素必定是 J_1，而 J_1 出队后，J_2 应该是新的队头元素。因此，对于出队操作，只需要返回 _head 所指示位置上的元素 J_1，然后把 _head 加 1 即可。再次出队，返回 J_2，_head 加 1。可以发现，头指针 _head 始终指向队头元素的位置。

如图 5.5(f) 所示，在现在的队列基础上，继续入队元素 J_6，这时 _rear 的值就超出了顺序表的索引范围，理应不能再进行入队操作了。但事实上，此时队列中的 0、1 号位置，是可以使用的，它们中存储的值已经不属于队列了，可以被覆盖。但是在目前的状态下，这些空间被浪费了。为了克服这个缺点，通常采用的方法是：如图 5.6 所示，设想顺序队列是一个首尾相接的环状空间，称为循环队列，_head 和 _rear 指针的移动是在这个环状空间中循环往复。这一点可以通过让指针变化的方式是加 1 后再模除队列空间大小（这里是 6）即可实现。这样，本例中就能让_head 和_rear 的值在 0～5 循环变化，不会有空间被浪费。这就是循环队列名称的来源。

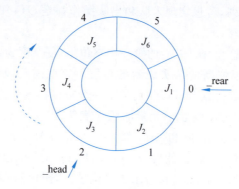

图 5.6 循环队列示意图

可以看到，循环队列是在顺序表的基础上，通过采用循环移动的策略，实现了入队、出队操作都是 $O(1)$ 的时间复杂度。代码清单 5.5 中给出了一个循环队列类型 SQueue 的 Python 语言实现。在这里，为了方便判定队列是否为空或为满，以及求队列中的元素等操作，为 SQueue 定义了一个名为_num 的属性，用于跟踪记录队列中的元素个数。在 SQueue 中并没有定义队尾指针_rear，因为它与队头指针_head、元素个数_num、队列空间大小_len 之间存在如下换算关系。

_rear = (_head + _num) % _len

注意：对于这种有着固定空间大小的循环队列，若在空间已满的情况下再进行入队操作，需要先扩容，其算法实现如代码清单 5.5 所示。基本思想是先申请一块更大的存储空间，然后将原队列中的元素自_head 起依次移动到新空间中自 0 号索引起的各个元素位置中。移动完毕之后需要更新_head 为 0。

代码清单 5.5　循环队列类型 SQueue 的实现

```
class SQueue:
    def __init__(self, init_len=8):
        self._len = init_len        #队列中可以存放的元素个数最大值
        self._elems = [0] * init_len  #采用固定长度的顺序表来存储队列中的元素
        self._head = 0
        self._num = 0

    def is_empty(self):
        return self._num == 0

    def dequeue(self):
        if self._num == 0:
            raise QueueUnderflow   #QueueUnderflow 可设计为标准异常类的子类
        e = self._elems[self._head]
        self._head = (self._head + 1) % self._len
        self._num -= 1
```

```python
            return e

    def enqueue(self, e):
        if self._num == self._len:
            self.__extend()
        self._elems[(self._head + self._num) % self._len] = e
        self._num += 1

    def __extend(self):                    #队列扩容操作
        old_len = self._len
        self._len *= 2
        new_elems = [0] * self._len
        for i in range(old_len):
            new_elems[i] = self._elems[(self._head + i) % old_len]
        self._elems, self._head = new_elems, 0

    def __len__(self):
        return self._num
```

例 5.5　(力扣题 2073)买票需要的时间。

【问题描述】

有 n 个人前来排队买票,其中第 0 人站在队伍最前方,第 $n-1$ 人站在队伍最后方。给定一个索引从 0 开始的整数序列 tickets,序列长度为 n,其中第 i 人想要购买的票数为 tickets$[i]$。

每个人买票都需要用掉恰好 1s。一个人一次只能买一张票,如果需要购买更多票,他必须走到队尾重新排队(瞬间发生,不计时间)。如果一个人没有剩下需要买的票,那他将会离开队伍。设计算法计算位于位置 k(下标从 0 开始)的人完成买票需要的时间(以 s 为单位)。

例如,当 tickets=[2,3,2]、$k=2$ 时,应返回 6。这是因为:第一轮,队伍中的每个人都买到一张票,队伍变为[1,2,1];第二轮,队伍中的每个人又都买到一张票,队伍变为[0,1,0],此时位置 2 的人成功买到两张票,用掉 3+3=6s。

【解题思路】

采用循环队列的思想来求解。可以将序列 tickets 视为一个循环队列,其中存储每个人还需购买的票数。则整个买票过程可以这样模拟:

(1) 定义一个指针 i,指示队伍中某人的索引(初始时为 0)。

(2) 如果 tickets$[i]$不为 0,则需买票操作,耗时增加 1s,tickets$[i]$减 1;若 tickets$[i]$为 0,则跳过它。

(3) 通过 $i=(i+1)\%n$ 的方式在 tickets 上循环移动至下一个元素。重复步骤(2),直至 tickets$[k]$为 0 时结束。

【参考代码】

```python
def timeRequiredToBuy(self, tickets: List[int], k: int) -> int:
    ans = 0
    n = len(tickets)
    i = 0
    while tickets[k] != 0:
```

```
        if tickets[i] != 0:
            tickets[i] -= 1
            ans += 1
        i = (i + 1) % n
    return ans
```

5.4 双端队列

在数据结构中,栈和队列都是访问受限的线性表,栈是只能在一端插入和删除元素的表,队列是在一端插入而在另一端删除元素的表。但实际中也可能需要放松一些限制,例如,只能在一端插入元素,但允许从两端检查和删除;或保持只允许一端访问,但可以在两端插入元素等。人们常常把这些需求合在一起,提供一种称为双端队列的结构,它允许在两端插入和删除元素,因此在功能上覆盖上面的所有结构。Python 标准库的 collections 包里定义了一种 deque 类型,就是这样一种双端队列,支持元素的两端插入和删除(如图 5.7 所示)。deque 是一种效率很高的缓存结构,它的两组插入和删除都是常量时间操作,靠近两端的下标访问也可以在常量时间内完成。因此,在实际应用中,也常用 deque 类型的对象来表示栈或者队列。

图 5.7　deque 类型的双端插入和删除操作示意图

例如,在下列代码中,对于双端队列,将 5 个数 0、1、2、3、4 依次从右端推入,然后依次从左端弹出,将依次输出 0、1、2、3、4。这种一端进、另一端出的使用模式,就是具有 FIFO 特性的队列。

```
from collections import deque
qu = deque()                    #定义一个空的双端队列 qu
for i in range(5):
    qu.append(i)                #右端进
while len(qu) > 0:
    print(qu.popleft())         #左端出
```

而若按如下方式修改代码,在同一端进和出,则是具有 LIFO 特性的栈,将依次输出 4、3、2、1、0。

```
from collections import deque
qu = deque()                    #定义一个空的双端队列 qu
for i in range(5):
    qu.appendleft(i)            #修改此行为:左端进
while len(qu) > 0:
    print(qu.popleft())         #左端出
```

例 5.6 (力扣 239)滑动窗口最大值。

【题目描述】

给定一个整数序列 nums,有一个能覆盖 k 个整数的窗口从序列的最左侧、以每次只向右移动一个整数的方式,滑动到序列的最右侧。设计算法返回窗口滑动过程中所覆盖整数的最大值序列。(提示:$1 \leqslant k \leqslant \text{nums.length} \leqslant 10^5$。)

例如,当 nums=[1,3,−1,−3,5,3,6,7]、$k=3$ 时,如表 5.1 所示,应返回的最大值序列为[3,3,5,5,6,7]。

表 5.1 滑动窗口及最大值

滑动窗口的位置								最大值
[1	3	−1]	−3	5	3	6	7	3
1	[3	−1	−3]	5	3	6	7	3
1	3	[−1	−3	5]	3	6	7	5
1	3	−1	[−3	5	3]	6	7	5
1	3	−1	−3	[5	3	6]	7	6
1	3	−1	−3	5	[3	6	7]	7

【解题思路】

对于每个滑动窗口,可以使用 $O(k)$ 的时间遍历其中的每个元素,找出其中的最大值。对于长度为 n 的序列 nums 而言,窗口的数量为 $n-k+1$,因此该算法的时间复杂度为 $O(nk)$,虽然直观但效率低下。对于本题所给的数据范围来说,会超出时间限制,因此需要一种更加高效的策略。

仔细观察可以发现,对于两个相邻(只差了一个位置)的滑动窗口,它们共用着 $k-1$ 个元素,而只有 1 个元素是变化的,可以根据这个特点进行优化。

假设当前的滑动窗口中有两个下标 i 和 j,其中,i 在 j 的左侧($i<j$),并且 i 对应的元素不大于 j 对应的元素(nums[i]≤nums[j]),那么当滑动窗口向右移动时,只要 i 还在窗口中,那么 j 一定也还在窗口中,这是由"i 在 j 的左侧"所保证的。由于 nums[j]的存在,nums[i]一定不会是滑动窗口中的最大值,因此,当需要求出的是当前及后续滑动窗口的最大值时,可以将 nums[i]排除在外。

这就表明,在计算窗口中的最大值时,只需要考查窗口内那些未被排除的数。而当滑动窗口向右移动 1 位(假设右侧新囊括的数为 x),还应进一步排除窗口内比 x 小的数。因此,可以用一个辅助结构来存储窗口内未被排除的数所对应的下标。显然,在这个结构中,所有的下标会按照从小到大的顺序被存储(因为窗口是从左到右移动的),并且它们在序列 nums 中对应的值是严格单调递减的。

显然,在这个辅助结构中,最后进去的下标(最右侧的下标)在 nums 中对应的值最小,也最有可能在下一步中被排除。这具有"后进先出"的操作特点。同时,随着滑动窗口向右移动,它可能再也覆盖不到这个辅助结构中最先进去的下标(最左侧的下标),因此,也需要把这些下标排除。这具有"先进先出"的操作特点。所以,宜采用可以在两端进行删除的双端队列来实现这个辅助结构。而且需要保证队列左端(队首)的元素值是最大的,同时队列内的元素值是严格单调递减的,满足这种单调性的双端队列一般称作"单调队列"。这样,当窗口向右滑动时,可以快速地确定当前窗口的最大值,即队首元素对应的值。

随着窗口的滑动,需要从窗口中移除那些已经不再属于窗口的元素,同时也要添加新进入窗口的元素。这里,单调队列的优势就体现出来了:可以从队首快速移除已经滑出窗口的元素,从队列右端(队尾)快速添加新元素,并且通过维护队列的单调性,确保在任何时刻都能迅速找到最大值。

具体到算法实现,当窗口向右滑动并且新元素 x 被考虑加入队列时,会不断地将 x 与队尾元素(对应的 nums 值)比较。如果 x 不小于队尾元素,那么队尾的元素就不再可能是未来窗口的最大值,因此可以安全地从队列中移除。这个过程会持续进行,直到遇到一个大于 x 的队尾元素或者队列变空。同时,为了保证队首元素始终代表当前窗口的最大值,还需要从队首移除那些已经不再处于窗口内的元素。

通过这种优化,每个下标恰好被放入队列一次,并且最多被弹出队列一次,因此算法的总时间复杂度为 $O(n)$,由此可见,双端队列在处理与窗口相关的问题时有很好的实用性。

【参考代码】

```python
def maxSlidingWindow(self, nums: List[int], k: int) -> List[int]:
    q = collections.deque()          #定义一个严格单调递减的单调队列
    l = 0                             #滑动窗口左边界的下标
    ans = []                          #最大值序列
    for r in range(len(nums)):        #r 表示滑动窗口右边界下标
        #队列不空且新元素不小于队尾元素,则需要出队队尾元素
        while q and nums[q[-1]] <= nums[r]:
            q.pop()
        q.append(r)                   #新元素入队列
        if r >= k - 1:                #若滑动窗口中已有 k 个元素
            ans.append(nums[q[0]])    #队头即为最大值
            l += 1                    #滑动窗口左边界应相应右移一位
            if q[0] < l:              #检查队头元素是否已不在窗口内
                q.popleft()
    return ans
```

小结

本章的重点是理解栈和队列的工作原理、特点以及它们在算法设计中的应用。栈和队列的概念虽然简单,但它们在构建复杂算法中发挥着不可或缺的作用。通过一系列栈的应用案例,展示了栈作为一种辅助存储结构,在解决特定问题时的高效性和适用性。虽然本章对队列的讨论不如栈那样深入,但在后续章节中,会进一步探索队列在更多算法中的应用。通过本章的学习,读者应建立起对栈的 LIFO、队列的 FIFO 特性的深刻理解,并逐步培养根据不同问题的特点选择合适的数据结构、从而设计出高效解决方案的能力。

习题

1.（力扣 682）棒球比赛

【题目描述】

你现在是一场采用特殊赛制棒球比赛的记录员。这场比赛由若干回合组成,过去几回合的得分可能会影响以后几回合的得分。比赛开始时,记录是空白的。你会得到一个记录操作的字符串列表 ops,其中,ops[i]是你需要记录的第 i 项操作,ops 遵循下述规则。

(1) 整数 x：表示本回合新获得分数 x。

(2) "+"：表示本回合新获得的得分是前两次得分的总和。题目数据保证记录此操作时前面总是存在两个有效的分数。

(3) "D"：表示本回合新获得的得分是前一次得分的两倍。题目数据保证记录此操作时前面总是存在一个有效的分数。

(4) "C"：表示前一次得分无效,将其从记录中移除。题目数据保证记录此操作时前面总是存在一个有效的分数。

请你返回记录中所有得分的总和。

【示例】

输入：ops = ["5","-2","4","C","D","9","+","+"]
输出：27

解释：

"5"：记录加 5,记录现在是[5]。

"-2"：记录加-2,记录现在是[5,-2]。

"4"：记录加 4,记录现在是[5,-2,4]。

"C"：使前一次得分的记录无效并将其移除,记录现在是[5,-2]。

"D"：记录加 2×(-2)=-4,记录现在是[5,-2,-4]。

"9"：记录加 9,记录现在是[5,-2,-4,9]。

"+"：记录加-4+9=5,记录现在是[5,-2,-4,9,5]。

"+"：记录加 9+5=14,记录现在是[5,-2,-4,9,5,14]。

所有得分的总和为 5+(-2)+(-4)+9+5+14=27。

提示：

(1) 1≤ops.length≤1000。

(2) ops[i]为 "C""D""+",或者一个表示整数的字符串。整数范围是$[-3\times10^4, 3\times10^4]$。

(3) 对于"+"操作,题目数据保证记录此操作时前面总是存在两个有效的分数。

(4) 对于"C"和"D"操作,题目数据保证记录此操作时前面总是存在一个有效的分数。

2.（力扣 20）有效的括号

【题目描述】

给定一个只包括'(',')','{','}','[',']'的字符串 s,判断字符串是否有效。s 长度不超过

1000。有效字符串需满足下述 3 个条件。

(1) 左括号必须用相同类型的右括号闭合。

(2) 左括号必须以正确的顺序闭合。

(3) 每个右括号都有一个对应的相同类型的左括号。

【示例】

> 输入：s = "()[]{}"
> 输出：true

3.（力扣 1614）括号的最大嵌套深度

【题目描述】

给定有效括号字符串 s，返回 s 的嵌套深度。嵌套深度是嵌套括号的最大数量。s 由数字 0~9 和字符'+'、'−'、'＊'、'/'、'('、')'组成，且长度不超过 100。

【示例】

> 输入：s = "(1+(2 * 3)+((8)/4))+1"
> 输出：3

解释：数字 8 在嵌套的 3 层括号中。

4.（力扣 921）使括号有效的最少添加

【题目描述】

给定一个括号字符串 s，在每一次操作中都可以在字符串的任何位置插入一个括号，返回为使结果字符串 s 中的括号有效配对而必须添加的最少括号数。s 只包含'('和')'字符，且长度不超过 1000。

【示例】

> 输入：s = "())"
> 输出：1

解释：为了使 s 中的括号有效配对，至少必须添加一个开括号。

5.（力扣 1021）删除最外层的括号

【题目描述】

如果有效字符串 s 非空，且不存在将其拆分为 s = A + B 的方法，称其为原语（primitive），其中，A 和 B 都是非空有效括号字符串。给出一个非空有效字符串 s，考虑将其进行原语化分解，使得 s = $P_1 + P_2 + \cdots + P_k$，其中，P_i 是有效括号字符串原语。对 s 进行原语化分解，删除分解中每个原语字符串的最外层括号，返回 s。s 是只包含'('和')'的有效括号字符串，且 1≤s.length≤10^5。

【示例】

> 输入：s = "(()())(())"
> 输出："()()()"

解释：输入字符串为 "(()())(())"，原语化分解得到 "(()())"＋"(())"，删除每个部分中的最外层括号后得到 "()()"＋"()"＝"()()()"。

6.（力扣 739）每日温度

【题目描述】

给定一个整数数组 temperatures，表示每天的温度，返回一个数组 answer，其中，answer[i]是指对于第 i 天，下一个更高温度出现在几天后。如果气温在这之后都不会升高，请在该位置用 0 来代替。

【示例】

输入：temperatures = [73,74,75,71,69,72,76,73]
输出：[1,1,4,2,1,1,0,0]

提示：$1 \leqslant$ temperatures.length $\leqslant 10^5$，$30 \leqslant$ temperatures[i] $\leqslant 100$。

7.（力扣 950）按递增顺序显示卡牌

【题目描述】

现有一组卡牌（不超过 1000 张），其中每张卡牌都对应一个唯一的整数（其值不超过 10^6），以列表形式给定这些卡牌的整数。要求对这组卡牌进行排序，并将卡牌按排好的顺序从顶到底摞在一起，每张卡牌均正面朝下放置（即未显示状态）。然后，重复执行以下步骤，直到显示所有卡牌为止：

（1）从牌组顶部抽一张牌，显示它，然后将其从牌组中移出。

（2）如果牌组中仍有牌，则将下一张处于牌组顶部的牌放在牌组的底部。

（3）如果仍有未显示的牌，那么返回步骤（1）；否则，停止行动。

若在上述操作过程中，显示出来的卡牌数字是依次递增的，那么你排好的顺序就是所期望的排序，返回这个排序。

【示例】

输入：[17,13,11,2,3,5,7]
输出：[2,13,3,11,5,17,7]

解释：初始时给定的牌组顺序为[17,13,11,2,3,5,7]（这个顺序不重要），然后应将其重新排序为[2,13,3,11,5,17,7]。这样就可以实现按题目指定的步骤操作后，显示出来的卡牌数字是依次递增的。下面展示这个操作过程：

（1）重排后的牌组以 2 开始，其中，位于牌组的顶部。

（2）我们显示 2，然后将 13 移到底部。牌组现在是[3,11,5,17,7,13]。

（3）我们显示 3，并将 11 移到底部。牌组现在是[5,17,7,13,11]。

（4）我们显示 5，然后将 17 移到底部。牌组现在是[7,13,11,17]。

（5）我们显示 7，并将 13 移到底部。牌组现在是[11,17,13]。

（6）我们显示 11，然后将 17 移到底部。牌组现在是[13,17]。

（7）我们显示 13，然后将 17 移到底部。牌组现在是[17]。

（8）我们显示 17。

可以看到，所有卡片都是按递增顺序排列显示的。

8.（力扣 649）Dota2 参议院

【题目描述】

Dota2 的世界里有两个阵营：Radiant 和 Dire。

Dota2 参议院由来自两派的参议员组成。现在参议院希望对一个 Dota2 游戏里的改变做出决定。他们以一个基于轮为过程的投票进行。在每一轮中，每一位参议员都可以行使两项权利中的一项。

（1）禁止一名参议员的权利：参议员可以让另一位参议员在这一轮和随后的几轮中丧失所有的权利。

（2）宣布胜利：如果参议员发现有权利投票的参议员都是同一个阵营的，他可以宣布胜利并决定在游戏中的有关变化。

给你一个仅由字符"R"或"D"组成的字符串 senate 代表每个参议员的阵营。字母"R"和"D"分别代表了 Radiant 和 Dire。然后，如果有 n 个参议员，给定字符串的大小将是 $n(1 \leqslant n \leqslant 10^4)$。

以轮为基础的过程从给定顺序的第一个参议员开始到最后一个参议员结束。这一过程将持续到投票结束。所有失去权利的参议员将在过程中被跳过。

假设每一位参议员都足够聪明，会为自己的政党做出最好的策略，你需要预测哪一方最终会宣布胜利并在 Dota2 游戏中决定改变。输出应该是"Radiant"或"Dire"。

【示例】

输入：senate = "RDD"
输出："Dire"

解释：第一轮时，第一个来自 Radiant 阵营的参议员可以使用第一项权利禁止第二个参议员的权利。在这一轮中，第二个来自 Dire 阵营的参议员会将被跳过，因为他的权利被禁止了。在这一轮中，第三个来自 Dire 阵营的参议员可以使用他的第一项权利禁止第一个参议员的权利。因此在第二轮只剩下第三个参议员拥有投票的权利，于是他可以宣布胜利。

9.（力扣 1544）整理字符串

【题目描述】

给你一个仅由大小写英文字母组成的字符串 s（长度不超过 100）。在一个整理好的字符串中，两个相邻字符 $s[i]$ 和 $s[i+1]$，要满足如下条件：若 $s[i]$ 是小写字符，则 $s[i+1]$ 不可以是相同的大写字符；若 $s[i]$ 是大写字符，则 $s[i+1]$ 不可以是相同的小写字符。

请你将字符串 s 整理好，每次你都可以从字符串中选出满足上述条件的两个相邻字符并删除，直到字符串整理好为止。返回整理好的字符串。题目保证在给出的约束条件下，测试样例对应的答案是唯一的。

注意：空字符串也属于整理好的字符串，尽管其中没有任何字符。

【示例 1】

输入：s = "leEeetcode"
输出："leetcode"

解释：无论你第一次选的是 $i=1$ 还是 $i=2$，都会使"leEeetcode"缩减为"leetcode"。

【示例 2】

输入：s = "abBAcC"
输出：""

解释：存在多种不同情况，但所有的情况都会导致相同的结果。例如：

"abBAcC" --> "aAcC" --> "cC" --> ""
"abBAcC" --> "abBA" --> "aA" --> ""

10.（力扣 1438）绝对差不超过限制的最长连续子数组

【题目描述】

给你一个整数数组 nums 和一个表示限制的整数 limit，请你返回最长连续子数组的长度，该子数组中的任意两个元素之间的绝对差必须小于或等于 limit。

如果不存在满足条件的子数组，则返回 0。

【示例】

输入：nums = [8,2,4,7], limit = 4
输出：2

解释：所有子数组如下：
[8]最大绝对差$|8-8|=0 \leq 4$。
[8,2]最大绝对差$|8-2|=6 > 4$。
[8,2,4]最大绝对差$|8-2|=6 > 4$。
[8,2,4,7]最大绝对差$|8-2|=6 > 4$。
[2]最大绝对差$|2-2|=0 \leq 4$。
[2,4]最大绝对差$|2-4|=2 \leq 4$。
[2,4,7]最大绝对差$|2-7|=5 > 4$。
[4]最大绝对差$|4-4|=0 \leq 4$。
[4,7]最大绝对差$|4-7|=3 \leq 4$。
[7]最大绝对差$|7-7|=0 \leq 4$。
因此，满足题意的最长子数组的长度为 2。

第6章 递归

在算法设计的探索中，递归算法以其独特的魅力成为解决问题的有力工具。递归，源自拉丁语"recurrens"，意为"返回"或"再次发生"，在计算机科学的语境中，它是一种允许函数调用自身的方法。递归算法的美妙之处在于它能够以简洁的代码实现复杂的逻辑，特别是在处理分治策略、数据结构遍历和动态规划等问题时。但递归算法也有其局限性，例如，可能导致栈溢出错误和性能问题，因此在实际应用中需要谨慎使用。本章将学习递归算法的基本概念、工作原理以及应用场景，通过挑选的实例及其解析，逐步揭开递归算法背后的逻辑，引导读者理解递归的调用和返回过程，学习如何构建递归程序，并深入介绍借助递归实现的回溯及为了提高效率而在递归算法基础上改进的动态规划等编程策略。

6.1 递归的定义

6.1.1 基本概念

一个函数、概念或数学结构，如果在其定义或说明内部直接或间接地出现对其本身的引用，称为**递归**。它是编程和数学中的一种常用方法，属于归纳法的应用之一。递归通常用于解决那些可以自然地被分解为相同类型的子问题的问题。递归算法的核心就在于将一个大问题分解成若干更小的子问题，然后逐步解决这些子问题，最终汇聚成对原始问题的解答。

在程序设计中，函数直接或间接调用自己，被称为**递归调用**。它其实是函数调用的一种特殊情况，也是许多高级算法实现的基础，如快速排序、深度优先搜索等都应用了递归调用的思想来实现。

任何递归函数都必须包含以下两个基本**要素**。

（1）一是递归终止条件，称作**基例**：一个或多个条件，当满足这些条件时，函数停止递归调用，直接返回结果。

(2) 二是函数的**自我调用**：在每次函数调用自身时，问题被分解为更小的子问题，并且向终止条件靠近。

递归的最简单应用之一是已知初值和递推式求数列的某一项，这里以求斐波那契数列中的第 n 项问题（n 为自然数）为例。

在第 1 章中，分别使用直接法和迭代法求解过这个问题。斐波那契数列的定义可以从第 0 项开始，也可以从第一项开始，本章采用从第 0 项开始的定义：它的第 0 项为 0，第 1 项为 1，从第 2 项开始，每一项都是前两项的和。即数列中的元素存在如下递推关系定义：$F(n)=F(n-1)+F(n-2)$，其中，$F(0)=0, F(1)=1$。

根据斐波那契数列的定义，可定义一个名为 fib 的函数来求解斐波那契数列中的第 n 项的值，该函数具有如下直观的递归定义公式。

$$\text{fib}(n)=\begin{cases} n, & n=0 \text{ 或 } n=1 \\ \text{fib}(n-1)+\text{fib}(n-2) & n \geqslant 2 \end{cases}$$

该函数中的基例即为 $n=1$ 或 $n=2$，此时直接返回函数值 1；函数的自我调用体现为：当 $n \geqslant 2$ 时，函数值由分别调用 fib($n-1$) 和 fib($n-2$) 后返回的值相加获得。递归的两个要素都满足，由该函数定义可以直接转换成如下递归程序代码。

```
def fib(n):                                    #n是自然数,函数返回第 n 个斐波那契数
    if n == 0 or n == 1:                       #基例
        return n
    else:
        return fib(n - 1) + fib(n - 2)         #递归调用
```

从该函数中可以发现，递归的基例可以是单一的，也可以是多个。在定义递归函数时，必须确保基例被正确定义，以避免遗漏导致无限递归的情况。无限递归意味着函数将不断地调用自身，而没有停止的时刻，这最终会导致程序达到递归深度限制并引发错误。

从这个简单的例子中，也可以发现递归函数的一个显著优点：一旦明确了递推关系，递归函数的编写往往非常直观和简洁。递归允许我们用一种非常接近自然语言的方式来表达算法，使得代码易于理解和维护。

递归函数的另一个优点是它能够将问题分解为更小的子问题，这有助于我们逐步构建解决方案。但是，这样也可能带来大量的重复计算。为此，常常需要考虑使用一些优化技术，来存储已经计算过的结果，避免重复计算，在 6.4 节中会详细介绍。

总之，递归是一种强大且表达力强的编程技术，但同时也需要谨慎使用，以保证算法的正确性和效率。下面将通过一些常见的递归实例来展示递归的应用，其中包括那些具有明显递推关系的问题，其递归实现可以直接从数学公式翻译而来。还有些表面上看似不直接递归，但实际上可以通过递归思想来解决的问题，例如经典的汉诺塔问题，其解决关键在于识别出暗含的递推关系并明确递归函数的功能。

6.1.2 简单递归操作例题

例 6.1 求组合数。

【题目描述】

输入两个非负整数 m 和 n，编写程序计算从 n 个数中选出 m 个数的组合数的个数。要

求:请依据如下数学递推式,采用递归函数来实现求解。

$$C_n^m = \begin{cases} 1, & m=0 \text{ 或 } m=n \\ 0, & m>n \\ C_{n-1}^{m-1} + C_{n-1}^m, & \text{其余情况} \end{cases}$$

【解题思路】

编写递归函数时,首先要明确函数的职责:它需要设置哪些形式参数,以及它应该返回什么样的结果。在本题中,可以定义一个名为 combination 的递归函数,它接收两个非负整数 m 和 n,代表从 n 个不同的元素中选择 m 个元素以求组合数,因此应设置两个整型形参。此函数返回一个整型值,表示在给定的参数 m 和 n 下计算得到的组合数。

在递归调用过程中,应给被调函数传递正确的实参,并且要妥善处理被调函数的返回值。函数应通过调用自身来逐步减少问题的规模,直至达到基例约定的情况。在本例中,基例有两种情况:一是当 m 等于 0 或等于 n 时,组合数为 1;二是如果 m 大于 n,则没有合法的组合,返回 0。其余情况下,应递归调用,并且通过减少 m 或 n 的值来逐步逼近基例。

【参考代码】

```
def combination(m, n):
    if m == n or m == 0:
        return 1
    elif m > n:
        return 0
    else:
        return combination(m - 1, n - 1) + combination(m, n - 1)

m, n = map(int, input().split())
print(combination(m, n))
```

例 6.2 构造特殊数列。

【题目描述】

给定正整数 n,要求按如下方式构造数列。

(1) 只有一个数字 n 的数列是一个合法的数列。

(2) 在一个合法的数列的末尾加入一个正整数,但是这个正整数不能超过该数列最后一项的一半,可以得到一个新的合法数列。

请设计算法返回一共可以构造多少个合法的数列。两个合法数列 a、b 不同当且仅当两数列长度不同或存在一个正整数 $i \leqslant |a|$,使得 $a_i \neq b_i$。

例如,当 $n=6$ 时,可以构造出的合法数列为 [6]、[6,1]、[6,2]、[6,2,1]、[6,3]、[6,3,1],共 6 个。

【解题思路】

根据题目描述的数列构造的规则,由 n 构造的合法数列有以下情况。

(1) 仅包含数字 n,这种数列就 1 个。

(2) 依次在 n 后分别加入 $1,2,\cdots,n//2$ 开头的所有合法数列。

若用 $f(n)$ 表示根据自然数 n 所能构建的合法数列个数,则存在如下递推函数。

$$f(n) = \begin{cases} 1, & n=1 \\ 1+f(1)+f(2)+f(3)+\cdots+f(n//2), & n>1 \end{cases}$$

因此，在本题中，可以定义一个名为 specialSeq 的递归函数，它的功能是对于给定的自然数 n，返回能构造的合法数列的个数，其基例是 n 等于 1 时，返回 1。

【参考代码】

```
def specialSeq(n):
    if n == 1:
        return 1
    ans = 1
    for i in range(1, n // 2 + 1):
        ans += specialSeq(i)
    return ans
```

例 6.3 数的幂次方表示。

【题目描述】

任何一个正整数都可以用 2 的幂次方表示，如 $137=2^7+2^3+2^0$。同时约定方次用括号表示，即 a^b 表示为 $a(b)$。设计函数 intPower 实现将正整数 $n(1 \leqslant n \leqslant 2^{20})$ 转换为用 2 的幂次方表示的仅含 0、2 的字符串。

例如，当 $n=137$ 时，137 可表示为 $2(7)+2(3)+2(0)$。进一步处理，$7=2^2+2+2^0$（2^1 用 2 表示），并且 $3=2+2^0$。所以最后 137 可表示为 $2(2(2)+2+2(0))+2(2+2(0))+2(0)$。

再如，当 $n=1219$ 时，由于 $1219=2^{10}+2^7+2^6+2+2^0$，所以 1219 最后可表示为 $2(2(2+2(0))+2)+2(2(2)+2+2(0))+2(2(2)+2)+2+2(0)$。

【解题思路】

由描述可知，intPower 函数的作用是将一个整数转换成一个特殊的字符串表示，这个字符串表示了该整数的二进制形式，但是使用了一种特殊的"幂"表示法。如当 $n=137$ 时，转换成二进制，若采用 0、1 表示法得到的应该是"10001001"，其中第一个"1"的位权是 2 的 7 次方，第二个"1"的位权是 2 的 3 次方，最后一个"1"的位权是 2 的 0 次方，该题要求将位权直接用数值表示，即表示为"$2(7)+2(3)+2(0)$"，同时，由于题目要求采用 0、2 表示法，因此需要将表示位权的数值也表示成这种特殊的"幂"表示法，这里可以采用函数的递归来实现。

在进行二进制转换时，由于题目限定了 $1 \leqslant n \leqslant 2^{20}$，因此可以使用一个 for 循环，令循环变量 i 从 20 开始递减到 -1，步长为 -1，这个循环的目的是检查整数 n 的每一位二进制表示。在循环内部，可使用 $n//(2**i)$ 来检查 n 的第 i 位（从最高位开始，即左边的第 20 位）是否为 1。如果为 1，则执行以下操作。

(1) 如果 i 等于 0，说明是最低位，直接将"2(0)"添加到字符串 s 中。

(2) 如果 i 等于 1，说明是次低位，直接将"2"添加到字符串 s 中。

(3) 如果 i 大于 1，说明是更高位，将"2("添加到字符串 s 中，然后递归调用 intPower(i) 来获取 i 的这种特殊表示，最后添加")"到字符串 s 中。

(4) 在添加了当前位的表示后，使用"$s+="+""$"来添加一个加号，表示这是二进制数的下一位。

(5) 使用 $n=n\%(2**i)$ 来更新 n，移除已经处理过的位。

【参考代码】
```
def intPower(n):
    s = ""
    for i in range(20, -1, -1):
        if n // (2 ** i) == 1:
            if i == 0:
                s += "2(0)"
            elif i == 1:
                s += "2"
            else:
                s += "2(" + intPower(i) + ")"
            s += "+"
            n = n % (2 ** i)
    return s[:-1]
```

6.1.3 汉诺塔问题

汉诺塔问题是由法国数学家爱德华·卢卡斯在 1883 年提出的,而其背后的灵感则被认为来自一个与印度有关的传说。在传说中,寺庙里的修行者面临着用最少的步骤将 64 个金盘子从一根柱子移动到另一根柱子的艰巨任务,同时必须遵守两个规则:每次只能移动一个盘子,且在移动过程中大盘子不能放在小盘子上,如图 6.1 所示。这个任务的规模如此之大,以至于如果按照传说中每秒移动一个盘子的速度,完成 64 个盘子的移动所需的时间是 $(2^{64}-1)$s。这个数字是非常巨大的,远远超出了人类甚至地球存在的年限。因此在现实中,完成 64 个盘子的汉诺塔问题几乎是不可能实现的。

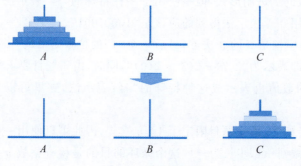

图 6.1 汉诺塔问题

从算法的角度来看,汉诺塔问题中并没有明显递推式,但它却是一个展示递归分解降级问题规模思想的绝佳例子。从简单过程入手分析如下。

假设 $n=1$,只有一个盘子,很简单,直接把它从 A 移动到 C 上即可。

如果 $n=2$,则需要借助 B 来实现,首先将 A 上的 0 号小盘子移动到 B,再将 A 上的 1 号大盘子移动到 C,再将 B 上的 0 号小盘子移动到 C 即可。

如果 $n>2$,则同上一步思路相同,把盘子分解成上面的 $n-1$ 个盘子和下面的 1 个盘子,首先将 A 上的 $n-1$ 个盘子移动到 B,再将 A 上最下面的大盘子移动到 C,再将 B 上的 $n-1$ 个盘子移动到 C 即可,那 A 上的 $n-1$ 个盘子是如何移动到 B? B 上的 $n-1$ 个盘子又是如何移动到 C 上的呢? 当开始思考这个问题时,就又回到了最初的问题,递归形成。

不难发现，如果原问题可以分解成若干与原问题结构相同但规模较小的子问题时，往往可以用递归的方法解决。具体解决办法如下。

(1) 当 $n=1$ 时，直接把盘子从 A 移动到 C。

(2) 当 $n>1$ 时，先把 $n-1$ 个盘子从 A 借助 C 移动到 B（递归），再将最大的盘子从 A 移动到 C，再将 B 上的 $n-1$ 个盘子从 B 借助 A 移动到 C（递归）。

该算法时间复杂度取决于总共移动的次数为 $O(2^n-1)$，空间复杂度则取决于递归的深度为 $O(n)$。如果用诸如打印出 $A-->C$ 的形式来表示直接将一个盘子从 A 移动到 C 的步骤，那么对于任意输入的盘子个数，可以用如下程序打印出所有的移动步骤。

```python
def hanoi(n, a, b, c):
    if n == 1:
        print(a, "-->", c)
    else:
        hanoi(n - 1, a, c, b)
        print(a, "-->", c)
        hanoi(n - 1, b, a, c)

n = int(input("盘子个数为："))
hanoi(n, "A", "C", "B")
```

6.2　递归的可视化

6.2.1　递归执行过程

递归函数以其代码的简洁性著称，但其背后的执行过程可能相当复杂，特别是在涉及多个递归调用时。深入理解递归函数的执行机制，关键在于把握两个核心概念：调用栈和递归返回。

当函数被调用时，程序会创建一个包含函数局部变量、参数、返回地址等信息的"调用帧"，并将其压入调用栈。在函数递归的情况下，每一次递归调用都会导致一个新的调用帧的生成，这个过程会持续进行，直到满足递归的终止条件。当递归达到其终止条件，递归调用开始自底向上逐层返回。在这一过程中，如果函数有返回值，则每一层的调用帧都会接收到来自下一层的返回值，这个值可能被用来进行进一步的计算。最终，当所有的递归层级都完成了它们的返回，最初的调用者将获得整个递归调用的最终结果。

递归函数这种层层嵌套的调用和逐层返回的特性，使得其执行过程对于初学者来说可能难以直观理解。为了帮助学习者更好地把握递归的执行流程，可以采用手动模拟或使用可视化工具来追踪递归函数的每一步执行。通过观察每一层调用的进入和返回，可以更清晰地看到递归的每一层是如何相互作用，以及它们是如何共同工作以产生最终结果的。

6.2.2　递归过程可视化

以使用递归函数来求一个自然数 n 的阶乘为例，n 的阶乘可以写作 $n!$，其计算公式如下。

$$n!=n\times(n-1)\times(n-2)\times\cdots\times1$$

由以上定义也可以方便地推导出阶乘的递归定义，如下。

$$n!=\begin{cases}1, & n=0\\ n(n-1)!, & n>0\end{cases}$$

由该函数定义可以直接转换成如下递归程序代码。

```
def fact(n):    #n是自然数,函数返回n的阶乘值
    if n == 0:
        return 1
    else:
        return n * fact(n - 1)

#测试递归函数
n = int(input("请输入一个自然数n: "))
print(f"{n}的阶乘值为: {fact(n)}")
```

若运行该程序，输出结果如下。

```
请输入一个自然数n: 5
5的阶乘值为: 120
```

计算5!的递归调用和返回过程如图6.2所示。

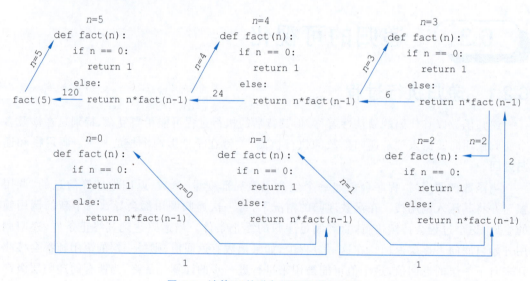

图6.2　计算5!的递归调用和返回过程

初始调用发生时程序开始执行fact(5)，递归进入层层调用的第一阶段：此时，n 的值为5，因为 n 不等于0，产生第一次递归调用，执行 $5\times$ fact(4)，创建了一个新的调用帧，fact(4)开始执行。同样地，fact(4)产生第二次递归调用，执行 $4\times$ fact(3)，又创建了一个新的调用帧，fact(3)开始执行。fact(3)第三次递归调用，执行 $3\times$ fact(2)，再次创建调用帧，fact(2)开始执行。fact(2)第四次递归调用，执行 $2\times$ fact(1)，创建调用帧，fact(1)开始执行。fact(1)第五次递归调用，执行 $1\times$ fact(0)。到达基例，fact(0)返回1。递归过程开始进入层层返回的第二阶段：开始返回，fact(1)接收到fact(0)的返回值1，计算 1×1，返回1。继续返回，fact(2)接收到fact(1)的返回值1，计算 2×1，返回2。进一步返回，fact(3)接收到fact(2)的

返回值2,计算3×2,返回6。再次返回,fact(4)接收到fact(3)的返回值6,计算4×6,返回24。最后返回,fact(5)接收到fact(4)的返回值24,计算5×24,返回120。最终程序输出5的阶乘为120。

6.2.3 递归图形化展示

使用Python的Turtle模块进行递归可视化是一种直观展示递归算法工作方式的方法,以下是使用Turtle模块绘制递归图案的两个基本示例,有利于更清晰地理解递归算法。

案例一是使用递归来绘制正方形螺旋线,代码如下。

```
import turtle

def draw_square(t, size):
    if size > 0:
        t.forward(size)
        t.left(90)
        draw_square(t, size - 2)

screen = turtle.Screen()
my_turtle = turtle.Turtle()
draw_square(my_turtle, 100)
screen.exitonclick()          #窗口内再次单击,则程序清理并退出
```

通过观察会发现该函数的基例比较隐晦,它其实是如果size小于或等于0,函数什么都不做了,直接返回;而函数的自我调用发生在size大于0的情况下,画笔向前移动size个单位,然后左转90°,接着用缩短后的距离作为参数产生递归调用。程序运行效果如图6.3所示。

案例二是使用递归来绘制一棵分形树。分形树是一种自然递归结构,它利用自相似的原理来创建复杂的形状,这些形状在不同的尺度上重复出现。在分形树中,每根树枝都可以被看作更细小的树,这种模式不断递归重复,这意味着即使是一根小嫩枝也有和一整棵树一样的形状和特征。借助这一思想,可以把树定义为树干,其上长着一棵向左生长的子树和一棵向右生长的子树。因此,可以将树的递归定义运用到它的左右子树上。以下是一棵简单的分形树的示例代码。

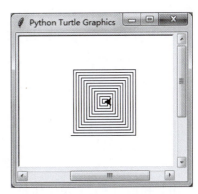

图6.3 递归绘制的正方形螺旋线

```
import turtle

def draw_branch(t, branch_length):
    if branch_length > 5:
        t.forward(branch_length)
        t.left(20)
        draw_branch(t, branch_length - 15)
        t.right(40)
```

```
            draw_branch(t, branch_length - 15)
            t.left(20)
            t.backward(branch_length)

screen = turtle.Screen()
t = turtle.Turtle()
t.up()
t.left(90)
t.backward(200)
t.down()
draw_branch(t, 100)
screen.exitonclick()
```

通过观察会发现，该函数的基例与上例类似，如果 branch_length 小于或等于预设的最小值，函数什么都不做了，直接返回；而函数的自我调用发生在 branch_length 大于预设的最小值的情况下，画笔向前移动 branch_length 个单位，然后左转 20°，接着用缩短后的距离作为参数产生递归调用，这就是之前提到的左子树部分的绘制，然后再向右转 40°，再次进入右子树的递归调用，最后再左转 20°，并回退 branch_length 个单位回到起点位置。程序运行效果如图 6.4 所示。

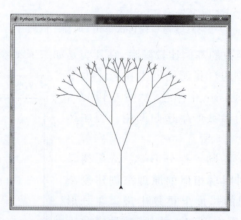

图 6.4　递归绘制的分形树

分形树的构建过程给了递归算法一个非常直观的展示。仔细观察程序执行时分形树建立的步骤，会发现程序并不是以左右对称的方式绘制子树，而是遵循一种分步细化的策略，在每个分支点，程序优先绘制左子树，深入探索直至触及最细小的末端枝条，随后，程序执行一系列递归返回操作，回到主干，待左子树绘制完成后，再开始绘制该点的右子树，通过观察动态的分形树建立过程可以更深刻地理解递归函数的精妙实现。

6.3　回溯法

6.3.1　回溯的概念

回溯是一种通过试错来找出所有解决方案的算法策略。它的核心思想是：在解决问题的过程中,如果发现当前的路径不能得到有效的解,就回退到上一步或上几步,转而尝试其他可能的路径。

回溯算法本质上还是穷举搜索,这意味着它会尝试所有可能的解,直到找到所有满足条件的答案。由于这种搜索方式可能需要遍历整个解空间,因此在解空间庞大时,算法的时间复杂度可能变得相当高。实际应用中,回溯法通常用于解决组合问题、排列问题、划分问题、子集问题、棋盘问题等。这些问题均具有复杂的解空间,需要系统性地搜索所有可能的解。尽管回溯算法可能不是最高效的算法,但在没有更优解法的情况下,它至少提供了一种可行的解决方案。

回溯算法的实现通常依赖于递归,这使得算法的逻辑清晰且易于理解。回溯法在搜索解空间时,会递归地探索每一个可能的选择。当递归到达某一深度时,如果发现当前的选择不能得到有效的解,它会回溯到上一步,然后再次递归地尝试其他选择。但递归的深度和搜索空间的大小会直接影响算法的执行效率。在设计回溯算法时,合理地组织搜索过程和利用剪枝条件是提高算法效率的关键。

采用回溯法解决问题通常遵循一个标准化的框架,包括初始化、选择、探索和回溯步骤。在这个框架内,递归函数充当着探索和递归调用的核心角色,确保算法能够全面而系统地遍历解空间,同时在必要时有效地进行回溯。

6.3.2 组合问题

组合问题是一类重要的数学问题,也是计算机算法中常见的问题类型。它涉及从一组元素中选择一部分元素,根据特定规则组成新的子集,而不关心这些元素在子集中的顺序。例 6.1 解决了从 n 个数中选出 m 个数的组合的数量的计算,但并没有要求枚举出所有的组合,下面以简单组合问题为例,说明如何用回溯算法解决该问题。

问题要求为:给定两个整数 n 和 k,返回 $1 \sim n$ 中所有可能的 k 个数的组合。如 $n=4$,$k=2$ 时,得到的组合结果为[[1,2],[1,3],[1,4],[2,3],[2,4],[3,4]]。在 4 个数中取包含两个数的组合,直观想到的解法可能是使用循环的暴力解法,代码如下。

```
n = 4
result = []
for i in range(1, n + 1):
    for j in range(i + 1, n + 1):
        result.append([i, j])
```

由于 $k=2$,需要取两个数,暴力解法采用了两重循环嵌套,如果需要取三个数,则代码需改为三层 for 循环嵌套,而如果题目改为 $n=20$ 和 $k=10$,则需要使用 10 层 for 循环,由此发现采用循环嵌套的暴力解决方案是行不通的。

此时可考虑采用回溯法,用递归的方式来解决嵌套层数不确定的问题,把循环放到递归里来实现,那么循环的层次也就是递归的深度。尽管回溯也属于穷举的暴力解法,但至少能够方便地写出程序。借助一个树状结构来介绍组合取数加回溯的全过程,可将组合问题求解抽象成如图 6.5 所示的情形。

可以观察到,该解题思路是在基本数据集合[1,2,3,4]中从左向右取数,取过的数不再重复取,用 result 存放结果集,用 path 存放临时路径。第 1 次取出 1 放入 path,剩余的数字

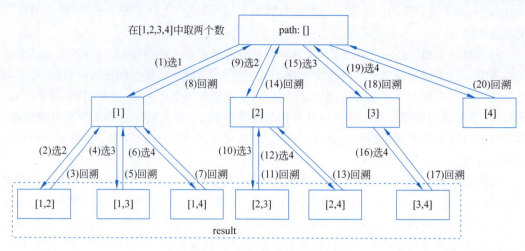

图 6.5　组合问题回溯递归求解过程

还有 2、3、4，只需要再取一个数即可，于是再取一个 2 放入 path，得到一个满足条件的结果 [1,2] 放入 result，这时候需要将刚刚放进的 2 从 path 中取出来，再继续尝试剩下的数 3、4，于是回溯一步，将 2 退出，然后选 3 放入 path，获得第二个满足条件的结果 [1,3]，将其加入 result 后，继续回溯将 3 退出，再将 4 加入 path，获得第三个满足条件的结果 [1,4]，将其加入 result 后，回溯将 4 退出，这时发现已没有元素可添加，于是继续回溯将 path 中的 1 也退出，接着将 2 放入 path，尝试以 2 开头的组合，以此类推，完成全部解的求取，不会发生遗漏。

以上回溯法解决组合问题的代码如下。

```
def combine(n, k):
    def backtrack(start, path):
        #判断当前路径 path 的长度是否等于 k,若相等则已经得到一个有效组合
        if len(path) == k:
            result.append(path[:])
            return
        #从 start 开始向后遍历,尝试添加每个元素到组合中
        for i in range(start, n + 1):
            #选择当前元素 i,并将其加入当前组合 path 中
            path.append(i)
            #递归调用 backtrack
            backtrack(i + 1, path)
            #撤销选择,即回溯,以便尝试其他可能的元素
            path.pop()

    result = []
    backtrack(1, [])
    return result
```

以上代码定义了一个主函数 combine()，它接收两个参数 n 和 k，分别表示选取范围的上界和需要选取的整数个数。内部定义的 backtrack() 是用于实现回溯的递归函数，它有两个参数，一个是 start，用于记录本层递归中，从基本数据集合 [1,2,…,n] 中的哪个值开始遍历，因此 for 循环的初值是从 start 开始到 n 的所有整数，可以看到 backtrack() 原始调用中

start 从 1 开始,也就是在集合[1,2,3,4]中取 1 后,下一层递归就要在[2,3,4]中取数了,因此函数内部的递归调用的 start 参数为 $i+1$;第二个参数是 path,用来存放整个算法执行过程中每一时刻的临时路径,它的值会随着递归调用和返回不断地发生变化。而 backtrack() 函数的递归终止条件即为 path 的长度达到了 k,这说明找到了一个子集大小为 k 的集合,将当前 path 值添加进 result,函数返回。for 循环每次从 start 开始遍历,将当前的 i 值放入 path,然后通过递归一直往深处遍历,总会遇到满足的解并返回,接下来就是回溯的操作了,需要将本次加入的值移除,从而尝试后面的值。

以上解决组合问题的回溯法虽然也归属于穷举的暴力算法,效率不高,但实际操作时是可以添加一些剪枝优化技巧的。剪枝优化主要是为了减少不必要的搜索,即在确定某条路径不可能产生有效解时提前终止搜索。例如,本例中可以进行剪枝的地方就在递归中每一层的 for 循环所选择的起始位置,如果 for 循环选择的起始位置之后的元素个数已经不足以取到需要的元素个数(即 $k-\text{len}(path)$)时,就没有必要再进行搜索了,因此进行剪枝优化后的递归函数代码如下。

```
def backtrack1(start, path):
    if len(path) == k:
        result.append(path[:])
        return
    for i in range(start, (n - (k - len(path)) + 1) + 1):
        path.append(i)
        backtrack(i + 1, path)
        path.pop()
```

6.3.3 回溯法例题

例 6.4 (力扣 216)组合总和Ⅲ。

【题目描述】

设计算法找出所有相加之和为 n 的 k 个数的组合($2 \leqslant k \leqslant 9, 1 \leqslant n \leqslant 60$),且满足下列条件。

(1) 只使用数字 1~9。

(2) 每个数字最多使用一次。

返回所有可能的有效组合的列表。该列表不能包含相同的组合两次,组合可以以任何顺序返回。

例如,当 $k=3, n=9$ 时,可以找到三个满足条件的组合[1,2,6]、[1,3,5]和[2,3,4],因此返回的列表可以以任意顺序包含这三个组合即可,如[[1,2,6],[1,3,5],[2,3,4]]、[[1,3,5],[1,2,6],[2,3,4]]都是正确的答案。

【解题思路】

比较本题和 6.3.2 节中的基本组合问题,发现无非是多了一个"和为 n"的限制,即在基本数据集合[1,2,…,9]中,找到所有和为 n 的 k 个数的组合。例如,$k=3, n=9$ 时,即在[1,2,3,4,5,6,7,8,9]中求所有由三个数组成的和为 9 的组合。可修改上题中的代码,在找到一个 k 个数的组合后,需满足元素和的限制条件才可以往 result 中添加一组解。该算法时间复杂度为 $O(n \times 9^n)$,空间复杂度为 $O(n)$。

【参考代码】

```
def combinationSum3(self, k: int, n: int) -> List[List[int]]:
    def backtrack(start, path):
        if len(path) == k:
            if sum(path) == n:
                result.append(path[:])
            return
        for i in range(start, (9 - (k - len(path)) + 1) + 1):
            path.append(i)
            backtrack(i + 1, path)
            path.pop()

    result = []
    backtrack(1, [])
    return result
```

例 6.5 （力扣 39）组合总和。

【题目描述】

给定一个无重复元素的整数列表 candidates 和一个目标整数 target，设计算法找出 candidates 中可以使数字和为目标数 target 的所有不同组合，并以列表形式返回。可以按任意顺序返回这些组合。

candidates 中的同一个数字可以无限制重复被选取。如果至少一个数字的被选数量不同，则两种组合是不同的。对于给定的输入，保证和为 target 的不同组合数少于 150 个。

例如，当输入 candidates＝[2,3,6,7]和 target＝7 时，如果选取 2 两次、3 一次，则恰好有 2＋2＋3＝7，那么[2,2,3]就是一个符合条件的组合；另外，[7]也是一个符合条件的组合。因此，[[2,2,3],[7]]是一个正确的答案。

【解题思路】

本题仍然可以采用与例 6.4 类似的组合问题的模板来解答。两者比较，可以发现本题的不同之处有以下三点。

(1)并没有指定要找多少个数的组合，即没有一个确定的 k 值，但是要求找到的组合中所有数的和为 target。

(2)每个数可以重复被选取。

(3)本题中候选整数列表，并不是从 1 到 n 的自然数集合，而是列表 candidates 中的各个整数。

因此，可修改例 6.4 中的代码，首先 backtrack 中的参数 start 不再表示开始考察的数字，而是表示开始考察的列表元素的序号，在递归调用时，start 参数仍然从当前考察的第 i 位开始，而不是第 i＋1 位；其次，backtrack 函数中需添加条件：当目前 path 中的元素和已经大于 target 时，函数直接返回。

【参考代码】

```
def combinationSum(self, candidates: List[int], target: int) -> List[List[int]]:
    def backtrack(start, path):
        if sum(path) > target:
            return
```

```
        elif sum(path) == target:
            result.append(path[:])
            return
        for i in range(start, len(candidates)):
            path.append(candidates[i])
            backtrack(i, path)
            path.pop()

    result = []
    backtrack(0, [])
    return result
```

例 6.6　（力扣 46）全排列。

【题目描述】

给定一个无重复元素的整数列表 nums($1 \leqslant$ len(nums)$\leqslant 6$)，设计算法返回其所有可能的全排列。可以按任意顺序返回答案。

例如，当输入 nums=[1,2,3]时，[[1,2,3],[1,3,2],[2,1,3],[2,3,1],[3,1,2],[3,2,1]]和[[1,2,3],[2,1,3],[2,3,1],[3,1,2],[1,3,2],[3,2,1]]都是正确的答案。

【解题思路】

全排列问题要求生成一个集合的所有可能的排列方式。对于给定的数字集合，全排列问题需要列出所有数字的排列组合，与组合问题不同，它包含如下两个特点。

(1) 每个元素只能使用一次。

(2) 需要考虑所有可能的排列顺序。

仍然选择基于递归的回溯法解决这个问题。定义递归函数 backtrack(i)，其功能为利用 nums 中的数据，来设置全排列中位置 $i \sim n-1$ 上的值。这里 $n=$len(nums)，位置从 0 开始到 $n-1$ 依次编号。那么解决全排列问题只需要调用 backtrack(0)即可。

backtrack(i)的具体做法为：先安排位置 i 上的值，然后递归调用 backtrack($i+1$)来实现设置全排列中位置 $i+1 \sim n-1$ 上的值。那么如何安排位置 i 上的值呢？解决方法是从 nums[0]到 nums[$n-1$]逐一考察试验，如果当前考察的元素（用 nums[j]表示）未被使用，则安排它（即将其追加到 path 中），然后递归调用 backtrack($i+1$)；接着回溯（即从 path 中弹出 nums[j]），继续考察 nums[$j+1$]是否可以安排……以此类推，直至考察完最后一个元素 nums[$n-1$]。由此可见，需要用到一个 used 数组，标记 nums 中的元素是否已被使用，以确保一个排列里一个元素只能使用一次。具体实现参见下述参考代码。

进一步思考可知，path 中的元素个数和 i 的值一定是相等的、同步的。因此，本题的 backtrack()函数也可以不需要形参 i。感兴趣的读者可以自行思考如何修改代码。

【参考代码】

```
def permute(self, nums: List[int]) -> List[List[int]]:
    def backtrack(i):
        if i == n:
            result.append(path[:])
            return
        for j in range(n):
            if not used[j]:
                used[j] = True
```

```
                path.append(nums[j])
                backtrack(i + 1)
                path.pop()
                used[j] = False
    n = len(nums)
    used = [False] * n
    path = []
    result = []
    backtrack(0)
    return result
```

例 6.7 （力扣 51）n 皇后。

【题目描述】

按照国际象棋的规则，皇后可以攻击与之处在同一行或同一列或同一斜线上的棋子。n 皇后问题研究的是如何将 n 个皇后放置在 $n \times n$ 的棋盘上（$1 \leqslant n \leqslant 9$），并且使皇后彼此之间不能相互攻击。给定一个整数 n，设计算法返回所有不同的 n 皇后问题的解决方案。每一种解法包含一个不同的 n 皇后问题的棋子放置方案，该方案中 'Q' 和 '.' 分别代表了皇后和空位。

例如，当输入 $n = 1$ 时，返回结果为 [["Q"]]。

再如，当输入 $n = 4$ 时，如图 6.6 所示，四皇后存在两个不同的解法。因此，返回结果为 [[".Q..","...Q","Q...","..Q."], ["..Q.","Q...","...Q",".Q.."]]。

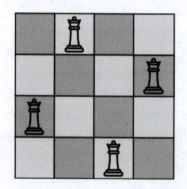 

图 6.6 四皇后问题的两个解法

【解题思路】

"n 皇后问题"研究的是如何将 n 个皇后放置在 $n \times n$ 的棋盘上，并且使皇后彼此之间不能相互攻击。皇后的走法是：可以横直斜走，格数不限。因此要求皇后彼此之间不能相互攻击，等价于要求任何两个皇后都不能在同一行、同一列以及同一条斜线上。

直观的做法是暴力枚举将 n 个皇后放置在 $n \times n$ 的棋盘上的所有可能的情况，并对每一种情况判断是否满足皇后彼此之间不相互攻击。暴力枚举时，有 n 个皇后就需要 n 层的循环来实现，因此算法时间复杂度非常高，要想获得通用解决方案也很困难，因此同样考虑采用回溯法用递归的方式来解决该问题。

由于每个皇后必须位于不同行和不同列，因此将 n 个皇后放置在 $n \times n$ 的棋盘上，一定是每一行有且仅有一个皇后，每一列有且仅有一个皇后，且任何两个皇后都不能在同一条斜线上。因此，可以依次为第 $0 \sim n-1$ 行的皇后安排列号，结果存放在列表 cols 中。

定义递归函数 backtrack(i)，其功能为根据 $0 \sim i-1$ 行的棋面状况，设置第 $i \sim n-1$ 行的列号。这就和例 6.6 的全排列问题几乎同出一辙，可以先安排第 i 行的列号，然后递归调用 backtrack($i+1$) 来实现设置第 $i+1 \sim n-1$ 行的列号值。显然，i 的值和 len(cols) 一定是相等的、同步的。因此，可以免去 backtrack 函数的形参 i。

需要注意的是，本题在安排第 i 行的皇后时，不仅要看其列号（假设为 j）有无被使用，还要看位置 (i,j) 是否和前面已排好的任一皇后位于同一条主对角线或副对角线上。若两个皇后的行号之差与列号之差的绝对值相等，则两个皇后存在对角线冲突。显然，前面已排好的皇后位置依次为 $(0,cols[0])$、$(1,cols[1])\cdots(i-1,cols[i-1])$。为了增强程序的可读性，可以定义函数 check(j) 来检查当前行的皇后能否放置在第 j 列上。

该算法的时间复杂度为 $O(n!)$，空间复杂度为 $O(n)$，其中，n 是皇后数量。

【参考代码】

```
def solveNQueens(self, n: int) -> List[List[str]]:
    def check(j):                #基于此时 cols 中存储的排布来检查 i 位置上的 j 是否可行
        i = len(cols)
        if j in cols:            #如果 cols 中已经出现过 j,则返回 False
            return False
        #检查所有的对角线上能否摆放(i, j)
        for k in range(i):       #检查(k, cols[k])与(i, j)是否呈 45°或 135°
            if i - k == abs(j - cols[k]):
                return False
        return True

    def backtrack():             #求解 n 皇后问题的解决方案
        if len(cols) == n:       #找到一个解
            ls = []
            for k in cols:
                ls.append("." * k + "Q" + (n - k - 1) * ".")
            ans.append(ls)
        for i in range(n):
            if check(i):
                cols.append(i)
                backtrack()
                cols.pop()

    cols = []
    ans = []
    backtrack()
    return ans
```

6.4 动态规划初步

6.4.1 动态规划的概念

动态规划也是一种通过把原问题分解为相对简单的子问题的方式来求解复杂问题时常

常采取的策略,它通常用于解决具有重叠子问题和最优子结构性质的问题。这里的"重叠子问题"是指在递归算法中反复出现的问题,而"最优子结构"是指问题的最优解包含其子问题的最优解。

动态规划的核心思想是:动态规划过程中的每个状态一定是由前面已知的状态推导出来的,因此其关键在于以下两个步骤。

(1)确定状态:即确定问题解的状态,这个状态能够描述问题的规模和结构。

(2)状态转移方程:即确定状态之间的关系,如何从一个或多个已知状态推导出另一个状态。

6.4.2 动态规划的应用

动态规划是求解决策过程最优化的数学方法,在经济管理、生产调度、工程技术、最优控制等很多方面均得到了广泛的应用。由于它的基本思想是将待求解问题分解成若干子问题,先求解子问题,然后从子问题的解中一步步推导出原问题的解,因此动态规划与将问题分而治之的分治算法非常类似,但动态规划会通过自底向上的方法逐步计算每个状态的最优解,最终得到原问题的最优解。在实际应用中,动态规划算法的效率通常比暴力搜索和分治算法要高,因为它避免了对相同子问题的重复计算。

在一些递归算法中,在拆分小问题递归求解时会遇到很多重复求解的子问题,以本章开头的斐波那契数列的递归求解算法为例,该递归过程中有两个递归调用,而不是一个,也就是说,每当调用一次 $n>1$ 的 fib() 函数时,都会另行生成两个稍小规模的 fib 函数的调用,如图 6.7 展示了当使用递归函数来计算 $n=5$ 时的斐波那契数列项时所用到的递归调用树。

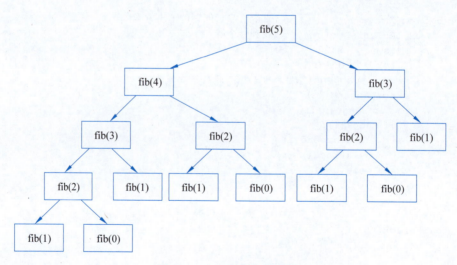

图 6.7 fib(5) 的递归调用树

可以直观地看到,fib(2) 共需要进行 3 次递归调用,fib(3) 共需要进行 5 次递归调用,fib(4) 共需要进行 9 次递归调用,而 fib(5) 共需要进行 15 次递归调用,再往上想象一下,当问题规模变更大的时候,情况会更加糟糕,后期学习了树状结构后,会发现这是一个复杂度同问题规模 n 呈指数级的算法。为了获取直观的函数递归调用次数,在递归法实现求斐波那契数列第 n 项的代码中添加计数变量,代码如下。

```
def fib(n):
    global i
    i += 1
    if n == 0 or n == 1:
        return n
    else:
        return fib(n - 1) + fib(n - 2)

i = 0                      #添加全局变量 i 用于统计 fib()函数被调用的总次数
n = int(input("请输入斐波那契数列的项数 n: "))
print(f"斐波那契数列的第 {n} 项是：{fib(n)}")
print(f"总计调用 fib 函数{i}次!")
```

若运行该程序,输出结果如下。

```
请输入斐波那契数列的项数 n: 20
斐波那契数列的第 20 项是：6765
总计调用 fib 函数 21891 次!
```

由运行结果可以看到,为了求出 fib(20),总共调用了 fib 函数 21891 次之多,这是因为在调用树中存在大量重复的子树,在这种情况下,就可以考虑使用动态规划,设法把子问题的结果保存起来成为记忆,从而避免重复计算,通常可以采用两种方式来实现这样的想法,根据实现的策略可分别归纳为查表法和递推法。

1. 查表法

查表法仍沿用原来递归函数的思想,只需要在原始的递归代码上稍做修改即可,即设置一个用来记录各级结果的列表,在问题求解前,先查询一下结果列表,看是否已经计算过此问题,如果已经计算过则直接返回结果,而不需要通过计算获得了,而如果还没有计算过该问题,则进行计算,并将本次计算结果加入结果列表中,以备之后的重复利用,例如可对以上求斐波那契数列第 n 项的递归代码修改如下。

```
def fibdp1(n):
    global i
    i += 1
    if n == 0 or n == 1:
        result[n] = n
    else:
        #首先查表,若没有记录解,再去递归求解
        if result[n] is None:
            result[n] = fibdp1(n - 1) + fibdp1(n - 2)
    return result[n]

i = 0
n = int(input("请输入斐波那契数列的项数 n: "))
result = [None] * (n + 1)         #初始化保存结果的列表
print(f"斐波那契数列的第 {n} 项是：{fibdp1(n)}")
print(f"总计调用 fib 函数{i}次!")
```

若运行该程序,输出结果如下。

```
请输入斐波那契数列的项数 n: 20
斐波那契数列的第 20 项是：6765
总计调用 fib 函数 39 次！
```

代码中添加了一个 result 列表用来存放各计算过的 fib 数列项的值，首先对 result 进行了初始化，在求解过程中先查找 result 表，若没有记录再去递归求解，若已有记录则直接返回，观察运行结果发现同样地求第 20 项数列值时，函数调用次数从 21891 次下降为 39 次，效果显著。

2. 递推法

查表法沿用了递归思想，还是自上而下地求解问题，而如果换个角度，像斐波那契数列这样的问题还可以通过递推方式，即通过循环结构从下而上地直接构建结果列表来实现。递推法的关键在于定义一个 dp 数组用来保存各级结果，在此基础上，需要确定递推公式或者称作状态转移方程。仍然以求斐波那契数列第 n 项为例，递推法的代码如下。

```python
def fibdp2(n):
    if n == 0 or n == 1:
        return n
    #创建一个 dp 数组来存储斐波那契数列的值
    dp = [0] * (n + 1)
    dp[1] = 1
    for i in range(2, n + 1):
        dp[i] = dp[i - 1] + dp[i - 2]
    return dp[n]
```

函数中使用了一个数组 dp 来存储已经计算过的斐波那契数，对于 n 大于 1 的情况，首先存储前两项已知的函数值 dp[0]=0、dp[1]=1，它们也称作边界条件，是后续计算的基础，接着从 2 到 n，通过 $dp[i]=dp[i-1]+dp[i-2]$ 的递推公式按顺序计算数列中的每一个值，最后返回 dp[n]即为第 n 个斐波那契数，这样的递推方式直观简洁，避免了重复计算，提高了效率，算法时间复杂度是 $O(n)$，空间复杂度也是 $O(n)$。

由于本例的递推公式简单，还可以采用变量迭代法将空间复杂度降到最低，实现代码如下。

```python
def fibdp3(n):
    if n == 0 or n == 1:
        return n
    a, b = 0, 1
    for i in range(n):
        a, b = b, a + b
    return a
```

该算法避免了使用额外的存储空间来创建一个 dp 数组，而是通过仅使用两个变量来存储前两个斐波那契数，并在每次迭代中更新它们的值。这种方法的空间复杂度是 $O(1)$，因为它只需要存储两个变量。

通过斐波那契数列的例子可以看出，当遇到需要重复计算子问题的情况时，就应该想到用动态规划来解决，这样往往比单纯的递归算法效率要高很多。

6.4.3 动态规划例题

例 6.8 （力扣 62）不同路径。

【题目描述】

一个机器人位于一个 $m \times n$ 网格（$1 \leqslant m, n \leqslant 100$）的左上角（起始点在图 6.8 中标记为"Start"）。机器人每次只能向下或者向右移动一步。机器人试图达到网格的右下角（在图 6.8 中标记为"Finish"）。问总共有多少条不同的路径？

图 6.8 $m \times n$ 的待求路径网格

例如，当输入 $m=3, n=7$ 时，返回结果为 28，而当输入 $m=3, n=2$ 时，则返回结果为 3，此时网格为 3 行 2 列，从左上角开始，总共有 3 条路径可以到达右下角，分别是向右→向下→向下、向下→向下→向右、向下→向右→向下。

【解题思路】

设置机器人的起始位置 Start 为 $(0,0)$，终点位置 Finish 为 $(m-1, n-1)$，下面分析采用动态规划法解决该问题的几个要素。

(1) **定义 dp 数组**：由于平面路径推导问题涉及两个方向，因此本题的 dp 数组是一个二维数据，$dp[i][j]$ 表示从左上角 $(0,0)$ 出发，走到 (i,j) 的不同路径数量。

(2) **确定状态转移方程**：由于行进中每一步只能向下或者向右移动一步，因此要想走到位置 (i,j)，如果前一步是向下走一步，那么会从 $(i-1,j)$ 走过来；如果前一步是向右走一步，那么会从 $(i,j-1)$ 走过来，则走到 (i,j) 的路径数量应该就是走到 $(i-1,j)$ 的路径数量与走到 $(i,j-1)$ 的路径数量之和，因此状态转移方程可归纳为 $dp[i][j] = dp[i-1][j] + dp[i][j-1]$。

(3) **确定边界条件**：因为从 $(0,0)$ 到第一行的 $(i,0)$ 位置的路径都只有一条，因此 $dp[i][0]$ 都为 1，到第一列 $(0,j)$ 位置的路径也都只有一条，因此 $dp[0][j]$ 也都为 1。而状态转移方程中的 $dp[i][j]$ 都是从其上方和左方推导而来的，那么边界条件赋初值后，只需要逐层从左向右遍历，即可保证推导 $dp[i][j]$ 时，$dp[i-1][j]$ 和 $dp[i][j-1]$ 一定赋过值了。

以 $m=3, n=7$ 为例，$dp[i][j]$ 的推导数值如图 6.9 所示。

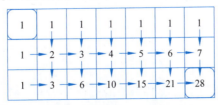

图 6.9 dp 数组推导情况

该算法时间复杂度为 $O(mn)$，空间复杂度为 $O(mn)$。

【参考代码】

```python
def uniquePaths(self, m: int, n: int) -> int:
    dp = [[0 for _ in range(n)] for _ in range(m)]
    for i in range(m):
        dp[i][0] = 1
    for j in range(n):
        dp[0][j] = 1
    for i in range(1, m):
        for j in range(1, n):
            dp[i][j] = dp[i - 1][j] + dp[i][j - 1]
    return dp[m - 1][n - 1]
```

小结

本章深入探讨了递归的核心概念和应用，递归不仅是一种编程技巧，更是一种解决问题的思维模式。递归算法以其代码的简洁性和逻辑的清晰性，在解决分治策略、树和图的遍历、排序算法等问题上展现出其独特的优势。通过递归可视化能够更直观地理解递归过程中的每一步操作，从递归树的构建到递归深度的追踪，它使得递归算法的执行过程变得透明，有助于调试和优化递归代码。本章介绍了如何通过递归实现回溯搜索，回溯算法本质上是一种特殊的递归，它在搜索解空间时，通过递归的方式逐层深入，并在遇到当前路径不可行或得到了一个解时，会回溯到上一个决策点，尝试其他可能的选项。这种策略在解决排列组合问题、棋盘问题等需要穷举搜索的问题中尤为重要。本章还介绍了递归与动态规划之间的联系。动态规划是一种将递归转换为重复子问题解决方案的技术，通过存储中间结果避免重复计算，从而提高算法效率。

习题

1.（力扣509）斐波那契数

【题目描述】

斐波那契数（通常用 $F(n)$ 表示）形成的序列称为斐波那契数列。该数列由 0 和 1 开始，后面的每一项数字都是前面两项数字的和。也就是：

$$F(0)=0, F(1)=1$$
$$F(n)=F(n-1)+F(n-2)$$

其中，$n>1$。

给定 n，请计算 $F(n)$。

【示例】

输入：$n = 2$
输出：1

解释：$F(2)=F(1)+F(0)=1+0=1$

2. （力扣面试题 08.06）汉诺塔问题

【题目描述】

在经典汉诺塔问题中，有三根柱子及 n 个不同大小的穿孔圆盘，盘子可以滑入任意一根柱子。一开始，所有盘子自上而下按升序依次套在第一根柱子上（即每个盘子只能放在更大的盘子上面）。移动圆盘时受到以下限制。

(1) 每次只能移动一个盘子。

(2) 盘子只能从柱子顶端滑出移到下一根柱子顶端。

(3) 盘子只能叠在比它大的盘子上。

提示：A 中盘子的数目不大于 14 个。

【示例】

输入：$A = [2, 1, 0], B = [], C = []$

输出：$C = [2, 1, 0]$

3. 遥远星球上的 Xylo 生物

【题目描述】

在一个遥远的星球上，有一种名为 Xylo 的生物，它们的遗传信息由一串长度为 2 的幂次方（$0 \leq k \leq 8$）的二进制代码（由数字 0 和 1 组成）编码。为了简化研究，科学家们需要将这些二进制代码转换为一种更简洁的"XYZ"编码系统。设 s 为 Xylo 生物的原始二进制代码，$T(s)$ 表示 s 对应的"XYZ"编码。转换规则如下。

(1) $T(s) = \text{'X'}$（当 s 全部由"0"组成）。

(2) $T(s) = \text{'Y'}$（当 s 全部由"1"组成）。

(3) $T(s) = \text{'Z'} + T(s_1) + T(s_2)$，其中，$s_1$ 和 s_2 是把 s 等分为两个长度相等的子串。

【示例】

输入：$s = \text{"01000010"}$

输出：$T_s = \text{"ZZZXYXZXZYX"}$

4. 奇幻森林里的小精灵

【题目描述】

在一个奇幻的森林中，有一个由 n 只小精灵组成的部落（$1 \leq n \leq 10^6$）。这些小精灵在森林中旅行，直到它们到达一个神秘的三叉路口。在每个三叉路口，部落可以选择分成两个小组继续它们的旅程。如果小精灵们再次遇到三叉路口，它们可以选择再次分裂。这个过程会一直进行，直到部落不能再被分成两个小组，这时它们就会在那个路口停下来，围成一圈跳舞。部落只有在能够被等分成两部分，或者分成两部分且两部分之间的小精灵数量相差恰好为 k 只（$1 \leq k \leq 100$）时，才会选择分裂。如果无法满足这个条件，部落就不会分裂。请计算最终会有多少个这样的小精灵圈在不同的路口跳舞。

【示例】

输入：$n = 6, k = 2$

输出：3

5.（力扣 78）子集

【题目描述】

给你一个整数数组 nums，数组中的元素互不相同。返回该数组所有可能的子集（幂集）。解集不能包含重复的子集。你可以按任意顺序返回解集。

【示例】

输入：nums = [1,2,3]
输出：[[],[1],[2],[1,2],[3],[1,3],[2,3],[1,2,3]]

6.（力扣 47）全排列 II

【题目描述】

给定一个可包含重复数字的整数列表 nums（$1 \leqslant \text{len(nums)} \leqslant 8$，$-10 \leqslant \text{nums}[i] \leqslant 10$），返回其所有不重复的全排列。你可以按任意顺序返回答案。

【示例】

输入：nums = [1,1,2]
输出：[[1,1,2], [1,2,1], [2,1,1]]

7.（力扣 70）爬楼梯

【题目描述】

假设你正在爬楼梯。需要 n 阶你才能到达楼顶。每次你可以爬 1 个或 2 个台阶。你有多少种不同的方法可以爬到楼顶呢？

【示例】

输入：$n = 3$
输出：3

解释：有三种方法可以爬到楼顶，1 阶＋1 阶＋1 阶、1 阶＋2 阶或者 2 阶＋1 阶。

8.（力扣 746）使用最小花费爬楼梯

【题目描述】

给你一个整数数组 cost，其中，cost[i] 是从楼梯第 i 个台阶向上爬需要支付的费用。一旦你支付此费用，即可选择向上爬一个或者两个台阶。你可以选择从下标为 0 或下标为 1 的台阶开始爬楼梯。请你计算并返回达到楼梯顶部的最低花费。

【示例】

输入：cost = [1,100,1,1,1,100,1,1,100,1]
输出：6

解释：你将从下标为 0 的台阶开始。
（1）支付 1，向上爬两个台阶，到达下标为 2 的台阶。
（2）支付 1，向上爬两个台阶，到达下标为 4 的台阶。
（3）支付 1，向上爬两个台阶，到达下标为 6 的台阶。
（4）支付 1，向上爬一个台阶，到达下标为 7 的台阶。
（5）支付 1，向上爬两个台阶，到达下标为 9 的台阶。
（6）支付 1，向上爬一个台阶，到达楼梯顶部。

总花费为 6。

9.（力扣 63）不同路径 Ⅱ

【题目描述】

一个机器人位于一个 $m \times n$ 网格的左上角。机器人每次只能向下或者向右移动一步。机器人试图达到网格的右下角（在下图中标记为五角星）。现在考虑网格中有障碍物。那么从左上角到右下角将会有多少条不同的路径？网格中的障碍物和空位置分别用 1 和 0 来表示。

【示例】

输入：obstacleGrid = [[0,0,0],[0,1,0],[0,0,0]]
输出：2

解释：3×3 网格的正中间有一个障碍物。
如图 6.10 所示，机器人位于 3×3 网格的左上角。

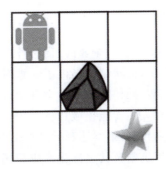

图 6.10　网格示例

从左上角到右下角一共有以下两条不同的路径。

(1) 向右→向右→向下→向下。

(2) 向下→向下→向右→向右。

第7章 二叉树和树

树状结构在自然界中普遍存在,例如,企业的组织架构通常以树状图形式清晰地呈现部门间的层级关系。在计算机科学中,树状结构提供了一种对具有层次特性的数据进行自然而高效的表示方法,应用极其广泛。操作系统中的文件系统,通过树状结构的组织,使得文件的存储和检索变得井然有序;在人工智能领域,决策树是一种常用的算法,它通过从根结点开始,沿着树的分支进行一系列判断,最终达到叶结点来做出决定或预测。本章将深入剖析二叉树的存储结构,讲解其遍历机制及其多样化的应用场景,包括优先队列的实现、最优树及前缀编码的构造。同时,也将探讨树与森林的存储和遍历方法,以及它们与二叉树之间的转换技巧。

7.1 树状结构基本概念

7.1.1 树的定义和基本术语

树是 $n(n \geqslant 0)$ 个结点的有限集。当 n 为 0 时,称为空树,否则为非空树。对于非空树,有且仅有一个特定的结点,称为树的**根**(root)。当 $n > 1$ 时,根结点外的其余结点可分为 $m(m > 0)$ 个互不相交的有限集,其中每一个集合本身又是一棵树,称为根的**子树**。图 7.1 中展示了两棵树的示意图。在图 7.1(a)中,只有一个根结点 A。在图 7.1(b)中,结点 A 是根结点,它有三棵子树,分别以结点 B、结点 C 和结点 D 为根。结点的子树的根结点,称为该结点的孩子,因此,结点 B、C、D 都是 A 的孩子。

注意:树中的各棵子树必须互不相交。所谓不相交,可以理解成不同子树上的结点之间不存在关系,在示意图中,就是不存在跨接两棵子树的边。

树是有明显**层次**的结构。可以这样约定:根所在的层是第 1 层;对于树中任意一个结点,若它在第 i 层,那么它的孩子就在第 $i+1$ 层。因此,对于图 7.1(b)中所示的树,可以说:

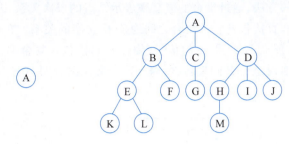

(a) 只有根结点的树　　　　(b) 有子树的树

图 7.1　树的示意图

根结点 A 在第 1 层；A 的三个孩子 B,C,D 在第二层；B 的孩子 E,F,C 的孩子 G,D 的孩子 H,I,J 都在第 3 层；而 K,L,M 在第 4 层。这棵树中结点的最大层次为 4，也称树的**深度**或者**高度**为 4。

在这里提到了树状结构中的一些术语，譬如结点的孩子、结点的层次、树的深度。下面再介绍一些其他的术语。

树中的很多术语都借用了家族中的一些惯用名词。在树中，孩子结点的上层结点叫作该结点**父亲**(有些书中也称为"双亲")。在图 7.1(b)这棵树中，A 就是结点 B,C,D 的父亲结点。同一父亲的孩子互称**兄弟**，因此 B,C,D 结点互为兄弟。在家族中，如果两个人的父亲互为兄弟，那么这两个人就是堂兄弟，所以，像这里的结点 E,G,H 就是**堂兄弟**。同样地，不难理解**祖先**和**子孙**的概念。在图 7.1(b)这棵树中，A、B、E 都是 K 的祖先，A、D、H 都是 M 的祖先，根结点 A 是其余所有结点的祖先，而其余所有结点都是 A 的子孙。从一个祖先结点到其子孙结点的一系列边就构成了树中一条**路径**，例如，图 7.1(b)这棵树中的路径 ABEK。路径中边的条数称为**路径长度**。例如，路径 ABEK 中共有三条边，因此，它的路径长度是 3。

结点的度是一个重要的术语。它表示结点拥有的子树(或者孩子)数目。像这棵树中，结点 A 有 B,C,D 三个孩子，因此，它的度为 3。没有孩子的结点度为 0，这种结点被称为叶子。在图 7.1(b)这棵树中，有 K,L,F,G,M,I,J 一共 7 个叶子结点。

一棵树中结点度的最大值被称为**树的度**。在图 7.1(b)这棵树中，孩子最多的结点是 A 和 D，都有三个孩子，因此结点度数的最大值为 3，此树的度就是 3。

最后介绍一个术语：**森林**。它表示 $m(m \geqslant 0)$ 棵互不相交的树的集合。在现实生活中，我们常说，独木不成林，但在数据结构中，一棵树也可以说是一个森林，甚至一棵树也没有，也可以说是一个空森林。

7.1.2　树状结构的描述

有多种直观的图示形式来帮助理解树状结构。图 7.2 展示了同一个树状结构的三种常用的图示方法。**结点连线图**是最基本的图示法。在这种图示中，用带圈的结点来表示元素，用结点之间的连线来表示元素之间的父子关系，树根结点总画在最上面。图 7.1(b)中的树，就是使用这种方式描述的。

凹入表有点类似人们常见的书籍目录，它通过线段的伸缩来描述树状结构。结点的层次和关系在凹入表中也很清晰明了。这种表示法主要用于树的打印显示。而**文氏图**采用的是数学中表示集合的方法,通过集合的嵌套来表示结点的层次关系,因此又被称为嵌套集合表示法。一个集合和直接包含它的集合之间为孩子-父亲的关系。在图7.2(c)中,集合A直接包含集合B和C,那么B、C是A的孩子;集合B直接包含集合D、E和F,但位于集合E内的集合I和J,只能说是被B间接包含,因此这个文氏图表明B只有D、E、F三个孩子,符合实际情况。

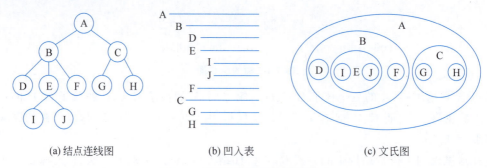

图7.2　常见的树状结构描述方法

除了这几种图示方法之外,还有一种**嵌套括号表示法**。它是这样约定的:
(1) 对于只有根结点的树,就只有一个括号,括号里面写上根结点。
(2) 对于有多个结点的树,需要依次将它的根、各棵子树写在一个括号内。
(3) 注意,用相同的方式描述各棵子树。

以图7.2(a)这棵树为例,它可以用嵌套括号法表示为(A(B(D)(E(I)(J))(F))(C(G)(H)))。

7.1.3　二叉树的概念

二叉树是一种重要的树状结构。许多实际问题抽象出来的数据结构往往是二叉树形式,即使只是一般的树,也能简单地转换为二叉树。此外,二叉树的存储结构及其算法都较为简单,因此二叉树显得特别重要。

二叉树是 $n(n \geqslant 0)$ 个结点的有限集。当 $n=0$ 时,它是一棵空树;否则,它是由一个根结点和分别称为左子树和右子树的、两棵互不相交的二叉树构成。从二叉树的定义中可以归纳出二叉树的以下三个特点:
(1) 二叉树可以是空树。
(2) 对于树中每个结点,可以有空的左子树或者空的右子树,结点的度最多为2。
(3) 二叉树的子树有序,有左、右之分,不能颠倒。即使在只有一棵子树的情况下也要进行区分,说明它是左子树,还是右子树。

综上,就存在如图7.3所示的5种基本的二叉树形态。

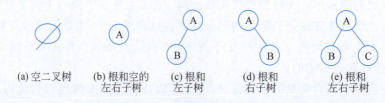

图7.3　5种基本的二叉树形态

下面介绍两种特殊形态的二叉树。第一种,满二叉树。它的特点是:所有非叶子结点的度都为 2,所有叶子结点只能出现在最底层上。如图 7.4(a)所示的二叉树是一棵满二叉树。但图 7.4(b)中的二叉树由于非叶子结点 3 的度不是 2,图 7.4(c)中的二叉树由于叶子结点 3 不在最底层上,就都不是满二叉树。不过,它们却都是另一种特殊的二叉树——完全二叉树。

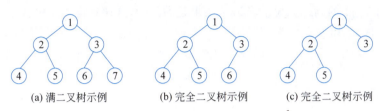

(a) 满二叉树示例　　　　(b) 完全二叉树示例　　　　(c) 完全二叉树示例

图 7.4　两种特殊形态的二叉树示例

完全二叉树也有两个特点:

(1) 除了最底层,其余各层都是"满的",相当于把最底下一层拿掉,剩余的部分是一棵满二叉树。如图 7.4(b)和图 7.4(c)所示的二叉树都满足这一点。

(2) 最底层的结点都集中在左边。以图 7.4(b)为例,如果删除结点 5 以及它与结点 2 之间的边,那么在最底层上结点 6 的左边就有了一个空位,这样最底层的结点就不再满足集中在左边的要求,这棵树就不是一棵完全二叉树。同样地,对于图 7.4(c),若删除结点 4 以及它与结点 2 之间的边,这棵树也不再是一棵完全二叉树。

可以发现,满二叉树一定是完全二叉树,但完全二叉树不一定是满二叉树。满二叉树是完全二叉树的特例。

7.1.4　二叉树的性质

二叉树有很多非常有用的性质,现在讨论其中一些性质。作为数据结构,二叉树最重要的性质就是树的高度和树中可以容纳的最大结点个数之间的关系。

性质 1:在非空二叉树的第 $i(i \geqslant 1)$ 层上至多有 2^{i-1} 个结点。

证明:

可以采用数学归纳法证明此性质。

(1) 当 $i=1$ 时,只有一个根结点,$2^{i-1}=1$,命题成立。

(2) 假定对任意 $j(1<j<i)$ 命题成立,即第 j 层上至多有 2^{j-1} 个结点。

(3) 由于二叉树每个结点的度最大为 2,也就是一个父亲结点最多有两个孩子结点,因此,如果第 j 层上每个结点都有两个孩子,那么在第 $j+1$ 层上的结点数可以达到最大,即 $2 \times 2^{j-1}=2^j$。

(4) 因此,由数学归纳法得证。

性质 2:深度为 h 的二叉树至多有 2^h-1 个结点。

证明:

把深度为 h 的二叉树上各层可能的最大结点数累加起来,就是树上结点数的最大值。根据性质 1,可以得到深度为 h 的二叉树上至多有 $\sum_{i=1}^{h} 2^{i-1} = 2^h - 1$ 个结点。当深度为 h 的二叉树为满二叉树时,其结点个数恰好为 2^h-1。

性质 3:对于具有 n 个结点的完全二叉树,它的深度 h 等于 $\lfloor \log_2 n \rfloor + 1$。(说明:$\lfloor x \rfloor$ 表示对 x 向下取整)。

证明:

根据完全二叉树的定义,可知对于深度为 h 的完全二叉树,第 1 层至第 $h-1$ 层,构成了一棵深度为 $h-1$ 的满二叉树。当第 h 层也是满的时,这棵完全二叉树就是一棵深度为 h 的满二叉树。因此,可知深度为 h 的完全二叉树,总结点数 n 一定不会超过深度为 h 的满二叉树,而且至少比深度为 $h-1$ 的满二叉树多一个结点。由性质 2,可以得出下式:

$$2^{h-1}-1 < n \leqslant 2^h-1$$

上式又等价于

$$2^{h-1} \leqslant n < 2^h$$

对它的各项取对数,且又考虑到 h 必须是整数,性质 3 得证。

性质 4:对任何非空二叉树,如果其叶子结点的个数为 n_0,度为 2 的结点个数为 n_2,则 $n_0 = n_2 + 1$。

证明:

从上往下看任意一棵树,都可以发现,除根结点外,每一个结点都被一个分支"吊着"。因此,假设树中的总结点数为 N,分支总数为 B,则一定存在如下等式。

$$B = N - 1$$

另外,对于一棵二叉树而言,其中只可能含有三种结点:度为 2 的结点,度为 1 的结点和度为 0 的叶子结点。每个度为 2 的结点,因为它有两个孩子,就可以"贡献"两个分支;类似地,每个度为 1 的结点,可以"贡献"一个分支;度为 0 的结点不"贡献"分支。因此,设度为 2、1、0 的结点数目分别为 n_2、n_1 和 n_0,那么树中的分支总数 B 也可以按下式计算。

$$B = 2n_2 + n_1$$

最后,还有一个等式:

$$N = n_0 + n_1 + n_2$$

综合上述三个等式,可以证明本性质。

性质 5:如果对一棵具有 n 个结点的完全二叉树,如图 7.5 所示,按层序从上到下、每一层从左到右对其中的结点从 0 开始编号,则对任一编号为 i 的结点($0 \leqslant i \leqslant n-1$),有:

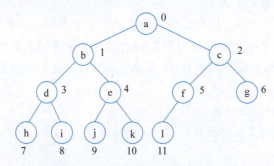

图 7.5 二叉树结点的层序编号示例

(1) 若 $i=0$,则结点为二叉树的根,无父亲;否则,其父结点的编号为 $(i-1)//2$。

(2) 若 $2i+1<n$,则结点 i 有左孩子,其编号为 $2i+1$;否则结点 i 无左孩子,且它是叶

子结点。

(3) 若 $2i+2<n$,则结点 i 有右孩子,其编号为 $2i+2$;否则结点 i 无右孩子。

在此省略这个性质的证明,读者可以从图 7.5 中直观验证这个关系。

7.2 二叉树的存储

与线性表的存储一样,二叉树也有顺序存储和链式存储两种方式。

7.2.1 二叉树的顺序存储

顺序存储最本质的特点,就是把数据对象中的所有元素存放在一片连续的内存空间中,并能利用元素在存储器中的位置关系来反映它们之间的逻辑关系。对于线性表,元素在存储器中一个挨着一个存放,恰如逻辑上直接前驱与直接后继的一一对应关系。知道了第一个元素的存放地址,就可以找到任意一个元素的存放地址。

显然,对于非线性的二叉树,若想用线性的存储器进行顺序存储,就得设法把它所有结点安排成为一个恰当的序列,以保证结点在这个序列中的相互位置能反映出结点之间的逻辑关系。7.1 节中讲述的二叉树的性质 5,恰好提示了针对完全二叉树如何构建这么一种序列的方法。以如图 7.5 所示的完全二叉树为例,可以按照编号把树上结点存入对应的顺序存储空间(例如列表)中,即将编号为 i 的结点元素存入索引为 i 的空间分量中。如图 7.6(a)所示为图 7.5 中完全二叉树的顺序存储结构。

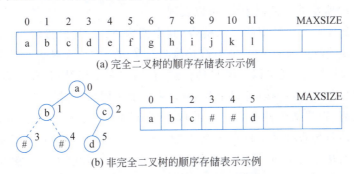

图 7.6 二叉树的顺序存储表示

对于非完全二叉树,如图 7.6(b)所示,需要先将二叉树补成一棵完全二叉树(如图中的虚线及元素值为"#"的结点),然后再进行编号和存储。显然,对于非完全二叉树,这种存储方式会造成空间的浪费。最坏的情况下,一个深度为 k 且只有 k 个结点的右单支树却要占据 2^k-1 个结点的存储空间。

7.2.2 二叉树的链式存储

二叉树是一种非线性结构,采用不要求元素连续存放的链式存储方式会更合适,这时可以利用附加链接表示结点之间的逻辑关系。设计不同的结点结构可以构成不同形式的链式结构。

可以设计每个结点至少应包含三个基本组成部分：一个用于存储数据元素的数据域，以及两个分别指向其左子树根结点(即左孩子)和右子树根结点(即右孩子)的链接域。相应地，可以定义如下结点类型。

```
class TreeNode:
    def __init__(self, x, left=None, right=None):
        self.val = x              #数据域
        self.left = left          #指向左子树根结点的链接域
        self.right = right        #指向右子树根结点的链接域
```

如图 7.7(b)所示，利用这种结点结构，可以将一棵二叉树转换为**二叉链表**进行存储。在二叉链表中，当一个结点没有左子树或者右子树的时候，对应的链接域就设置为 None，在本书中，约定以"^"来图示。

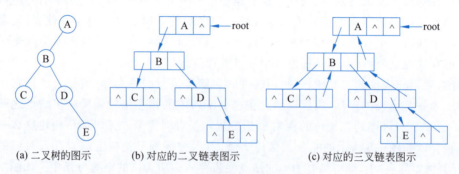

(a) 二叉树的图示　　　(b) 对应的二叉链表图示　　　(c) 对应的三叉链表图示

图 7.7　二叉树的链式存储示例

从如图 7.7(b)所示的二叉链表中，可以发现：

(1) 对于一个含有 n 个结点的二叉链表，其中值为 None 的链接域(即空链接域)数量为 $n+1$，非空链接域数量为 $n-1$。非空链接域与二叉树中的分支是一一对应的。

(2) 只要找到根结点，就可以沿链找到任意结点；掌握了根结点，就可以掌握整棵树的信息。因此，可以用根结点链接(这里记为 root)来表示一棵二叉树(或者一个二叉链表)。

对于二叉链表，查找某个指定结点 p 的孩子，可以通过 p.left 或 p.right 以 $O(1)$ 的时间复杂度实现。但若想查找某个指定结点 p 的父亲，就只能从根结点开始遍历，看哪个结点的左孩子或者右孩子是 p，时间复杂度为 $O(n)$。如果在实际应用中经常需要在二叉树中查找结点的父亲，那么可以考虑修改结点的结构，增加一个指向父亲结点的链接域，这样寻找父亲结点的操作的时间复杂度就是 $O(1)$。由这种结点结构可以得到二叉树所对应的**三叉链表**，如图 7.7(c)所示。

二叉链表是二叉树的典型存储结构。除非另有明确说明，后续章节中提及的二叉树均以二叉链表的形式进行存储。

7.3　二叉树的遍历及其实现

在二叉树的一些应用中，常常要求在树中查找具有某种特性的结点，或者对树中的全部结点逐一进行处理。这就提出了一个遍历二叉树的问题。

二叉树的遍历，是指没有遗漏也没有重复地巡访二叉树中的每一个结点，使得每一个结点均被访问一次，而且仅被访问一次。

在探讨线性数据结构时，遍历过程相对简单，仅需遵循其固有的线性顺序，从起点开始顺序访问每个元素。然而在二叉树中却不存在这么一种自然顺序。由于二叉树的每个结点可能拥有两个子结点，因此遍历二叉树的核心挑战在于如何将树状结构中的结点按照某种规则映射到一个线性序列中，以便进行系统化的访问。

一种直观的遍历策略是**按层次遍历**，也称为广度优先遍历（Breadth-First Search，BFS）。该方法按照树的层次结构，从第一层根结点开始，逐层向下进行，每一层内的结点则按照从左至右的顺序进行访问。形象地说，按层次遍历的过程可以类比为在树的每一层水平方向上尽可能地扩展，直至达到该层的末端，然后才向下一层深入。这种遍历方式的优势在于能够系统地探索树的每一层。

与广度优先遍历相对的是深度优先遍历（Depth-First Search，DFS），它遵循从树的根结点开始，尽可能深地搜索树的分支，直到达到某个叶结点，然后回溯至最近的分支结点，继续探索其他分支。二叉树的深度优先遍历可以进一步细分为先序、中序和后序遍历，每种遍历方式在访问结点的顺序上有所不同，但共同点在于它们都倾向于深入探索树的某一分支，直到无法继续为止，然后回溯并探索其他可能的路径。

7.3.1 二叉树按层次遍历的实现

按层次遍历二叉树，就是按照层次从上到下、每一层从左到右，依次访问树中的结点，从而得到它的层次序列。以如图 7.8 所示的二叉树为例，其按层次遍历序列为 ABCDEFGHI。

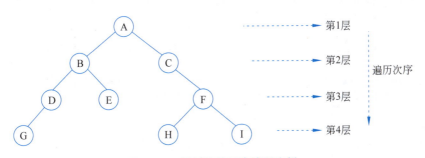

图 7.8 二叉树的按层次遍历实例

这种遍历有一个明显的特点。例如，在第 2 层上的两个结点 B 和 C，B 在左、C 在右，B 先于 C 被访问；自然地，在下一层中，B 的孩子肯定也在 C 的孩子左边，这样，B 的孩子也先于 C 的孩子被访问。不同层的结点，例如，A 先于 F 被访问，A 的孩子 B 和 C 也先于 F 的孩子 H 和 I 被访问。显然，对于任意两个结点，其中先被访问的结点，它的孩子相较于另一个结点的孩子也应先被访问，因此可以借助队列来实现二叉树的按层次遍历。队列的使用允许我们按照先进先出的原则，逐个处理待访问的结点。

遍历的初始步骤是将根结点加入队列。随后，只要队列非空，就持续执行以下操作：从队列中移除队首元素（即当前待访问的结点），访问该结点，并将它的孩子按照从左至右的顺序加入队列。在处理结点入队的过程中，对于空结点（即不存在的孩子），需要根据具体问题的需求采取不同的处理策略。

（1）特殊操作需求：如果问题要求对空结点进行特定的处理，那么即使是空结点也应加入队列。在这种情况下，每次从队列中移除结点时，都需要先判断该结点是否为空。如果是空结点，则按照预定的操作进行处理；若不是，则继续正常的访问和孩子入队操作。

（2）无特殊操作需求：如果问题对空结点没有特定的处理要求，那么在结点入队时，可以仅将非空的孩子加入队列。在这种情况下，从队列中移除的结点都为非空结点，因此无须进行空结点的判断，直接进行访问和孩子入队列的处理即可。

根据上述算法思想，可以写出二叉树按层次遍历的基本模板，如代码清单 7.1 所示，其中，根据对空结点的不同处理方式给出了 levelOrder1 和 levelOrder2 两种实现。注意，代码清单 7.1 中的 visit(node) 仅用于表示对结点 node 进行访问，其具体定义取决于各种不同的实际应用。

代码清单 7.1　二叉树的按层次遍历

```
from collections import deque

def levelOrder1(root):              #对空结点有特殊操作需求
    if root is None:                #是空树就直接返回
        return
    qu = deque()
    qu.append(root)                 #根结点入队列
    while len(qu) > 0:
        node = qu.popleft()
        if node:
            visit(node)
            qu.append(node.left)
            qu.append(node.right)
        else:
            specialOperation()      #对空结点进行某种要求的特殊操作

def levelOrder2(root):              #对空结点无特殊操作需求
    if root is None:                #是空树就直接返回
        return
    qu = deque()
    qu.append(root)                 #根结点入队列
    while len(qu) > 0:
        node = qu.popleft()
        visit(node)
        if node.left:
            qu.append(node.left)
        if node.right:
            qu.append(node.right)
```

例 7.1　（力扣 102）二叉树的层序遍历。

【题目描述】

给定二叉树 root，设计算法以二维列表形式返回其结点值的层序遍历结果（列表每个元素代表一层）。

例如，对于如图 7.8 所示的二叉树，应返回 [[A],[B,C],[D,E,F],[G,H,I]]。本题中，结点元素值的类型为整型。

【解题思路】

本题与上文所讲述的按层次遍历序列略有不同,不同之处在于本题要求在结果序列中明确每一层有哪些结点。因此,与上文的按层次遍历相比,主要的难点在于:在遍历过程中,如何确定哪些结点属于同一层。

仍以图 7.8 为例来分析算法思路。依然先使用一个空队列缓存等待被访问结点序列。初始时,依然需要把根结点 A 入队列。这事实上就把第 1 层的所有结点保存到队列中了。

然后,按照上文的做法,就要把 A 出队,访问 A,然后它的孩子 B、C 入队。这时树中第 1 层的所有结点已经出队,并且第 2 层的所有结点已经入队。换言之,此时队列中的结点就是第 2 层中的所有结点。此时队列中元素的个数,就是第 2 层结点的个数。

如果按照第 2 层结点的个数,把队列中指定数目的结点都按常规层次遍历的方式操作一遍,也就是把 B 出队,访问 B,它的孩子 D 和 E 入队;然后是 C 出队,访问 C,它的孩子 F 入队。这里,只把非空孩子入队列。这样,就可以看到,操作完成之后,队列中保存的结点恰好就是第 3 层的所有结点。此时队列中元素的个数,就是第 3 层结点的个数。

同样地,把队列中第 3 层的这些结点都操作一遍,就可以把第 4 层的所有结点存入队列。

不难看出,对每一层的操作,实际上就是通过队列的长度 size 得到该层结点的个数,然后重复 size 次"出队队头、访问它并入队其非空孩子"的过程。同时,在对每一层进行操作时,结合待求解问题的需要,记录相应的信息即可。

【参考代码】

```python
def levelOrder(self, root: Optional[TreeNode]) -> List[List[int]]:
    if root is None:
        return []
    qu = deque()
    qu.append(root)
    ans = []
    while len(qu) > 0:
        size = len(qu)          #取得当前层结点个数
        ls = []                 #ls 用于记录当前层的元素值
        for _ in range(size):
            node = qu.popleft()
            ls.append(node.val)
            if node.left:
                qu.append(node.left)
            if node.right:
                qu.append(node.right)
        ans.append(ls)          #将当前层的元素列表 ls 添加到 ans 中
    return ans
```

7.3.2 二叉树深度优先遍历的递归实现

回顾二叉树的定义可知,二叉树由根结点、左子树和右子树这三个基本单元组成。因此,若能依次遍历这三部分,便是遍历了整个二叉树。假设以 D、L、R 分别表示访问根结点、遍历左子树和遍历右子树,则可有 DLR、LDR、LRD、DRL、RDL、RLD 6 种遍历二叉树的方式。在前三种方式中，遍历左子树 L 始终在遍历右子树 R 之前；而在后三种方式中则相反。若限定先左后右，则只剩下前三种方式。根据访问根结点的时刻不同，分别称为先(根)序遍历、中(根)序遍历和后(根)序遍历。基于二叉树的递归定义，可以得到这三种二叉树遍历方式的递归定义，如表 7.1 所示。

表 7.1 深度遍历二叉树的递归定义及算法描述

	递 归 定 义	算 法 描 述

先序遍历	若二叉树为空，则空操作；
	否则：
	(1) 访问根结点；
	(2) 先序遍历左子树；
	(3) 先序遍历右子树
		def preorder(root)：
		  if not root：
		    return
		  visit(root)
		  preorder(root.left)
		  preorder(root.right)

中序遍历	若二叉树为空，则空操作；
	否则：
	(1) 中序遍历左子树；
	(2) 访问根结点；
	(3) 中序遍历右子树
		def inorder(root)：
		  if not root：
		    return
		  inorder(root.left)
		  visit(root)
		  inorder(root.right)

后序遍历	若二叉树为空，则空操作；
	否则：
	(1) 后序遍历左子树；
	(2) 后序遍历右子树；
	(3) 访问根结点
		def last_order(root)：
		  if not root：
		    return
		  last_order(root.left)
		  last_order(root.right)
		  visit(root)

从表 7.1 中容易看出，对于每一种遍历方式，遍历子树的模式与遍历整棵树的模式一样，三种遍历的不同之处仅在于访问根结点和遍历左、右子树的先后次序不同。因此，合理安排三个操作的次序就可以得到这三种遍历方式的递归算法实现。

给定一棵二叉树，可以唯一确定其先序、中序和后序序列。读者不妨根据这三种遍历的定义，分别使用先序、中序、后序遍历方法来求解如图 7.7(a)所示二叉树的遍历序列，所得结果应分别为 ABCDE、CBDEA、CEDBA。此处不再赘述具体过程。

例 7.2 求先序遍历序列。

【题目描述】

给定一棵二叉树的中序与后序遍历序列，设计算法返回它的先序遍历序列。注意：树中结点用不同的字母表示，且结点个数不超过 8 个。

例如，当给定的中序和后序遍历序列分别为 "BADC" 和 "BDCA" 时，应返回字符串 "ABCD"。

【解题思路】

由二叉树的先序、中序、后序遍历的定义可知，对于一棵二叉树，由这三种遍历方式得到的结点遍历序列，其结点排列方式一定符合如下特点：

(1) 先序遍历：根结点→左子树上的所有结点→右子树上的所有结点。

(2) 中序遍历：左子树上的所有结点→根结点→右子树上的所有结点。
(3) 后序遍历：左子树上的所有结点→右子树上的所有结点→根结点。

对于先序遍历序列，根结点是第一个结点；对于后序遍历序列，根结点是最后一个结点。而对于中序遍历序列，根结点将左子树和右子树上的结点划分开。由于这三种遍历方式的递归性质，左、右子树上的结点序列也遵循这样的模式。

因此，在树中结点各不相同的情况下，若已知中序和后序遍历序列，则可以先通过后序序列的最后一个元素找到根结点，然后在中序序列中定位该结点，以此可以确定其左子树和右子树上结点的个数，从而进一步在中序和后序序列中分别找到左子树和右子树的中序、后序序列。这样可以递归求出左子树、右子树的先序序列。

假设给定的中序序列和后序序列分别为字符串 mid 和 post，具体的算法如下：

(1) 若 mid 或 post 长度为 0(空串)或为 1，直接返回 mid 或 post。
(2) 否则，post 的最后一个字符就是根(用变量 root 表示)。在 mid 中找到 root 的位置 rpos。
(3) mid[:rpos]，post[:rpos]即为左子树对应的中序和后序序列，根据它们递归求出左子树的先序序列 left。
(4) mid[rpos+1:]，post[rpos:-1]即为右子树对应的中序和后序序列，根据它们递归求出右子树的先序序列 right。
(5) 拼接 root、left、right 得解。

【参考代码】

```
def preorderString(mid, post):
    if len(mid) <= 1:
        return mid
    root = post[-1]
    rpos = mid.index(root)
    left = preorderString(mid[:rpos], post[:rpos])
    right = preorderString(mid[rpos + 1 :], post[rpos:-1])
    return root + left + right
```

例 7.3　遍历问题。

【题目描述】

给定一棵二叉树的先序和中序遍历序列，可以唯一求它的后序遍历序列；相应地，给定一棵二叉树的后序遍历和中序遍历序列，也能唯一求出它的先序遍历序列。然而给定一棵二叉树的先序和后序遍历序列，却不能确定其中序遍历序列。例如，如图 7.9 中的 4 棵二叉树，它们的先序遍历序列均为"ABC"，后序遍历序列均为"CBA"，但中序遍历序列却不相同。

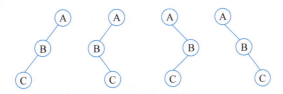

图 7.9　有着相同先序和后序遍历序列的二叉树示例

依次给定两个字符串，分别表示一棵二叉树的先序和后序遍历序列(约定树中结点用不同的字母表示),设计算法计算并返回可能的中序遍历序列的总数。例如,当输入的先序和后序遍历序列分别为"ABC"和"CBA"时,应返回 4。

【解题思路】

显然,当给出的先序遍历或后序遍历序列的长度为 1 时,结果应为 1;而长度为 2 时,结果为 2。

当长度不少于 3 时,对于先序遍历序列(记为 pre)或后序遍历序列(记为 post),根结点一定是 pre 中第一个(即 pre[0])或 post 中最后一个元素(即 post[-1])。且如图 7.10 所示,在先序遍历序列中,根结点之后的第一个元素(即 pre[1])是一定对应某棵子树的根;同样地,在后序遍历序列中,根结点之前的那个元素(即 post[-2])也是某棵子树的根。

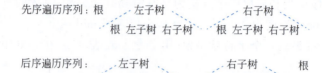

图 7.10 二叉树先序和后序遍历序列组成示意

在每个序列中均不存在相同的字符的题目设定下,就引出了以下两种情况:

(1) 如果 pre[1] 等于 post[-2],则说明该二叉树一定只有一棵非空的子树(可能是左子树,也可能是右子树)。因此,该二叉树可能的中序序列数量是该子树中序序列数量的 2 倍,因为可能是(左)子树的中序序列+根结点,也可能是根结点+(右)子树的中序序列。此时只需要以 pre[1:]、post[:-1] 分别作为该子树的先序和后序序列,递归计算该子树可能的中序序列数量,然后再乘以 2 即可。

(2) 否则,说明该二叉树一定有非空的左子树和非空的右子树。该二叉树可能的中序序列数量是其左、右子树可能的中序序列数量之和。此时可以确定 pre[1] 一定是左子树的根,通过在 post 中定位它,可以确定左、右子树的范围,然后分别确定左、右子树的先序和后序序列,再递归求解。

【参考代码】

```
def paths(pre, post):
    if len(pre) == 1:
        return 1
    if len(pre) == 2:
        return 2
    else:
        if pre[1] == post[-2]:            #只有一棵子树,可左可右
            return paths(pre[1:], post[:-1]) * 2
        else:                              #两棵子树
            pos = post.index(pre[1])      #pre[1]是左子树的根,在 post 中定位它
            return paths(pre[1: pos+2], post[: pos+1]) * \
                   paths(pre[pos+2:], post[pos+1:-1])
```

例 7.4 (力扣 105)从前序与中序遍历序列构造二叉树。

【题目描述】

给定两个整数序列 preorder 和 inorder,其中,preorder 是二叉树的先序遍历序列,

inorder 是同一棵树的中序遍历序列。设计算法 buildTree 实现根据 preorder 和 inorder 来构造二叉树并返回其根结点。

【解题思路】

与例 7.2 类似,若先序序列 preorder 的长度不为 0,则利用它的第一个元素 preorder[0] 构建根结点 root,并在中序序列 inorder 中定位 preorder[0],据此确定 root 的左、右子树的先序和中序遍历序列,递归构建 root 的左、右子树,最后返回 root。

【参考代码】

```
def buildTree(self, preorder: List[int], inorder: List[int]) -> Optional[TreeNode]:
    if len(preorder) == 0:
        return None
    root = TreeNode(preorder[0])
    rpos = inorder.index(preorder[0])
    root.left = self.buildTree(preorder[1 : rpos + 1], inorder[:rpos])
    root.right = self.buildTree(preorder[rpos + 1 :], inorder[rpos + 1 :])
    return root
```

7.3.3 二叉树深度优先遍历的非递归实现

可以利用栈来得到二叉树深度优先遍历的非递归形式的算法。以中序遍历为例,当二叉树不空时,中序遍历二叉树的任务可以视为由三项子任务组成,即遍历左子树、访问根结点和遍历右子树。其中,第一和第三项任务比较复杂,但可以"大事化小",继续分解为两项较小的遍历任务和一项访问任务;而中间的这项访问任务比较单纯,可以直接处理,即"小事化了"。

因此,可以引入一个栈,把它看成存放任务书的柜子,每份任务书要指定两个要素:任务的类型(遍历或者访问,可用 1 和 0 来分别表示)、任务的对象(遍历的二叉树或需要访问的结点,都可以用结点链接来表示)。假设 root 为待遍历二叉树的根结点,初始化时,栈中只有一份任务书,即中序遍历二叉树 root。之后只要栈非空,就从栈中取出一份任务书,按下述方式进行处理:

(1) 若任务类型为访问,则可直接操作。

(2) 若任务类型为遍历,则要检查任务的对象 t 是否为 None;如果是,则无须处理,视为任务完成;否则,需要将遍历 t 的任务分解为三项子任务,即遍历 t.left、访问 t 以及遍历 t.right。然后根据这三项子任务的紧迫程度将它们依次入栈:最不紧迫的任务"遍历 t.right"最先入栈,最紧迫的任务"遍历 t.left"最后入栈。

二叉树中序遍历的非递归形式的算法实现如代码清单 7.2 所示。显然,更改三个子任务的入栈次序,可以得到非递归形式的先序、后序遍历算法。二叉树遍历的非递归算法是栈的应用的一个绝好的例子,它充分展示了栈的威力。

代码清单 7.2 利用栈对二叉链表进行非递归中序遍历

```
def inorder_iter(root):
    if not root:
        return
    st = [(root, 1)]              #布置初始任务,利用列表来实现栈
    while st:
```

```
            t, task = st.pop()              #取出任务书
            if task == 0:
                visit(t)                    #直接访问,visit 具体定义取决于实际应用
            elif root:
                st.append((t.right, 1))     #最不紧迫的任务遍历右子树最先入栈
                st.append((t, 0))           #访问根结点
                st.append((t.left, 1))      #最紧迫的任务遍历左子树最后入栈
```

7.4 二叉树遍历算法的应用

遍历二叉树是二叉树各种操作的基础,很多操作可以在遍历过程中完成。根据 7.3 节中遍历算法的程序框架(代码清单 7.1,例 7.1 以及表 7.1),可以派生出很多关于二叉树的应用算法,下面举例说明。

例 7.5 (力扣 104)二叉树的最大深度。

【题目描述】

给定一棵二叉树 root,设计算法返回其深度。

【解题思路 1】

结合二叉树的定义很容易推出下述结论:空树的深度为 0;若二叉树不空,则它的深度等于其左子树深度和右子树深度中的较大值加 1。

因此可以采用后序遍历求解:对于空树,返回 0;对于非空二叉树,先分别递归求出其左、右子树的深度,然后取两者中的最大值再加 1 得到二叉树的深度。

【参考代码 1】

```python
def maxDepth(self, root: Optional[TreeNode]) -> int:
    if not root:
        return 0
    left = self.maxDepth(root.left)
    right = self.maxDepth(root.right)
    return max(left, right) + 1
```

【解题思路 2】

在层序遍历中,最后一层对应的层次就是二叉树的深度。因此,可以设置一个记录层次的变量(例如 depth,初值为 0),在二叉树的层序遍历过程中,每遍历一层,就令 depth 增加 1。遍历结束后 depth 的值就是该树的深度。可以在例 7.1 的代码基础上进行修改。

【参考代码 2】

```python
def maxDepth(self, root: Optional[TreeNode]) -> int:
    if not root:
        return 0
    qu = deque()
    qu.append(root)
    depth = 0
    while len(qu) > 0:
        size = len(qu)
```

```
        depth += 1
        for i in range(size):
            node = qu.popleft()
            if node.left:
                qu.append(node.left)
            if node.right:
                qu.append(node.right)
    return depth
```

【解题思路3】

在二叉树中,根结点的层次是1,第 k 层结点的孩子其层次为 $k+1$。二叉树的深度是按层次遍历过程中最后一个结点的层次。因此,可以按代码清单7.1中 levelOrder2 展示的方式,从根结点开始、按层次遍历至最后一个结点。但是需要同时记录每个结点及其对应的层次,以便使用最后一个结点的层次信息作为所求的深度。

因此,可以修改队列中元素的类型为包含两项信息的元组:结点以及它在树中的层次,即形如(node,level)的元组。这种结构允许我们在处理每个结点时,同时记录其层次信息。

在遍历过程中,首先检查当前结点 node(其层次记为 k)是否有左孩子结点,如果有,就将(node.left, $k+1$)加入队列。再用同样的方式处理右孩子结点。当遍历结束时,队列中最后一个元素中所记录的层次信息,即为整棵树的深度。

【参考代码3】

```
def maxDepth(self, root: Optional[TreeNode]) -> int:
    if not root:
        return 0
    qu = deque()
    qu.append((root, 1))
    while len(qu) > 0:
        node, k = qu.popleft()
        if node.left:
            qu.append((node.left, k + 1))
        if node.right:
            qu.append((node.right, k + 1))
    return k
```

例 7.6 二叉树转换为字符串。

【题目描述】

给定一棵二叉树 root,设计算法按如下规则将它转换为一个字符串:

(1) 空子树用^表示。

(2) 二叉树中的结点元素值按先序遍历排列,并用一对圆括号括起来。

(3) 对于 root 的左子树和右子树也需要按上述方式进行转换。

例如,如图7.11所示的二叉树,按要求转换成的字符串为(3(9^^)(2(1^^)(7^^)))。

图 7.11 二叉树示例

【解题思路】

按转换的规则,显然应采用二叉树的先序遍历。在先序遍历二叉树 root 的过程中,如果 root 为 None,应返回'^';否则,应递归地对 root 的左、右子树进行转换,然后按规则(2),将'('、根结点的值(需以字符串形式)、左子树转换得到的字符串、右子树转换得到的字符串以及')'连接起来,所得结果即为对二叉树 root 转换得到的字符串。

【参考代码】

```python
def bitreeToString(root):
    if not root:
        return "^"
    left = serialize(root.left)
    right = serialize(root.right)
    return "(" + str(root.val) + left + right + ")"
```

例 7.7 （力扣 993）二叉树的堂兄弟结点。

【题目描述】

如果二叉树中的两个结点在同一层次,但父结点不同,则它们是一对堂兄弟结点。给定元素值均不同的二叉树 root,以及树中两个不同结点的值 x 和 y。设计算法判定与值 x 和 y 对应的结点是否为堂兄弟,是返回 True;否则,返回 False。

【解题思路】

为了确定结点 x 和 y 是否构成堂兄弟关系,可以通过按层次遍历来识别这两个结点的层次和它们的父结点。在按层次遍历的过程中,不仅需要记录每个结点和它所在的层次,还需要明确记录它的父亲,以确保追踪到每个结点的父亲和层次,这是判断堂兄弟关系的关键。

因此,可以设计一个队列,其元素类型为包含三个数据项的元组:结点、结点在树中的层次,以及结点的父亲。这种元组结构允许我们在遍历过程中同时追踪结点的父子关系和层次信息。

具体来说,队列中的每个元素都是形如(node, level, parent)的元组。在遍历过程中,每当我们访问一个结点,就将其非空子结点以及相应的层次和父结点信息以这种元组的形式加入队列中。

【参考代码】

```python
def isCousins(self, root: Optional[TreeNode], x: int, y: int) -> bool:
    if x == root.val or y == root.val:  #若根结点就是 x 或 y,应返回 False
        return False
    qu = deque()
    qu.append((root, 1, None))          #队列中的元素是(node, level, parent)的元组
    fx = fy = None                      #fx 记录 x 的父亲和层次, fy 类似
    while len(qu) > 0:
        node, level, parent = qu.popleft()
        if node.val == x:
            fx = (parent, level)
        if node.val == y:
            fy = (parent, level)
        if fx and fy:                   #若 fx 和 fy 均不为 None,说明已经遍历过 x 和 y
            break
        if node.left:
            qu.append((node.left, level + 1, node))
```

```
        if node.right:
            qu.append((node.right, level + 1, node))
    return True if fx[0] != fy[0] and fx[1] == fy[1] else False
```

例 7.8 （力扣 662）二叉树的最大宽度。

【题目描述】

给定一棵二叉树的根结点 root，设计算法返回树的最大宽度。树的最大宽度是所有层中最大的宽度。每一层的宽度被定义为该层最左和最右的非空结点（即两个端点）之间的长度。

注意：需要将这个二叉树视作与完全二叉树结构相同，因此两端点间会出现一些延伸到这一层的空结点，这些空结点也计入长度。

例如，对于如图 7.12 所示的二叉树（已补全为完全二叉树，图中虚线圈表示的结点为补充的结点）。从图中可以看到，最底层的宽度最大，为 7，因此所求宽度值为 7。

图 7.12 二叉树的最大宽度求解示例

【解题思路】

二叉树的宽度是每层宽度的最大值，因此，关键在于求出每一层的宽度。根据定义，若将二叉树补全成一棵完全二叉树，再按从上到下、从左到右的方式对树上的结点从 0 开始依次编号，那么每一层宽度即为该层最左边与最右边非空结点的编号之差加 1。

由二叉树的性质 5 可知，在这种编号方式中，假设父结点的编号为 pos，则其左右孩子（若有的话）的编号分别为 2×pos+1、2×pos+2。

因此，可以在层序遍历的过程中，同时记录每个结点及其对应的编号，以便在对每一层的结点进行处理时，根据该层最左边与最右边非空结点的编号求出该层的宽度。可以修改队列中元素的类型为包含两个元素的元组：结点以及它的编号，即形如 (node,pos) 的元组。

【参考代码】

```
def widthOfBinaryTree(self, root: Optional[TreeNode]) -> int:
    if not root:
        return 0
    qu = deque()
    qu.append((root, 0))                    #根结点入队列
    ans = 0                                 #ans 记录二叉树的宽度,即每层宽度的最大值
    while len(qu) > 0:
        size = len(qu)
        for i in range(size):               #处理当前这一层
            node, pos = qu.popleft()
            if i == 0:                      #i 为 0 时代表当前层最左边的结点
                left = pos
            if i == size - 1:               #i 为 size-1 时代表当前层最右边的结点
                right = pos
                ans = max(ans, right - left + 1)    #宽度是否比记录的更大
            if node.left:                   #只有非空孩子入队列
```

```
            qu.append((node.left, 2 * pos + 1))
        if node.right:
            qu.append((node.right, 2 * pos + 2))
return ans
```

例 7.9 （力扣 226)翻转二叉树。

【题目描述】

给定一棵二叉树的根结点 root，设计算法翻转这棵二叉树（如图 7.13 所示），并返回其根结点。

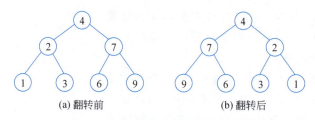

图 7.13 翻转二叉树示例

【解题思路】

采用后序遍历求解。对于非空二叉树 root，先翻转其左子树，然后翻转右子树，最后交换根结点的左、右链接域。

【参考代码】

```
def invertTree(self, root: TreeNode) -> TreeNode:
    if not root:
        return None
    left = self.invertTree(root.left)
    right = self.invertTree(root.right)
    root.left, root.right = right, left
    return root
```

例 7.10 （力扣 236)合并二叉树。

【题目描述】

给定两棵二叉树 root1 和 root2。想象一下，当将其中一棵覆盖到另一棵之上时，两棵树上的一些结点将会重叠（而另一些不会）。设计算法将这两棵树合并成一棵新二叉树，返回合并后的二叉树。合并过程必须从两棵树的根结点开始，按下述规则进行：如果两个结点重叠，那么将这两个结点的值相加作为合并后结点的新值；否则，不为 None 的结点将直接作为新二叉树的结点。

如图 7.14 所示，将图 7.14(a)所示二叉树和图 7.14(b)所示二叉树叠加到一起时，合并得到的二叉树如图 7.14(c)所示。

【解题思路】

采用先序遍历求解。根据题意，当 root1 和 root2 均为 None 时，合并后应为 None；仅其中一个为 None 时，合并后应为另一个；当两者均不为 None 时，可以先合并根结点（可以把 root2 合并至 root1，也可以把 root1 合并至 root2)，然后分别将两棵树的左子树合并成一棵新的左子树，两棵树的右子树合并成一棵新的右子树，以它们作为合并后的根结点的左、

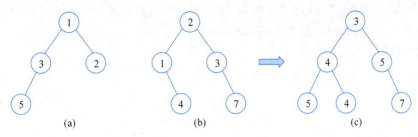

图 7.14 合并二叉树示例

右子树即可。

【参考代码】

```
def mergeTrees(self, root1: Optional[TreeNode], \
               root2: Optional[TreeNode]) -> Optional[TreeNode]:
    if not root1 and not root2:    #如果两棵树都空,则返回None
        return None
    if not root1:                  #如果仅root1空,则返回root2
        return root2
    if not root2:                  #如果仅root2空,则返回root1
        return root1
    #两棵树都不空(根结点重叠)时,先合并根结点,然后合并左、右子树
    root1.val = root1.val + root2.val
    root1.left = self.mergeTrees(root1.left, root2.left)
    root1.right = self.mergeTrees(root1.right, root2.right)
    return root1
```

例 7.11 (力扣 101)对称二叉树。

【题目描述】

给定一棵二叉树的根结点 root,设计算法判断它是否为轴对称。例如,如图 7.15 所示,图 7.15(a)是一棵轴对称二叉树,但图 7.15(b)不是。

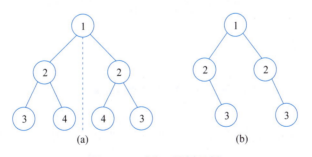

图 7.15 对称二叉树示例

【解题思路】

显然,空树肯定是轴对称二叉树。当树非空时,从图 7.15 可知,轴对称二叉树并不是左、右子树相等的二叉树,而是左子树、右子树沿轴对称的二叉树。因此,可以先考虑如何判定两棵二叉树(假设分别记为 left 和 right)是否轴对称。

显然,如果 left 和 right 都是空树,那么两者轴对称;如果两者中仅有一个为空树,那么两者不对称;如果两者均非空,但根结点值不相等,那么两者不对称;如果两者均非空,且根结点值相等,那么当满足"left 的左子树与 right 的右子树轴对称、left 的右子树与 right 的左子树轴对称"时,left 和 right 轴对称,否则不对称。

【参考代码】

```python
def isSymmetric(self, root: TreeNode) -> bool:
    if not root:
        return True
    
    def dfs(left, right):                          #判断两棵二叉树 left 和 right 是否轴对称
        if left is None and right is None:         #都为空树,轴对称
            return True
        if left is None or right is None:          #仅一棵空树,不对称
            return False
        if left.val != right.val:                  #根结点值不相等,不对称
            return False
        return dfs(left.left, right.right) and dfs(left.right, right.left)
    
    return dfs(root.left, root.right)
```

例 7.12 （力扣 872)叶子相似的树。

【题目描述】

一棵二叉树上所有叶子结点的值按从左到右的顺序排列所形成的序列,称为叶值序列。如果两棵二叉树的叶值序列相同,那么就可以认为它们是叶相似的。如图 7.16 所示两棵二叉树,它们的叶值序列均为 $[6,7,4,9,8]$,它们是叶相似的。设计算法判断根结点分别为 root1 和 root2 的树是否为叶相似的。

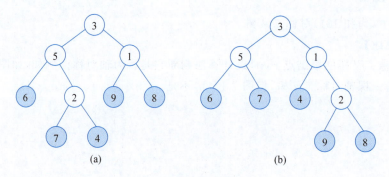

图 7.16 叶相似的两棵二叉树

【解题思路】

根据遍历的次序和特点:先序遍历是"根-左-右",中序遍历是"左-根-右",后序遍历是"左-右-根",因此在这三种遍历序列中,有孩子的结点与其子孙的相对次序会发生变化;但因为没有孩子,叶子结点在任一遍历序列中的相对顺序是相同的。因此,对于本题,可以用先序、中序或后序任一方式遍历两棵二叉树,在遍历过程中记录叶值序列,然后再比对两者的叶值序列是否相同。

【参考代码】

```python
def leafSimilar(self, root1: Optional[TreeNode], \
                root2: Optional[TreeNode]) -> bool:
    def dfs(root, leaves):     #在先序遍历的过程中同时记录叶值序列
```

```
        if not root:
            return
        if not root.left and not root.right:
            leaves.append(root.val)
        dfs(root.left, leaves)
        dfs(root.right, leaves)

    leaves1, leaves2 = [], []
    dfs(root1, leaves1)
    dfs(root2, leaves2)
    return leaves1 == leaves2
```

例 7.13 （力扣 236）二叉树的最近公共祖先。

【题目描述】

给定一个二叉树 root，设计算法找到该树中两个指定结点的最近公共祖先（LCA）。LCA 的定义为："对于有根树 T 的两个结点 p、q，最近公共祖先表示为一个结点 x，满足 x 是 p、q 的祖先且 x 的深度尽可能大（一个结点也可以是它自己的祖先）"。

例如，在如图 7.16(a)所示的二叉树中，结点 7 和 8 的 LCA 是结点 3，结点 6 和 4 的 LCA 是结点 5，结点 5 和 4 的 LCA 是结点 5（根据定义 LCA 可以是结点本身）。

【解题思路】

采用后序遍历方法递归。设函数 f(root,p,q) 返回结点 p 和 q 在以 root 为根的二叉树中的 LCA（这里并不保证 p、q 在以 root 为根的二叉树上）。先给出如下两个规则：

（1）若 root 是空树，则 f(root,p,q) 返回 None。

（2）若 p 就是 root，无论 q 是否在以 root 为根的树上，让 f(root,p,q) 返回 p；同样地，若 q 就是 root，无论 p 是否在以 root 为根的树上，让 f(root,p,q) 返回 q。

在不满足上述两种情况时，递归调用 f(root.left,p,q) 和 f(root.right,p,q)，分别到 root 的左、右子树上去寻找 p 和 q 的 LCA，设返回值分别记为 left 和 right，则一定如下结论。

（1）如果 left 和 right 均不为 None，按上述规则（2），说明 p 和 q 一定是一个出现在了 root 的左子树上，一个出现在了 root 的右子树上，此时所求的 p 和 q 的真正 LCA 应为 root。

（2）如果仅 left 为 None，则所求的 LCA 一定是 right；同样地，如果仅 right 为 None，则所求的 LCA 一定是 left。

（3）当 left 和 right 均为 None 时，则说明 p 和 q 的 LCA 不在 root 这棵树上，返回 None。

【参考代码】

```
def lowestCommonAncestor(self, root: Optional[TreeNode], \
        p: Optional[TreeNode], q: Optional[TreeNode]) -> Optional[TreeNode]:
    if not root:
        return None
    if root == p or root == q:
        return root
    left = self.lowestCommonAncestor(root.left, p, q)
    right = self.lowestCommonAncestor(root.right, p, q)
    if left and right:
```

```
            return root
        elif not left:
            return right
        elif not right:
            return left
        else:
            return None
```

优先队列与堆

在本节中,将探讨另一种重要的缓存结构——优先队列。从原理上讲,这种结构与二叉树没有直接关系。但是基于对完全二叉树的认识,可以做出优先队列的一种高效实现。因此,本节的内容也可以看作二叉树的应用。

7.5.1 优先队列的概念及应用

优先队列与普通队列一样,不仅能够存储数据,还允许访问、弹出以及插入新的元素。然而,优先队列的独特之处在于,每一个元素都携带着一个关键特征——**优先级**,这一数值标识了元素的重要程度。

优先队列的核心特征是:在任何时刻,被访问或弹出的队头元素必定是当前结构中优先级最高的元素。若存在多项数据具有相同的最高优先级,则优先队列会按照其内部机制选择其中之一进行处理,具体的选择策略可能因实现方式而异。一旦有新元素加入,优先队列会自动调整以维护其核心特征。由此可以看到,和普通队列"先进先出"的特性不同,优先队列具有"优先级最高者先出"的行为特征。

优先队列在现实世界和计算机世界中扮演着不可或缺的角色。在医院的急诊室,病人根据病情的严重程度被分配不同的优先级。优先队列可以有效地管理病人的就诊顺序,确保最危急的病例得到及时救治。同样,在多线程环境中,操作系统使用优先队列来调度进程,保证高优先级的任务能够优先获得 CPU 资源。

Python 中,可以利用标准库 queue 中的 PriorityQueue 类来实例化一个优先队列,该类有 4 个常用的方法。

(1) PriorityQueue():初始化一个优先队列实例。
(2) put(e):往优先队列中加入一个元素 e。
(3) get():从优先队列中弹出一个元素。
(4) empty():判断优先队列是否为空。

如下代码段展示了如何利用优先队列实现将列表 ls 中的元素从小到大排序。

```
from queue import PriorityQueue
ls = [1, 3, 2, 8, 5]
qu = PriorityQueue()
while ls:                    #ls 非空,就一直循环
    qu.put(ls.pop())         #从 ls 中弹出表尾并插入 qu 中
```

```
while not qu.empty():
    ls.append(qu.get())       #从 qu 中弹出队头并追加到 ls 中
print(ls)                     #输出[1, 2, 3, 5, 8], 显示已对 ls 进行从小到大排序
```

当列表不空时,不断从列表中弹出表尾元素并将其插入优先队列 qu 中;然后,当优先队列不空时,再从它里面弹出队头元素并将其追加到列表中。由于优先队列中每次弹出的都是当前队列中优先级最高的元素,从上述代码段的运行结果可以推断:默认情况下,在 PriorityQueue 类实例表示的优先队列中,元素值最小的项具有最高的优先级。

例 7.14 （力扣 215)数组中的第 k 个最大元素。

【题目描述】

给定整数数组 nums 和整数 k,设计算法返回数组中第 k 个最大的元素(即数组按非递增顺序排序后的第 k 个元素)。

例如,若 nums＝[3,2,3,1,2,4,5,5,6]和 $k=3$,应返回 5。

【解题思路】

可以把 nums 中的元素取相反数后依次存入一个优先队列,然后从优先队列中执行 k 次弹出操作,第 k 次弹出的元素取反后就是所要求的值。存入优先队列时,取相反数的原因在于:优先队列中元素值越小优先值越高;因此,值最大的元素取反后,值就变成最小,优先级最高。

【参考代码】

```
def findKthLargest(self, nums: List[int], k: int) -> int:
    from queue import PriorityQueue
    qu = PriorityQueue()
    for num in nums:
        qu.put(-num)
    for i in range(k - 1):
        qu.get()
    return -qu.get()
```

例 7.15 （力扣 373)查找和最小的 k 对数字。

【题目描述】

给定两个以非递减顺序排列的整数数组 nums1 和 nums2,以及一个整数 k。定义一对值(u,v),其中,第一个元素来自 nums1,第二个元素来自 nums2。设计算法返回和最小的 k 个数对$(u_1,v_1),(u_2,v_2),\cdots,(u_k,v_k)$。

例如,当 nums1＝[1,7,11],nums2＝[2,4,6],以及 $k=3$ 时,应返回[[1,2],[1,4],[1,6]]。

【解题思路】

一个直观的想法是仿照例 7.14,用一个优先队列来选出和最小的 k 个数对。可以把所有的"候选者"放入这个队列中,每个"候选者"的优先级就是相应数对的和。

因此,可以设计每个"候选者"的结构。不妨设计为形如(sum,i,j)的元组,其中,sum 代表了数对之和,i 和 j 分别代表了数对第一个元素在 nums1 中的索引以及第二个元素在 nums2 中的索引。之所以把 sum 放在元组中第一个元素的位置,是因为 Python 中元组的大小比较,会通过从左到右逐个比较元组中的元素来决定,因此,sum 的大小就决定了优先级的大小。sum 越小,优先级越高,正好符合我们对这个优先队列的期望。而选择以索引而不是元素值来表示数对中的两个元素,是因为根据索引可以直接对应到元素值,且根据索引还可以获得诸如快速定位序列中下一个元素的能力。因此下文中所讲数对(i,j)中的i和j均指索引值。

接下来思考:哪些数对应作为候选者放入优先队列?

显然,所有可能的数对都可以作为候选者。但这样会造成巨大的计算量和存储量。因为 nums1 和 nums2 中的整数都以非递减顺序排列,那必然有:

(1) nums1[0]+nums2[0]在所有数对的和中最小。

(2) $(i+1,j)$和$(i,j+1)$是自数对(i,j)往后、和最小的两个数对。

因此,定义一个优先队列 q,用于存放所有的候选者,初始时将(nums1[0]+nums2[0], 0, 0)入队列。然后,当未找满 k 个候选者时,重复执行如下操作:

(1) 从 q 中弹出队头,若它所对应的数对(i,j)未曾入选,则选择它。

(2) 若数对(i,j)入选,则将后续数对$(i+1,j)$和$(i,j+1)$加入 q 备用。

由于上述操作(2),会导致一个数对可能因为不同的途径进入候选队列。例如,当 nums1=[1,2,3], nums2=[3,5,7], k=4 时,数对(1,1)就会分别作为(0,1)和(1,0)的后续数对,重复进入队列。

因此,在上述操作(1)中,应判断弹出的队头是否已经入选。这可以用一个集合 visited 来记录所有已经入选的数对,然后判定队头数对是否在 visited 中来实现。

【参考代码】

```
def kSmallestPairs(self, nums1: List[int], nums2: List[int], k: int) \
                -> List[List[int]]:
    from queue import PriorityQueue
    q = PriorityQueue()
    res = []
    visited = set()
    n, m = len(nums1), len(nums2)
    q.put((nums1[0] + nums2[0], 0, 0))        #nums1[0] + nums2[0]最小
    while len(res) < k:
        _, i, j = q.get()
        if (i, j) not in visited:             #如果数对(i, j)未曾入选
            visited.add((i, j))
            res.append([nums1[i], nums2[j]])
            if i + 1 < n:
                q.put((nums1[i + 1] + nums2[j], i + 1, j))
            if j + 1 < m:
                q.put((nums1[i] + nums2[j + 1], i, j + 1))
    return res
```

在 Python 3.x 中,PriorityQueue 类在底层使用了堆来实现,它的入队操作 put 和出队操作 get 的时间复杂度都是 $O(\log n)$,其中,n 是队列中的元素数量。

7.5.2 堆的概念及实现

采用树状结构来实现优先队列的一种有效技术称为堆。从结构上看,堆就是结点里存储数据的完全二叉树。但堆中数据的存储要满足一种特殊的**堆序**:任意一个结点里所存的

数据优先级要不低于其子结点(如果存在)的优先级。

根据堆的定义,不难看到:

(1) 在一个堆中,从树根到任何一个叶子结点的路径上,各结点里所存的数据按规定的优先级(非严格)递减。

(2) 堆中优先级最高的元素必定位于二叉树的根结点里(堆顶),用 $O(1)$ 的时间就能得到。

(3) 位于树中不同路径上的元素,不必关心其优先级大小关系。

如果所要求的是元素越小优先级越高,这样的堆就称为**小顶堆**(小元素在上),堆中每个结点的元素值均不大于其子结点。如果要求元素越大优先级越高,构建出的堆就称为**大顶堆**,每个结点的元素值均不小于其子结点,堆顶是最大元素。

如图 7.6(a)所示,一棵完全二叉树非常适合采用顺序存储,其中的元素可以自然且完整地存入一个连续的线性结构中(如顺序表)。因此,一个堆中的元素也可以自然地存入一个顺序表,通过表中元素的索引就能方便地找到树中任一结点的父结点或子结点(二叉树的性质 5)。下面以用顺序表存储的小顶堆为例,讨论堆的两个重要操作——插入和弹出元素的实现方式。

1. 插入元素

在小顶堆中插入一个新元素 e,需要保证插入后依然是小顶堆。若要保证插入后维持堆的性质,可以分为以下两步走。

第一步,先在堆的最后加入新元素 e,这样得到的结果仍然是一棵完全二叉树。

第二步,调整堆中元素位置,使其维持小顶堆的特性:每个结点的元素值都不大于其子结点的元素值(根结点最小)。显然,插入元素 e 后,会影响且只能影响从新结点到根结点这一路径上结点的优先级顺序,可能会导致这条路径上的结点不符合小顶堆的特性。因此,就应从"罪魁祸首"的新结点开始,沿着这条路径**向上筛选**。具体做法是:不断用新元素 e 与其父结点元素值进行大小比较,若 e 较小,则交换它们;直至 e 的父结点小于或等于 e 或者 e 已经是根结点为止。

图 7.17(b)和图 7.17(c)展示了如图 7.17(a)所示的小顶堆中插入新元素 1 的过程,向上筛选的过程因为达到根结点而停止。

如图 7.17(d)所示,当采用顺序表 heap 来存储堆时,在表尾追加新元素 e 即实现了将其加入堆的最后,其索引记为 idx=len(heap)−1。若它不是根,则根据二叉树的性质可以确定其父结点的索引 f=(idx−1)//2。这样向上筛选时,第一次的比较便发生在 heap[idx]和 heap[f]之间,继续向上筛选可以通过更新 idx=f 进行迭代来完成。具体的实现可以参考代码清单 7.3。

2. 弹出元素

从小顶堆中弹出元素(优先级最大的元素,即根结点),同样需要保证弹出后依然是小顶堆。若要保证弹出后维持堆的性质,可以分为以下两步走。

第一步,因为弹出操作要求返回被弹出的元素的值,所以先记录下根结点的元素值,然后再设法"删除"根结点。注意:从二叉树的角度来看,一棵二叉树在删除了根结点后,就可能不再是二叉树了(可能变成了两棵二叉树)。因此,采用如下巧妙的方式来"删除"根结点:

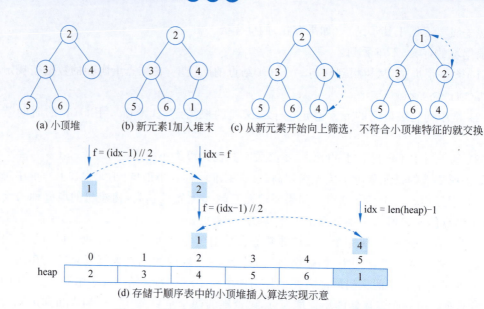

图 7.17　往小顶堆中插入新元素过程及算法实现示意

从原堆中取下最后一个结点 e，并将其放置在根结点的位置上。这样一方面可以通过覆盖的方式来删除根结点，另一方面能保证这棵二叉树仍为完全二叉树（但不一定是堆）。

第二步，调整堆中元素位置，使其维持小顶堆的特性，即每个结点的元素值都不大于其子结点的元素值（根结点最小）。显然，结点 e 放置到根结点处后，可能从根到所有叶子结点的路径都不满足堆的特性。因此，就应从根结点开始**向下筛选**。具体做法是：不断用 e 与其左、右孩子（先左后右）比较，取最小值与 e 交换；若 e 就是最小值或者 e 已经是叶子结点了，则停止筛选，否则继续往下比较并交换。

图 7.18 展示了从小顶堆中弹出元素的过程。在向下进行了一轮筛选后，发现结点 4 已经是它本身、它的左孩子（结点 6）和它的右孩子（结点 5）中的最小值而停止。

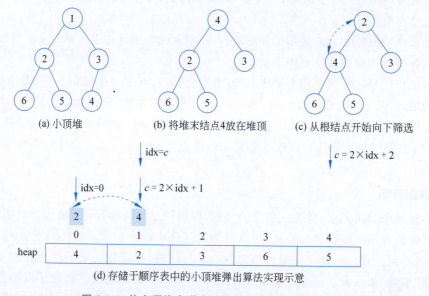

图 7.18　从小顶堆中弹出元素过程及算法实现示意

图 7.18(d)展示了当采用顺序表 heap 来存储堆时,从根结点开始向下筛选算法的实现示意图。根结点的索引 idx=0,然后用变量 c 记录其较小孩子的索引,这里结点 1 的左孩子值小于右孩子,因此 $c=2\times idx+1$,第一次的比较和交换便发生在 heap[idx]和 heap[c]中。继续向下筛选可以通过更新 idx=c 进行迭代来完成。具体的实现可以参考代码清单 7.3。

代码清单 7.3 以顺序表存储的小顶堆的插入和弹出操作实现

```
def heappush(heap, e):                  #heap 是列表,存储了一个小顶堆
    heap.append(e)                      #新元素添加在表尾
    idx = len(heap) - 1                 #新元素索引
    f = (idx - 1) // 2                  #父结点索引
    while idx > 0 and e < heap[f]:      #若非叶子且元素值小于父亲
        heap[idx] = heap[f]             #父亲下移
        idx = f
        f = (idx - 1) // 2
    heap[idx] = e                       #插入新元素

def heappop(heap):                      #从堆中删除元素
    if len(heap) == 0:                  #若是空堆,抛出异常
        raise ValueError("Heap is empty.")
    if len(heap) == 1:                  #若只有一个元素的堆,则删除该元素并返回
        return heap.pop()
    e = heap[0]
    heap[0] = heap.pop()                #取下原堆的最后一个元素并放置在堆顶
    size = len(heap)
    idx = 0                             #idx 表示当前结点的索引
    c = 2 * idx + 1                     #c 表示 idx 所指结点的左孩子索引
    while c < size:                     #开始向下筛选
        if c + 1 < size and heap[c + 1] < heap[c]:
            c += 1                      #c 更新为两孩子中较小元素的索引
        if heap[c] >= heap[idx]:        #若孩子都比当前元素大,则无须再往下筛选
            break
        heap[c], heap[idx] = heap[idx], heap[c]    #交换 c 与 idx 所指元素
        idx = c                         #更新 idx 与 c,继续向下筛选
        c = 2 * idx + 1
    return e
```

根据二叉树的性质 3,对于具有 n 个结点的完全二叉树,其深度 h 等于 $\lfloor \log_2 n \rfloor +1$。由于每趟筛选操作次数都不会超过完全二叉树的树深,因此,小顶堆的插入和弹出算法时间复杂度均为 $O(\log_2 n)$。

在 Python 标准库中,有一个 heapq 模块,其中除了包含功能与实现方式与代码清单 7.3 相同的 heappush、heappop 函数之外,还提供了另外一些实用的堆操作函数。

(1) heapreplace(heap,item):从堆中弹出一个元素,然后把新元素 item 添加到堆中。但它的实现并非先调用 heappop,然后调用 heappush,而是用了一种更高效的方式:记录了要删除的根结点元素值后,将 item 放置在根结点中,然后进行类似 heappop 中的向下筛选过程以维持堆的特性。

(2) heappushpop(heap,item):先插入一个元素 item,然后弹出一个元素。如同 heapreplace,它的实现也比先调用 heappush,然后调用 heappop 要高效。以小顶堆为例,若 item 比堆顶元素大,那么可以肯定,最后要弹出的元素肯定是原来的堆顶元素,那么

heappushpop 实际上就和 heapreplace 操作等同。否则,当 item 不大于堆顶元素时,item 在插入后会成为堆顶,紧接着又会被弹出,堆就会恢复到操作之前的状态,因此在这种情况下,无须操作堆,而直接将 item 作为弹出的元素返回即可。

(3) heapify(heap):将列表 heap 原地转换为小顶堆,不需要额外的存储空间,只需要对列表中的元素进行重新排序。将列表 heap 视为一棵含有 n 个结点的完全二叉树对应的顺序存储结构,其最后一个非叶子结点的索引是 $j=n//2-1$。那么将 heap 原地调整为堆的算法思路是:以索引为 j 倒序至 0 的每一个结点作为起始点,进行向下筛选调整,以确保起始结点及其所有子树满足小顶堆的性质。这样调整完毕,根结点(即索引为 0 的结点)及其子树就构成了一个小顶堆。

例 7.16. (力扣 264)丑数 II。

【题目描述】

给定一个整数 $n(1 \leqslant n \leqslant 1690)$,设计算法找出并返回第 n 个丑数。丑数就是质因子只包含 2、3 和 5 的正整数;1 通常被视为丑数。

例如,当 $n=10$ 时,应返回 12,因为 [1,2,3,4,5,6,8,9,10,12] 是由前 10 个丑数组成的序列。

【解题思路】

一个简单的想法是从 1 开始,依次判断每个自然数是不是丑数,直至找到第 n 个丑数。但是题目给定的 n 最大值为 1690,第 1690 个丑数是 2 123 366 400,采用这种算法会导致运行超出时间限制。

小顶堆为得到从小到大的第 n 个丑数提供了一个高效的算法,如下:

(1) 初始时堆为空。首先将最小的丑数 1 加入堆。

(2) 每次取出堆顶元素 x,则 x 是堆中最小的丑数,由于 $2x$、$3x$、$5x$ 也是丑数,因此将 $2x$、$3x$、$5x$ 加入堆。这样会导致堆中出现重复元素的情况。例如,当 x 等于 2 时,会把 4、6、10 加入堆;而当 $x=3$ 时,也会把 6 再加入堆。为了避免重复元素,可以把已经加入过堆的元素放入一个集合 s 中。当把某一个值加入堆之前,应先判定它是否在集合 s 中,只有当它不在 s 中时才能把它加入堆(同时加入 s)。

(3) 在排除了重复元素的情况下,第 n 次从最小堆中取出的元素即为第 n 个丑数。

使用上述算法得到第 n 个丑数需要进行 n 次循环,每次循环都要从最小堆中取出 1 个元素以及向最小堆中加入最多 3 个元素。堆中可能的最大元素个数不会超过 $3n$,因此每次循环的时间复杂度是 $O(\log(3n)+3\log(3n))=O(\log n)$,总时间复杂度是 $O(n\log n)$。在 n 最大值为 1690 的情况下也不会超过时间限制。

【参考代码】

```python
def nthUglyNumber(self, n: int) -> int:
    from heapq import heappush, heappop
    h = []
    heappush(h, 1)
    s = {1}
    for i in range(n - 1):
        x = heappop(h)
        for i in [2, 3, 5]:
            t = i * x
            if t not in s:
```

```
        heappush(h, t)
        s.add(t)
return heappop(h)
```

7.6 哈夫曼树

哈夫曼(Huffman)树是一种特殊的二叉树,由 David A. Huffman 在 1952 年提出。它常被用于构造最优前缀编码,以实现数据的无损压缩。

7.6.1 基本概念

路径和路径长度是树状结构的两个基本概念。从树中一个祖先结点到其子孙结点之间的一系列边就构成了这两个结点之间的路径;而路径长度则指路径中边的条数。在一棵树中,可以对结点赋予一个有意义的数量值,即**结点的权值**。如图 7.19 所示,给二叉树的叶子结点 A、B、C、D 分别赋予 4、5、2、9 的权重。叶子结点的**带权路径长度**,指的是叶子结点的权值与它到根的路径长度的乘积。而**树的带权路径长度**(Weighted Path Length,WPL),则指树中所有叶子结点的带权路径长度之和,如图 7.19(b)所示二叉树的 WPL 就是 $4 \times 2 + 5 \times 3 + 2 \times 3 + 9 \times 1 = 38$。

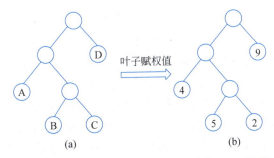

图 7.19 二叉树的叶子结点赋予权值及 WPL 示例

当给定 n 个($n \geqslant 1$)叶子结点及其权值,由它们构成的二叉树肯定不止一棵。例如,当给定 4 个权值分别为 4、5、2、9 的叶子结点时,显然,由它们构成的二叉树,可以有很多,图 7.20 展示了其中的三棵。在这些树中,必定存在一棵 WPL 最小的树,这棵树被称为 **Huffman 树**或称为最优二叉树。可以验证,如图 7.20(b)所示的二叉树就是由这 4 个叶子结点所构成的 Huffman 树。

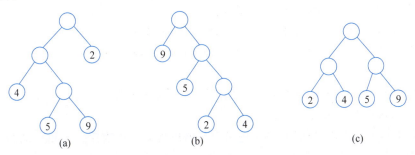

图 7.20 含有权值分别为 4、5、2、9 四个叶子结点的二叉树示例

7.6.2 Huffman 树的构造

显然,要想获得最小的 WPL,就应该尽可能地让权值大的叶子靠近根(相应地,权值小的叶子只能安排在离根较远的位置)。这就提示了一种根据给定的叶子结点及其权值来构建 Huffman 树的方法。

图 7.21 展示了以权值分别为 4、5、2、9 的 4 个叶子结点构造 Huffman 树的过程。初始时,可以把这给定的 4 个叶子结点看作 4 棵只有根结点的二叉树 a、b、c、d 构成的森林 F。然后按下述方式构建 Huffman 树。

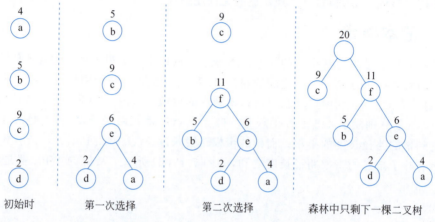

图 7.21 Huffman 树的构造过程示例

(1) 从森林 F 中选择两个根结点权值最小的二叉树,这里分别是 d 和 a。约定以根结点权值小的为左子树,权值大的为右子树,构建一棵新的二叉树(为了表述方便将其记为 e)。新树根结点的权值为两棵子树根结点的权值之和。然后把这两棵树 d 和 a 从森林 F 中删除,同时把 e 加入森林 F 中。这样,森林中就有根结点权值分别为 5、9、6 的三棵树 b、c 和 e。

(2) 重复刚才的操作,即在 F 中选取两棵根结点权值最小的二叉树作为左、右子树构造一棵新的二叉树,且置新树根结点的权值为其两棵子树根结点权值之和,然后在 F 中删除这两棵二叉树,同时将新树加入 F 中。在这个例子中,会选出 b 和 e 树来构建根结点权值为 11 的新二叉树 f(为了表述方便将其记为 f),然后把 b 和 e 从森林 F 中删除,同时把新树 f 加入森林 F 中。

(3) 当森林中不止一棵树时,继续重复这个过程,直到森林中只有一棵二叉树为止。通过这种方法构造的二叉树,权值越大的离根结点越近,带权路径长度最小。在这个例子中,最终只剩下一棵根结点权值为 20 的二叉树。

为了保证得到的 Huffman 树是唯一的,在实际应用中,往往对构建过程做出如下约定。

(1) 先比权值:森林中权值小的作为新构造的二叉树的左子树,权值大的作为新构造的二叉树的右子树。

(2) 权值相等时比深度,选取深度小的二叉树作为新构造的二叉树的左子树,深度大的二叉树作为新构造的二叉树的右子树。

(3) 如果权值和深度都相同,就按照给定权值出现的先后次序。先出现的为左子树,后出现的为右子树。

从 Huffman 树的构造过程可知，Huffman 树中只有叶子结点和度为 2 的分支结点。根据二叉树的性质 4，一棵有 n 个叶子结点的 Huffman 树上度为 2 的分支结点数为 $n-1$，因此，该树共有 $2n-1$ 个结点，可以将它存储在一个大小为 $2n-1$ 的顺序表中。表中每个元素对应树中一个结点的信息，是一个形如（weight，lchild，rchild）的元组（或列表）。其中，weight 表示对应结点的权重，lchild 表示其左孩子在表中的索引，rchild 表示其右孩子在表中的索引。lchild 或 rchild 为 -1 时，代表该结点没有左孩子或右孩子。基于这种设计，可以先将叶子结点依次存入表中，然后将分支结点按照被构造的先后顺序依次添加进表中，根结点是表中最后一个元素。图 7.22 展示了图 7.21 中所示的 Huffman 树的存储结构。

	weight	lchild	rchild
0	4	-1	-1
1	5	-1	-1
2	9	-1	-1
3	2	-1	-1
4	6	3	0
5	11	1	4
6	20	2	5

图 7.22 Huffman 树的顺序存储示例

由此，可以编写代码来实现根据给定权值的 n 个叶子结点来构造并存储 Huffman 树（如代码清单 7.4 所示）。因为要不断地在森林 F 中寻找并删除根结点权值最小的两棵树，所以其中采用了一个小顶堆来存放森林 F 中各棵树的根结点（包含权值及结点索引两个数据项）。

代码清单 7.4 创建 Huffman 树

```
from heapq import heappush, heappop
def create_HuffmanTree(ls):          #根据存于 ls 中的 n 个权值来构造 Huffman 树
    n = len(ls)
    F = []                            #用小顶堆来表示森林 F
    tree = [[a, -1, -1] for a in ls]  #用顺序表存储 Huffman 树，先存叶子结点
    for i in range(n):
        heappush(F, (ls[i], i))       #初始化森林 F
    for i in range(n, 2 * n - 1):     #依次构造各个分支结点
        #从森林中选取并删除权值最小的两棵二叉树
        a, lchild = heappop(F)
        b, rchild = heappop(F)
        heappush(F, (a + b, i))       #新树加入森林 F 中
        tree.append([a + b, lchild, rchild])    #存储新结点
    return tree
```

利用如下代码可以测试 Huffman 树的构造过程并查看其存储结构。

```
ls = list(map(int, input().split()))
t = create_HuffmanTree(ls)
for item in t:
    print("{:<3} {:<2} {:<2}".format(item[0], item[1], item[2]))
```

7.6.3 最优前缀编码

在现代通信中，将文本信息转换为二进制进行传输是一种常见的做法，这就需要对要传输的字符集中的字符设计合理的编码。本节将探讨如何利用 Huffman 树来构建一种特殊的编码——前缀编码。

传统上，常采用等长编码来实现将字符转换成一个由 0 和 1 组成的二进制串，如 ASCII 编码。例如，假设需要传送的字符集中只有 A、B、C、D 4 种字符，可以将它们的编码分别设计为 00、01、10 和 11。这样，就可以将需要传送的电文"ABACCDA"转换为一个 14 位长的二进制串"00010010101100"。接收方可以通过从左到右每两位进行一次分割，来解码原始的电文。

但是这种等长编码的方式忽略了字符频率这一关键因素。设想一下，若要传输的字符集中包含全部 26 个英文字母，使用等长编码意味着每个字母至少需要 5 位二进制串来表示。当电文中每个字母的出现频率很不均衡时，这显然不是最经济的编码方式。为了减少传输的总长度，自然倾向于为出现频率较高的字符分配较短的编码。

以上述电文为例，如果为字符 A、B、C 和 D 分配的编码分别为 0、00、1 和 01，那么同样的 7 个字符的电文可以被转换为一个只有 9 位长的字符串"000011010"。这种方法显著减少了所需的二进制位数，但同时也引入了一个新的挑战：如何确保编码的可解码性。如果编码之间没有明确的分隔符，那么解码时就可能出现歧义。例如，上述编码串中的前 4 位子串"0000"可以被错误地解释为"AAAA""ABA"或"BB"等。为了避免这种多义性，需要设计一种编码方案，其中任何字符的编码都不是另一个字符编码的前缀。这种编码被称为前缀编码，它保证了解码的无歧义性。

可以利用 Huffman 树来设计字符集的前缀编码。假设字符集中共有 4 个字符 A、B、C 和 D，它们出现的频率分别为 0.6、0.05、0.1 和 0.25。那么若将字符视为叶子结点，它们的出现频率视为权重来构建 Huffman 树，就可以得到如图 7.23 所示的二叉树。若约定该树的每一个左分支表示二进制位 0，右分支表示二进制位 1，则从根结点到每一个叶子结点路径上的二进制串就可以作为该叶子结点的编码。如图 7.23 所示，可以得到字符 A、B、C、D 的编码分别为 1、000、001、01。因为任何一个叶子结点都不可能是从根到另一个叶子结点路径上的点，这样的编码方法可以确保得到的编码是前缀编码。

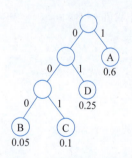

图 7.23 前缀编码示例

因此，当已知字符集中字符的概率分布时，利用 Huffman 树可以构造出最优前缀编码，使得通信中所传送的电文总长度最短。代码清单 7.5 展示了为 Huffman 树的各个叶子结点构建前缀编码的一种算法实现，其基本思想是：从根结点出发对 Huffman 树进行先序遍历，并在遍历过程中用栈 st 记录从根结点到当前结点的路径；当从当前结点向其左子树移动时压入"0"，向其右子树移动时压入"1"。每次完成一个子树的编码后,都要从栈中弹出对应的字符,以回退到当前结点。在这种模式下,若当前结点为叶子,则栈 st 中自栈底到栈顶的元素序列就恰好对应了从根结点到当前叶子结点的路径,连接它们即可得到对应叶子的编码。字典 codes 中存储了每个字符所对应的最优前缀编码。

代码清单 7.5　根据 Huffman 树构建前缀编码

```
def coding(i):                          #对以 i 为根的二叉树进行编码(i 是结点在树 tree 中的索引)
    if tree[i][1] == -1 and tree[i][2] == -1:    #若当前结点 i 是叶子结点
        codes[leaves[i]] = "".join(st)           #将栈中所记的"路径"存入字典
    else:                                        #若当前结点不是叶子结点
        st.append("0")                           #向栈 st 中添加字符 '0',表示向左子树移动
        coding(tree[i][1])                       #递归调用 coding 函数,对左子树进行编码
        st.pop()                                 #完成左子树编码后,从栈中弹出 '0',回退到当前结点
        st.append("1")                           #向栈 st 中添加字符 '1',表示向右子树移动
        coding(tree[i][2])                       #递归调用 coding 函数,对右子树进行编码
        st.pop()                                 #完成右子树编码后,从栈中弹出 '1',回退到当前结点
```

利用如下代码可以对频率分别为 0.6、0.05、0.1 和 0.25 的字符 A、B、C 和 D 进行前缀编码,并打印出每个字符的编码。

```
leaves = ["A", "B", "C", "D"]               #叶子结点对应的字符
weights = [0.6, 0.05, 0.1, 0.25]            #叶子结点对应的权重
tree = create_HuffmanTree(weights)          #先构造 Huffman 树 tree
codes = {}                                  #记录编码的字典
st = []                                     #记录路径的栈
coding(len(tree) - 1)                       #从 tree 树的根结点开始编码
print("前缀编码:", codes)
```

7.7　树和森林的存储和遍历

许多关于树的应用问题都需要通过遍历树来实现。与二叉树相比,树中的每个结点可能拥有任意数量的孩子。这种多样性虽然为树的应用带来了很大的灵活性,但却为树的存储与遍历带来了一些挑战。

树的遍历实现取决于树的存储表示。因此,本节先介绍树的三种遍历方式,然后介绍树的存储表示方法,最后介绍在特定的存储表示下树的遍历算法实现及应用。

7.7.1　树和森林的遍历

非空树由一个根结点和若干棵互不相交的子树森林构成;而非空森林,则是由一棵或多棵互不相交的树构成。两者的定义互相递归。图 7.24 展示了一个由三棵树构成的森林。

对树进行遍历可以有下列三种搜索路径。

(1) 先序遍历树:若树不空,则先访问根结点,然后依次先序遍历根的各棵子树。

(2) 后序遍历树:若树不空,则先依次后序遍历根的各棵子树,然后访问根结点。

(3) 按层次遍历树:若树不空,则从根结点起,依结点所在层次从小到大、每层从左到右依次访问各个结点。

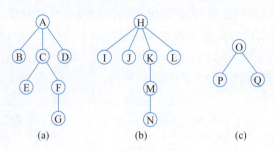

图 7.24　由三棵树组成的森林示例

例如，对于如图 7.24 所示森林中的三棵树，先序遍历得到的序列分别为 ABCEFGD、HIJKMNL、OPQ，后序遍历得到的序列分别为 BEGFCDA、IJNMKLH、PQO，按层次遍历得到的序列分别为 ABCDEFG、HIJKLMN、OPQ。

根据树和森林相互递归的定义，从树的前两种搜索路径的遍历不难推出森林的两种遍历方式。其中，**先序遍历森林**是指若森林非空，则可按下述规则遍历之。

（1）访问森林中第一棵树的根结点。
（2）先序遍历第一棵树根结点的子树森林。
（3）先序遍历除去第一棵树之后剩余的树构成的森林。

这就相当于以先序遍历方式依次遍历森林中的各棵树。

中序遍历森林是指若森林非空，则可按下述规则遍历之。

（1）中序遍历森林中第一棵树根结点的子树森林。
（2）访问森林中第一棵树的根结点。
（3）中序遍历除去第一棵树之后剩余的树构成的森林。

这就相当于以后序遍历方式依次遍历森林中的各棵树。

例如，对图 7.24 中森林进行先序遍历和中序遍历，可分别得到其先序序列为 ABCEFGDHIJKMNLOPQ 和 BEGFCDAIJNMKLHPQO。

7.7.2　树的存储表示

在树的存储表示中，如果采用多个链域来直接表示父子关系，会面临一个主要问题：结点的大小难以统一确定。如果根据树的度（即树中结点度的最大值）来设计结点的大小，那么在许多情况下会造成存储空间的浪费，因为可能很多结点的度都远小于树的度。另外，如果根据每个结点的度来设计结点的大小，又会导致整棵树的结点结构不一致，影响数据操作的效率和统一性。本节将深入探讨树的几种不同的存储方法，包括父结点引用表示法、子结点表表示法、N 叉树以及长子-兄弟表示法。前两种方法属于顺序存储，而后两种方法属于链式存储。

1. 父结点引用表示法

在树状结构中，根结点没有父亲，其余结点有且只有一个父亲。利用这个特性，可先将树中所有结点以顺序结构（譬如顺序表）组织在一起，这样结点就可以用它在表中的索引来表示。然后，为树中每个结点附加其父亲的索引 parent。特别地，对于根结点，约定其 parent 值为 -1 以表示它没有父亲。树的这种存储方式称为父结点引用表示法。

对于如图 7.24(a)所示的树,其父结点引用表示如图 7.25(a)所示。在这种方式中,顺序表中的每个元素是一个形如(val,parent)的元组,其中,val 记录结点元素值,parent 记录其父结点在表中的索引。

2. 子结点表表示法

显然,对于采用父结点引用表示的树,要想查找指定位置上结点的父亲,复杂度是 $O(1)$。但是,要查找它有哪些孩子,就只能遍历这个顺序存储结构,看看哪些结点的父亲是该结点。这样,复杂度就和树中的结点个数 n 成正比,为 $O(n)$。因此,对于父结点引用表示法,找父亲容易,找孩子难。要想快速找到孩子,可以考虑使用子结点表表示法。

图 7.25(b)是如图 7.24(a)所示二叉树的子结点表表示。与父结点引用表示法类似,在这种方式中,仍将树中所有结点以顺序结构(譬如顺序表)组织在一起,其中每个元素是一个形如(val, children)的元组,其中,val 记录结点元素值,而 children 是子结点表,记录了结点的所有孩子在顺序结构中的索引。如果是叶子结点,就用一个空表作为它的子结点表。显然,这样存储树,找指定结点的孩子很容易,但是找父亲就很困难。因此,如果希望很容易地找到指定结点的父亲和孩子,可以考虑如图 7.25(c)所示的带父结点引用的子结点表表示法。此处不再赘述。

	val	parent
0	A	-1
1	B	0
2	C	0
3	D	0
4	E	2
5	F	2
6	G	5

(a) 父结点引用表示

	val	children
0	A	[1,2,3]
1	B	[]
2	C	[4,5]
3	D	[]
4	E	[]
5	F	[6]
6	G	[]

(b) 子结点表表示

	val	parent	children
0	A	-1	[1,2,3]
1	B	0	[]
2	C	0	[4,5]
3	D	0	[]
4	E	2	[]
5	F	2	[6]
6	G	5	[]

(c) 带父结点引用的子结点表表示

图 7.25 树的顺序存储示例

3. N 叉树

N 叉树的存储方式与子结点表表示法有类似之处。不同之处在于 N 叉树是一种链式存储结构,结点在内存中并不要求连续存储,而是以链接来表征结点之间的父亲-孩子关系。N 叉树中的结点类型定义如下。

```
class Node:
    def __init__(self, val=None, children=None):
        self.val = val
        self.children = children
```

每个结点维护了一个名为 children 的表,其中记录了其所有孩子的链接。每棵树通过根结点链接唯一标识。

4. 长子-兄弟表示法

另一种树的链式存储采用长子-兄弟表示法,其基本思想是:给树中的每个结点附加两个链接域,分别指向该结点的"最左"孩子和"右"兄弟结点。若结点没有孩子,则置其"最左"

孩子域为空;若结点没有右兄弟,则置其"右"兄弟域为空。以如图7.24(a)所示的树为例,它的长子-兄弟链表如图7.26(a)所示。与二叉树的二叉链表一样,需要记录下长子-兄弟链表的根结点(这里用root表示)。

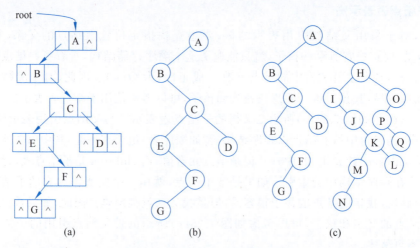

图7.26 树的长子-兄弟链表示例

由于长子-兄弟链表这种结构在形式上与二叉树的二叉链表一致,可以长子-兄弟链表为媒介,在树和二叉树之间建立一个确定的转换关系。下面以如图7.24(a)所示的树为例,来说明如何将任意的树转换为二叉树。

(1) 首先,需要在所有的兄弟结点之间加一条线。在图7.24(a)中,需要在B-C、C-D、E-F之间都加一条线。

(2) 然后,对每个结点,除了最左孩子外,去除它与其余孩子之间的连线。在图7.24(a)中,需要去掉A-C、A-D、C-F之间的连线。

(3) 最后,把各层兄弟以最左结点为轴心,将兄弟连线旋转45°,使它看起来更像一棵二叉树,就可以转换得到如图7.26(b)所示的二叉树。因为根结点没有右兄弟,因此,如图7.26(b)所示的二叉树没有右子树。

若将森林中第二棵树的根结点看成第一棵树的根结点的右兄弟,第三棵树的根结点看成第二棵树的根结点的右兄弟……以此类推,则可以先把森林中的每棵树转换为二叉树,然后以"每棵树作为前一棵二叉树的右子树的方式"把它们连接起来,就可以将森林转换为一棵二叉树。图7.26(c)展示了由图7.24中的森林转换得到的二叉树。

在使用长子-兄弟链表来存储树时,链表中的结点可以采用如下定义的TreeNode类型。

```
class TreeNode:
    def __init__(self, val, fc=None, ns=None):
        self.val = val
        self.firstchild = fc        #指向结点的"最左"孩子的链接域
        self.nextsibling = ns       #指向结点的"右"兄弟的链接域
```

此处定义的TreeNode类型与二叉链表中的定义的TreeNode类型(见7.2.2节)本质上并无区别。在二叉链表中,每个结点有两个链接域:一个指向左孩子(left),另一个指向右孩子(right)。而在长子-兄弟链表中,结点的链接域被重新命名为第一个孩子(firstchild)和下一个兄弟(nextsibling),这样的命名更直观地反映了树状结构中的层次关系。

例 7.17 建立树的长子-兄弟链表。

【题目描述】

按从上到下、从左到右的顺序给定一棵树中所有的父亲-孩子对 edges,设计算法 createTree 构建该树的长子-兄弟链表,返回链表的根结点。

注意:保证树中不同的结点用不同的字符表示,保证树中至少有两个结点。

例如,对于如图 7.24(a)所示的树,对应的 edges 为["AB","AC","AD","CE","CF","FG"],构建的链表就应如图 7.26(a)所示,返回根结点 root。

【解题思路】

根据 edges 的给定方式,以如图 7.24(a)所示的树,来演示一下示例中的长子-兄弟链表如何构建。下文简称"父亲-孩子对"为边,其中的两个字符分别用变量 fa 和 ch 来表示。

读入第一条边"AB",fa='A',ch='B'。显然,可先根据 fa 创建根结点 root=TreeNode(fa),其 firstchild 域和 nextsibling 域都先设为 None。然后,根据 ch 创建新结点 new_node=TreeNode(ch),它一定是 root 的"最左"孩子,因此,设置 root.firstchild=new_node。

按照 edges 的给定方式,自第二条边起,其中的父亲结点一定已经被创建过了,所以不用再次创建,但须根据 ch 来创建一个新结点 new_node。此外,还应设法判定 new_node 是否为它父亲结点(假设为 father)的"最左"孩子,如果是,则可以设置 father.firstchild=new_node;如果不是,则应该找到 new_node 的"左"兄弟(假设为 brother),设置 brother.nextsibling=new_node。

这里的难点在于如何确定 new_node 是否为 father 的"最左"孩子,以及如何在需要时找到 brother。以读入本题样例中的第二条边"AC"为例。根据'C'创建了 new_node,且知其父亲结点 father 已经被创建过了且元素值为'A'。因此,在所有已经创建好的结点中寻找元素值为'A'的结点,即可得到 father。然后只需检查 father 的 firstchild 域是否为 None,若为 None 则 new_node 是它的"最左"孩子;否则就不是,这时上一个被创建的结点就是 new_node 的 brother。

由上面的分析可以知道,应按照结点被创建的顺序把它们缓存起来以供后续结点找父亲使用。进一步地,设想在图 7.24(a)中,当为结点 E 找父亲时,会发现 A 不是它的父亲,这时可以肯定,A 也不是自 E 往后的任一结点的父亲。这就意味着应将 A 从缓存结构中删除;同样,B 也应从缓存结构中删除。先保存的也会先被删除。正因为需要缓存的结点具有"先进先出"的操作性质,因此,应选择队列来作为这个缓存结构。

综上所述,在本题求解时,应对第一条边单独处理,根据它创建根结点 root 和它的最左孩子,将这两个结点依次入队列;对其余的边(fa,ch),按下述方式依次处理。

(1)创建新结点 new_node,其元素域为 ch。

(2)在队列中从头开始为 new_node 寻找父亲:判断队头元素的 val 域是否等于 fa,如果是,此时队头元素就是 new_node 的父亲,停止寻找,进入步骤(3);如果不是,则出队队头元素并继续寻找。

(3)判断父亲的 firstchild 域是否为 None:是,则说明 new_node 是它的第一个孩子,设置它的 firstchild 为 new_node;否则,new_node 是上一个被创建结点的右兄弟,设置其

nextsibling 为 new_node。将 new_node 入队列。

【参考代码】

```python
def create_tree(edges):
    qu = deque()                           #用于保存结点链接的队列
    #对第一个父亲-孩子对进行单独处理
    fa, ch = edges[0]
    root = TreeNode(fa)
    new_node = TreeNode(ch)
    root.firstchild = new_node
    qu.append(root)
    qu.append(new_node)
    last_node = new_node                   #上一个创建好的结点
    #处理其余的父亲-孩子对
    for fa, ch in edges[1:]:
        while qu[0].val != fa:
            qu.popleft()
        new_node = TreeNode(ch)
        qu.append(new_node)
        if qu[0].firstchild == None:       #是父亲的第一个孩子
            qu[0].firstchild = new_node
        else:                              #否则，连在上一个创建好的结点的 nextsibling 上
            last_node.nextsibling = new_node
        last_node = new_node               #更新 last_node
    return root
```

7.7.3 树的遍历算法实现

树的遍历算法实现取决于采用何种存储方式来表示树。代码清单 7.6 中展示了利用 N 叉树实现树的先序、后序以及按层次遍历算法，其中，visit 的具体定义取决于实际应用。

代码清单 7.6 利用 N 叉树实现树的先序、后序以及按层次遍历

```python
def preorder(root):                        #先序遍历 N 叉树
    if not root:
        return
    visit(root)                            #先访问根结点
    for child in root.children:            #依次先序遍历其各棵子树
        preorder(child)

def postorder(root):                       #后序遍历 N 叉树
    if not root:
        return
    for child in root.children:            #依次后序遍历其各棵子树
        postorder(root)
    visit(root)                            #再访问根结点

def levelOrder(root):                      #按层次遍历 N 叉树
    if not root:
        return
```

```
qu = deque()
qu.append(root)
while len(qu) > 0:
    node = qu.popleft()
    visit(node)                    #访问结点
    for child in node.children:    #入队其所有孩子
        qu.append(child)
```

例 7.18 （力扣 589）N 叉树的前序遍历。

【题目描述】

给定一个 N 叉树的根结点 root，设计算法按先序遍历顺序将树上结点元素值存入列表中，返回结果列表。

【解题思路】

假设使用列表 ans 来存放先序遍历序列。采用代码清单 7.6 中的 N 叉树先序遍历模板，将其中的 visit 设计为：将结点的元素值追加到结果列表 ans 中。

【参考代码】

```
def preorder(self, root: "Node") -> List[int]:
    if not root:
        return []
    ans = []
    ans.append(root.val)              #访问根结点,将其元素值放入结果列表中
    for child in root.children:       #依次先序遍历各棵子树
        ans += self.preorder(child)   #将子树的遍历序列拼接到结果列表中
    return ans
```

例 7.19 （力扣 1490）克隆 N 叉树。

【题目描述】

给定一棵 N 叉树的根结点 root，设计算法 cloneTree 返回该树的深拷贝（克隆）。

【解题思路】

采用代码清单 7.6 中的先序遍历模板，将其中的 visit 操作设计为：根据根结点的元素值创建一个新的结点 t，以其作为克隆树的根，然后依次递归克隆各棵子树，并将克隆的子树的根结点添加到 t 的子结点列表 t.children 中。

【参考代码】

```
def cloneTree(self, root: "Node") -> "Node":
    if not root:
        return None
    t = Node(root.val)
    for child in root.children:
        t.children.append(self.cloneTree(child))
    return t
```

例 7.20 （力扣 429）N 叉树的层序遍历。

【题目描述】

给定一个 N 叉树的根结点 root，设计算法 levelOrder 以二维列表的形式返回其结点值的层序遍历（即从左到右，逐层遍历）。

【解题思路】

采用类似二叉树的逐层处理的方法。不再详述。

【参考代码】

```python
def levelOrder(self, root: "Node") -> List[List[int]]:
    if not root:
        return []
    qu = deque()
    qu.append(root)
    ans = []
    while len(qu) > 0:
        size = len(qu)
        currentlevel = []
        for i in range(size):          #遍历当前层的所有结点
            node = qu.popleft()
            currentlevel.append(node.val)
            for c in node.children:    #入队 node 的所有孩子
                qu.append(c)
        ans.append(currentlevel)
    return ans
```

在 7.7.2 节中介绍了可以长子-兄弟链表为媒介,将任意的树或森林转换为二叉树,这样就可以将二叉树的研究成果应用于任意的树和森林。长子-兄弟链表也是应用较为广泛的一种树的存储方法。

对于如图 7.24(a)所示的树和其转换得到的如图 7.26(b)所示的二叉树不难发现,对树进行先序遍历得到的结果恰好就是对其对应的二叉树进行先序遍历的结果;对树进行后序遍历得到的结果恰好就是对其对应的二叉树进行中序遍历的结果(注意:并非后序遍历)。究其原因,在于对于转换得到的二叉树中的每一个结点,它的左子树上的所有结点,都来自原树中以它为根的所有子树;而它的右子树上的所有结点,则来自以它的右兄弟们为根的各棵子树。

因此,通过对树的长子-兄弟链表的先序遍历能实现对原树的先序遍历;通过对树的长子-兄弟链表的中序遍历能实现对原树的后序遍历,如代码清单 7.7 所示,与二叉树的递归遍历算法完全类似,只是两个链接域的名称不是 left 和 right,而是 firstchild 和 nextsibling。

代码清单 7.7　利用长子-兄弟链表实现树的先序、后序以及按层次遍历

```python
def preorder(root):                    #利用长子-兄弟链表的先序遍历实现树的先序遍历
    if not root:
        return
    visit(root)
    preorder(root.firstchild)
    preorder(root.nextsibling)


def postorder(root):                   #利用长子-兄弟链表的中序遍历实现树的后序遍历
    if not root:
        return
    postorder(root.firstchild)
    visit(root)
```

```
        postorder(root.nextsibling)

def levelOrder(root):                    #利用长子-兄弟链表对树进行按层次遍历
    if not root:
        return
    qu = deque()
    qu.append(root)
    while len(qu):
        node = qu.popleft()
        if node:
            visit(node)
            fc = node.firstchild         #先找到第一个孩子
            if fc:
                qu.append(fc)            #第一个孩子入队
                ns = fc.nextsibling      #找右兄弟
                while ns:                #顺着右兄弟链将它们都入队
                    qu.append(ns)
                    ns = ns.nextsibling
```

代码清单 7.7 中也展示了利用长子-兄弟链表实现树的按层次遍历的算法。它的基本思想与对二叉链表进行按层次遍历(如代码清单 7.1 所示)类似，但需要改动将结点 node 的孩子们入队列的代码部分。因为在树对应的长子-兄弟链表中，要想找全一个结点的所有孩子，以图 7.24(a)中的结点 A 为例，需要根据它的 firstchild 找到第一个孩子 B，然后通过 B 的 nextsibling 找到 C，继续通过 C 的 nextsibling 找到 D，直至发现 D 的 nextsibling 为空，才表示 A 的孩子们已经找全了。因此，在代码实现时，应先通过 node.firstchild 找到 node 的第一个孩子 fc，若 fc 非空，则将 fc 入队列，然后通过 fc.nextsibling 找到它的右兄弟 ns。然后利用 while 循环，实现不断地将 ns 不为空时，ns 入队列并更新 ns 为它的右兄弟的操作。这样就将 node 的孩子们顺着 nextsibling 连线依次缓存到了队列之中。这就实现了树的按层次遍历。

小结

在本章中，深入探讨了树状结构，特别是二叉树的基本概念及其重要性。首先，介绍了树状结构的定义和基本术语，并详细讨论了二叉树的特性。随后，研究了二叉树的存储方式，包括顺序存储和链式存储。接着，探讨了二叉树的遍历方法，如先序、中序、后序遍历，以及按层次遍历的实现和应用。在此基础上，引入了优先队列与堆的概念，讨论了堆的构造与操作。最后，讲解了哈夫曼树的构造方法及其在数据压缩中的应用。通过本章的学习，读者应掌握二叉树及其相关数据结构的基本概念和操作，为理解和应用更复杂的数据结构打下坚实的基础。

1.（力扣 106）从中序与后序遍历序列构造二叉树

【题目描述】

给定两个整数数组 inorder 和 postordor，其中，inorder 是二叉树的中序遍历，postorder 是同一棵树的后序遍历，设计算法构造并返回这棵二叉树。

注意：inorder 和 postorder 长度相等且不超过 3000，元素绝对值不超过 3000，且都由不同的值组成。

【示例】

当 inorder＝[9,3,15,20,7]，postorder＝[9,15,7,20,3] 时，构造的二叉树应如图 7.27 所示。

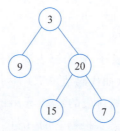

图 7.27　二叉树示例

2.（力扣 889）根据先序和后序遍历序列构造二叉树

【题目描述】

给定两个整数数组 preorder 和 postorder，其中，preorder 是一个二叉树的先序遍历，postorder 是同一棵树的后序遍历，设计算法重构并返回该二叉树。如果存在多个答案，可以返回其中任何一个。

注意：preorder 和 postorder 长度相等且不超过 30，元素值不超过 30，且都由不同的值组成。

【示例】

当 preorder＝[1,2,3]，postorder＝[3,2,1] 时，返回的二叉树可以是如下 4 棵之一（如图 7.28 所示）。

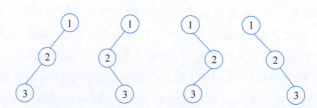

图 7.28　有着相同先序遍历和后序遍历序列的二叉树示例

3. (力扣 100) 相同的树
【题目描述】
给你两棵二叉树的根结点 p 和 q,编写一个函数来检验这两棵树是否相同。如果两棵树在结构上相同,并且结点具有相同的值,则认为它们是相同的,函数返回 True;否则返回 False。两棵树上的结点数目都在范围 [0,100] 内,结点元素绝对值不超过 10^4。例如,图 7.28 中任意两棵二叉树都是不同的。

4. (力扣 404) 左叶子之和
【题目描述】
给定二叉树的根结点 root,返回所有左叶子之和。例如,对于如图 7.27 所示的二叉树,共有 9、15 两个左叶子,所以返回 $9+15=24$。

5. (力扣 515) 在每个树行中找最大值
【题目描述】
给定二叉树的根结点 root,找出该二叉树中每一层的最大值,以列表返回。例如,对于如图 7.27 所示的二叉树,应返回 [3,20,15]。

6. (力扣 199) 二叉树的右视图
【题目描述】
给定一个二叉树的根结点 root,想象自己站在它的右侧,按照从顶部到底部的顺序,返回从右侧所能看到的结点值。例如,对于如图 7.27 所示的二叉树,应返回 [3,20,7]。

7. (力扣 103) 二叉树的锯齿形层序遍历
【题目描述】
给你二叉树的根结点 root,返回其结点值的锯齿形层序遍历。即先从左往右,再从右往左进行下一层遍历,以此类推,层与层之间交替进行。例如,对于如图 7.27 所示的二叉树,应返回 [[3],[20,9],[15,7]]。

8. (力扣 110) 平衡二叉树
【题目描述】
给定一棵二叉树的根结点 root,判断该树是不是平衡二叉树,是则返回 True,否则返回 False。如果某二叉树中任意结点的左右子树的深度相差不超过 1,那么它就是一棵平衡二叉树。例如,如图 7.27 所示的二叉树,就是一棵平衡二叉树,应返回 True。

9. (力扣 111) 二叉树的最小深度
【题目描述】
给定一棵二叉树的根结点 root,找出其最小深度。最小深度是从根结点到最近叶子结点的最短路径上的结点数量。例如,对于如图 7.27 所示的二叉树,离根最近的叶子结点为 9,因此应返回最小深度 2。

10. (力扣 965) 单值二叉树
【题目描述】
给定一棵二叉树的根结点 root,如果该二叉树是单值二叉树,返回 True;否则返回

False。所谓单值二叉树,是指二叉树每个结点都具有相同的值。例如,如图 7.27 所示的二叉树不是单值二叉树,所以返回 False。

11.（力扣 513）找树左下角的值

【题目描述】

给定一棵二叉树的根结点 root,找出并返回该二叉树的最底层最左边结点的值。假设二叉树中至少有一个结点。例如,对于如图 7.27 所示的二叉树,结点 15 是最底层最左边的结点,所以返回 15。

12.（力扣 257）二叉树的所有路径

【题目描述】

给定一棵二叉树的根结点 root,按任意顺序,返回所有从根结点到叶子结点的路径。例如,对于如图 7.27 所示的二叉树,["3->9","3->20->15","3->20->7"]或["3->20->7","3->9","3->20->15"]都是正确的答案。

13.（力扣 590）N 叉树的后序遍历

【题目描述】

给定一个 N 叉树的根结点 root,返回其结点值的后序遍历。

14.（力扣 559）N 叉树的最大深度

【题目描述】

给定一个 N 叉树的根结点 root,返回其深度。

15.（力扣 113）路径总和 II

【题目描述】

给定二叉树的根结点 root 和一个整数目标和 targetSum,找出所有从根结点到叶子结点路径总和等于给定目标和的路径。所谓路径总和是指路径上所有结点元素值的总和。例如,当给定的 targetSum＝22 时,对于如图 7.29 所示的二叉树,共有两条路径满足条件,所以返回[[5,4,11,2],[5,8,4,5]]。

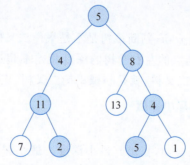

图 7.29 二叉树示例

16.（力扣 1609）奇偶树

【题目描述】

如果一棵二叉树满足下述几个条件,则可以称为奇偶树。

(1) 二叉树根结点所在层下标为 0,根的子结点所在层下标为 1,根的孙结点所在层下标为 2,以此类推。

(2) 偶数下标层上的所有结点的值都是奇整数,从左到右按顺序严格递增。

(3) 奇数下标层上的所有结点的值都是偶整数,从左到右按顺序严格递减。

给定二叉树的根结点 root,如果二叉树为奇偶树,则返回 True,否则返回 False。

17.(力扣 116)填充每个结点的下一个右侧结点指针

【题目描述】

给定一个完美二叉树,其所有叶子结点都在同一层,每个父结点都有两个子结点。二叉树定义如下。

```
class Node:
    def __init__(self, val=0, left=None, right=None, next=None):
        self.val = val
        self.left = left
        self.right = right
        self.next = next
```

填充它的每个 next 指针,让这个指针指向其下一个右侧结点。如果找不到下一个右侧结点,则将 next 指针设置为 None。返回填充后二叉树的根结点。

初始状态下,所有 next 指针都被设置为 None。

【示例】

当给定的二叉树如图 7.30(a)所示时,所求的算法应该填充它的每个 next 指针,以指向其下一个右侧结点,因此得到的二叉树应如图 7.30(b)所示。若序列化地输出图 7.30(b)按层序遍历的排列,同一层结点由 next 指针连接,'♯'标志着每一层的结束,其结果应为[1,♯,2,3,♯,4,5,6,7,♯]。

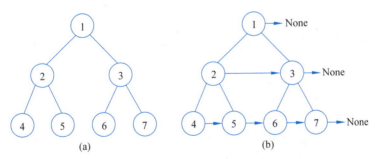

图 7.30 填充每个结点的下一个右侧结点指针示例

18.(力扣 572)另一棵树的子树

【题目描述】

给你两棵二叉树 root 和 subRoot。检验 root 中是否包含和 subRoot 具有相同结构和结点值的子树。如果存在,返回 True;否则,返回 False。

二叉树 tree 的一棵子树包括 tree 的某个结点和这个结点的所有后代结点。tree 也可以看作它自身的一棵子树。

注意:root 树上的结点数量范围是[1,2000],subRoot 树上的结点数量范围是[1,

1000]。两棵树上的结点的元素绝对值均不超过 10^4。

【示例】

当给定的二叉树 root 和 subRoot 分别如图 7.31(a)和图 7.31(c)所示时,应返回 True;而当给定的二叉树 root 和 subRoot 分别如图 7.31(b)和图 7.31(c)所示时,应返回 False。

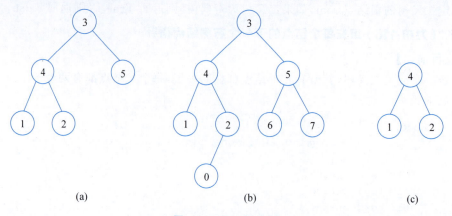

图 7.31 二叉树示例

第 8 章 图及其算法

图论是数学的一个分支,它以图为研究对象。图论中的图是由若干给定的点及连接两点的线所构成的图形,这种图形通常用来描述某些事物之间的某种特定关系,用点代表事物,用连接两点的线表示相应两个事物间具有某种关系。实际生活中的很多事例都可以用图来表示其内部关系。构建图并应用相关的算法解决一些实际问题是本章的重点。

8.1 图的概念

8.1.1 基本术语和概念

在数据结构中,一个图 G 是一个二元组,常记为 $G=(V,E)$。其中:

(1) V 是图中所有顶点构成的集合。顶点又称为结点,是图中的基本个体,可以表示任何讨论中需要关心的实体。

(2) E 是图中顶点间边的集合。边是由图中有关系的顶点对组成的,两个顶点通过一条边相连,表示它们之间存在关系。边可以是有方向的,也可以是没有方向的。

通常可以根据图的边有没有方向,将图分为**有向图**和**无向图**两大类。在无向图中,边都没有方向,通常采用 (v,w) 的形式来表示顶点 v 和 w 之间存在一条边。如图 8.1(a)所示就展示了一个含有 4 个顶点 A、B、C、D,5 条边(A,B)、(A,C)、(A,D)、(B,C)、(C,D)的无向图 G_1。可以表示为

$$V_1 = \{A, B, C, D\}$$
$$E_1 = \{(A,B),(A,C),(A,D),(B,C),(C,D)\}$$
$$G_1 = (V_1, E_1)$$

而在有向图中,所有的边都是有方向的。如图 8.1(b)所示的有向图 G_2 中,每一条有向边都用一条带箭头的连线表示,这样的边也称为**弧**。通常采用 $<v,w>$ 的形式来表示从顶

点 v 指向顶点 w 的弧,称 v 为**弧尾**,w 为**弧头**。因此,图 G_2 可以表示为

$$V_2 = \{A, B, C, D\}$$
$$E_2 = \{<A, D>, <B, A>, <B, C>, <C, A>, <C, D>\}$$
$$G_2 = (V_2, E_2)$$

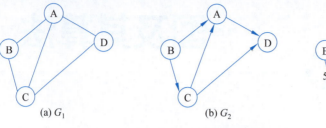

(a) G_1 (b) G_2 (c) G_3

图 8.1   三个图的实例

注意:当一个图的边集为空时,既可以把它视为有向图,也可以把它视为无向图。

边可以带**权重**,用来表示从一个顶点到另一个顶点的"成本"。例如,在城市路线图中,从一个地点到另一个地点,可以用边的权重来表示两个地点之间的距离。带权重的图也叫作**网**。如图 8.1(c)所示的网 G_3 可以表示为

$$V_3 = \{A, B, C, D\}$$
$$E_3 = \{<A, D>1, <B, A>6, <B, C>5, <C, A>2, <C, D>9\}$$
$$G_3 = (V_3, E_3)$$

对于含有 n 个顶点的有向图,当其中的每个顶点到其余 $n-1$ 个顶点之间都存在一条弧时,图中弧数达到最大,为 $n(n-1)$ 条。对于无向图,边无须区分方向,如在图 G_1 中,从 A 到 B 的边和从 B 到 A 的边就可以认为是同一条边。因此,对于一个含有 n 个顶点的无向图,图中最多有 $n(n-1)/2$ 条边。如果一个含有 n 个顶点的有向图正好有 $n(n-1)$ 条弧,这个图就被称为有向**完全图**;同样地,如果一个含有 n 个顶点的无向图正好有 $n(n-1)/2$ 条边,它就是无向完全图。

无向图中,若顶点 v、w 之间存在一条边,则称 v 和 w 互为**邻接点**;有向图中,若存在弧 $<v, w>$,则称 w 是 v 的邻接点。顶点 v 的**度**,在无向图中是指与该顶点相连的边数。例如,在图 G_1 中,顶点 A 的度为 3,顶点 D 的度为 2。在有向图中,顶点的度分成**入度**与**出度**。顶点 v 的入度,是指图中以 v 为弧头的弧的数目;顶点 v 的出度,是指图中以 v 为弧尾的弧的数目。例如,在图 G_2 中,顶点 A 的入度为 2,出度为 1;顶点 D 的入度为 2,出度为 0。

8.1.2   其他术语和概念

1. 路径、路径长度、回路、环

图中也有路径和路径长度的概念。**路径**是图上顶点的序列,**路径长度**则是指沿路径边的数目或沿路径各边权值之和。

路径中相邻两个顶点之间必须存在一条边或者弧。例如,在图 G_1 中,顶点序列 A-B-C-D 就构成了图 G_1 中从顶点 A 到 D 的一条路径,这条路径由三条边(A,B)、(B,C)、(C,D)构成,因此路径长度为 3;但是,顶点序列 A-B-D 就不能构成一条路径,因为顶点 B 和 D 之间不存在边。对于有向图,路径上的有弧连接的顶点对,通常还需要满足弧尾在前、弧头在后

的要求。例如,在图 G_2 中,从顶点 A 到顶点 D 的路径,只有 A→D 这一条,路径长度为1;而从顶点 B 到 D 的路径,则有 B→A→D、B→C→D、B→C→A→D 三条,路径长度分别2、2、3;从顶点 D 到其他任何顶点,都没有路径。

如果路径中的第一个顶点和最后一个顶点相同,就称这样的路径为回路。在图 G_1 中,路径 A-B-C-D-A 就是一条回路。回路也常称为环。

2. 子图、连通图、连通分量

子图描述了两个图 $G=(V,E)$ 和 $G'=(V',E')$ 之间的关系。如果 $V'\subseteq V,E'\subseteq E$,则称 G' 是 G 的子图。例如,如图 8.2 所示的图 G_5、G_6、G_7 都是图 G_4 的子图。其中,图 G_6 的边集为空。

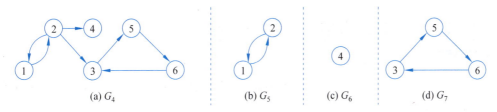

图 8.2　4 个图的实例

在一个图中,如果从顶点 v 到顶点 w 之间有路径,则说 v 和 w 是连通的。在无向图中,如果任意两个顶点都是连通的,这样的图就叫连通图。在有向图中,对于每一对顶点 v 和 w,如果从 v 到 w 和从 w 到 v 都存在路径,则称它为强连通图(注意:强连通图是针对有向图来说的)。显然,不是连通图或强连通图的图就是非连通图。在上述图的实例中,图 G_1 是连通图,图 G_5、G_6、G_7 都是强连通图,而 G_2、G_3、G_4 都是非连通图。在非连通图中,一定存在两个顶点,它们之间不是连通的。如在 G_4 中,顶点 4 和其他所有顶点之间都不连通。

对于非连通图,可能存在一些子图是(强)连通的,如图 G_4 的子图 G_5、G_6 和 G_7。这种子图称为原图的连通子图。对于图 G 的一个连通子图 G' 来说,若 G 中不存在真包含 G' 的其他连通子图,则称 G' 为 G 的一个极大连通子图。通俗地讲,"极大"意味着不能再大了,如果给它再多一个顶点,它就会变成非连通的子图。上述图实例 G_5、G_6、G_7 都是 G_4 的极大连通子图。非连通图的每一个极大连通子图叫作一个连通分量。图实例 G_4 共有三个连通分量。

3. 生成树、生成森林

假设一个连通图有 n 个顶点和 e 条边,若其中某 $n-1$ 条边和 n 个顶点构成了一个极小连通子图,则称该极小连通子图为此连通图的生成树。可以看出:

(1) 图的生成树上顶点个数必须与图中的顶点个数相同。

(2) "极小"意味着"刚刚好",即不能再少也不能再多。若去掉一个顶点或一条边,该树就不能囊括图中的所有顶点;若增加一条边,就会形成回路,生成树就不再是树状结构。

一个连通图可以找到若干棵生成树。对于图 8.3 中的连通图实例 G_8、G_9 和 G_{10} 均为它的生成树。对于非连通图,各个连通分量的生成树便构成了该非连通图的生成森林。

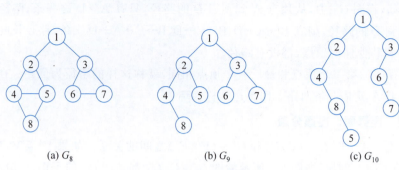

(a) G_8　　　　　(b) G_9　　　　　(c) G_{10}

图 8.3　生成树示例

8.2　图的表示与实现

图的结构比较复杂,包含顶点及边的信息,它有多种表示方法。其中,邻接矩阵和邻接表是两种常见的表示方法。

8.2.1　邻接矩阵

邻接矩阵是一个表示图中顶点间邻接关系的方阵。对于含有 n 个顶点的图 $G=(V,E)$,其邻接矩阵是一个 $n\times n$ 的方阵。最简单的邻接矩阵是以 0 或 1 为元素的方阵。对于图 G,假设其顶点按某种顺序依次编号为 $0,1,2,\cdots,n-1$,则其邻接矩阵 $\boldsymbol{A}$ 中的各元素可以按如下方式定义:

$$A_{ij}=\begin{cases}1, & i\neq j\text{ 且顶点 }i\text{ 到 }j\text{ 有边}\\ 0, & i=j\text{ 或顶点 }i\text{ 到 }j\text{ 无边}\end{cases}$$

对于网,其邻接矩阵 $\boldsymbol{A}$ 中元素的定义是:

$$A_{ij}=\begin{cases}w(i,j), & \text{若 }i\neq j\text{ 且顶点 }i\text{ 到 }j\text{ 之间有一条权重为 }w(i,j)\text{ 的边}\\ 0\text{ 或者 }\infty, & \text{若 }i=j\text{ 或顶点 }i\text{ 到 }j\text{ 无边}\end{cases}$$

对于两顶点间无边(包括对角线元素)的情况,是以 0 还是以 ∞ 为值,应根据实际需要决定。这里的 ∞ 可以用网中边的权值不可能取到的特殊值来表示。

例如,对于图 8.1 中的三个图实例 G_1、G_2 和 G_3,若将其 4 个顶点 A、B、C、D 依次编号为 0、1、2、3,则其邻接矩阵依次如下:

$$\boldsymbol{A}_{G_1}=\begin{pmatrix}0 & 1 & 1 & 1\\ 1 & 0 & 1 & 0\\ 1 & 1 & 0 & 1\\ 1 & 0 & 1 & 0\end{pmatrix}$$

$$\boldsymbol{A}_{G_2}=\begin{pmatrix}0 & 0 & 0 & 1\\ 1 & 0 & 1 & 0\\ 1 & 0 & 0 & 1\\ 0 & 0 & 0 & 0\end{pmatrix}$$

$$A_{G_2} = \begin{pmatrix} \infty & \infty & \infty & 1 \\ 6 & \infty & 5 & \infty \\ 2 & \infty & \infty & 9 \\ \infty & \infty & \infty & \infty \end{pmatrix}$$

从邻接矩阵中,可以很清晰地反映出顶点之间的邻接关系(即两个顶点之间是否存在边以及边上的权重)。因为每个顶点在矩阵中分别(按其编号顺序)对应一个相同的行号和列号。例如,顶点 v 对应的行列号为 i,顶点 w 对应的行列号为 j,要查看顶点 v 和 w 的邻接关系时,仅需要查看矩阵元素 A_{ij} 的值即可。注意,为了符合 Python 语言的编程习惯,这里的矩阵的行号和列号均从 0 开始计数。这种表示方法同样适用于无向图和有向图,其中,无向图中的一条边对应于两个矩阵元素。因此,无向无权图的邻接矩阵是对称矩阵,如 A_{G_1} 所示。

通过图的邻接矩阵,也很容易判定顶点的邻接点有哪些和计算顶点的度。例如,根据邻接矩阵 A_{G_2},可以很快查找到顶点 2 的邻接点。只需要查看 A_{G_2} 第 2 行上哪些列的元素值为 1。这里第 0、3 列元素值为 1,说明顶点 2 的邻接点有顶点 0 和顶点 3,度为 2。

邻接矩阵表示的缺点是空间复杂度与顶点数的平方成正比。而在实际应用中,很多图实例的邻接矩阵,会出现绝大多数元素是 0 或 ∞ 的情况。我们称这样的矩阵是"稀疏"的。对于邻接矩阵是稀疏的图来说,使用邻接矩阵表示并不高效。因此,常常会考虑使用一种"压缩"的邻接表表示法。

8.2.2 邻接表

在邻接表中,可以将图实例的所有顶点保存为一个顺序结构,同时为每一个顶点维护一个边表,记录与它相连的所有顶点。顶点的边表通常可以采用顺序表或链表来具体实现。当图中的边比较稳定(不需要经常进行增减操作)时,边表可以使用顺序表;而边的增减情况较多时,边表可以使用链表。

例如,对于图 8.1 中的无权图实例 G_1 和 G_2,若将它们的 4 个顶点 A、B、C、D 依次编号为 0、1、2、3,边表中就仅需要记录邻接点的编号信息。图 8.4(a)和图 8.4(b)分别代表了采用顺序表和链表来实现边表时 G_1 的邻接表,图 8.4(c)和图 8.4(d)分别代表了采用顺序表和链表来实现边表时 G_2 的邻接表。对于有权图,边表中的元素可以设计成诸如(邻接点编号,权值)形式的元组,从而把权值信息也存储在边表中。例如,对于图 8.1 中的有权图实例 G_3,若将其 4 个顶点 A、B、C、D 依次编号为 0、1、2、3,则其邻接表(分别使用顺序表和单链表来实现边表)可以设计为如图 8.4(e)或图 8.4(f)的形式。

需要注意的是,对于有向图的邻接表表示,在边表中应统一记录顶点的出边信息或者入边信息。例如,在顶点 v 的边表中,若记录的是以 v 为弧尾出发的弧所连接到的弧头顶点,称为[出边表](#);若记录的是以 v 为弧头的弧所对应的弧尾顶点,则称为[入边表](#)。通常,有向图的邻接表采用出边表。图 8.4 中有向图 G_2 的邻接表即为出边表。

邻接表的优点是能够紧凑地表示稀疏图。此外,从邻接表中也可以方便地计算顶点度的信息,或者遍历某顶点的所有邻接点。

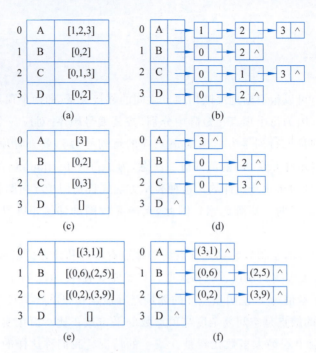

图 8.4 图的邻接表表示法示例

8.2.3 图表示的 Python 实现

接下来探讨如何输入一个图实例并建立其邻接矩阵或邻接表表示的存储结构。需要先构建一种合适的输入方法，可以采用如下的方式。

(1) 第一行两个整数 n 和 m，分别代表图中顶点个数和边的条数。

(2) 接下来 n 行，依次输入各个顶点的名称。

(3) 接下来 m 行，依次输入各条边的信息，可以以"顶点 u,顶点 v,权值 w"的方式输入权重为 w 的边 $<u, v>$ 或 (u, v)；或者以"顶点 u,顶点 v"的方式输入无权图的边 $<u, v>$ 或 (u, v)。

基于上述输入方式，可以使用一个字典来存放所有的顶点，字典元素以"顶点名"为键，以"顶点编号"为值，这样可以通过"顶点名"快速映射到"顶点编号"；然后可以采用顺序表的方式来实现边表。在 Python 中，根据这种输入方式来构建图的邻接表，可以基于自定义的 Graph 类来实现。代码清单 8.1 中展示了如何自定义一个简单的 Graph 类，并基于它来构建有向有权图实例的邻接表。但代码清单 8.1 的 Graph 类仅提供了向图中添加顶点和添加边的方法，且并未考虑一些异常情况的处理（如添加边时，顶点名并未存在于顶点字典中）。有兴趣的读者可以自行扩充。

代码清单 8.1　Graph 类的定义与使用示例

```
class Graph:                                    #邻接表实现的图类
    def __init__(self, vnum, enum):
        self.vnum = vnum                        #顶点个数
        self.enum = enum                        #边的条数
        self.vertices = {}                      #保存"顶点名：顶点编号"信息的字典
        self.edges = [[] for _ in range(vnum)]  #以顺序表存储的边表
```

```
            self.id = -1                       #顶点的编号,初始为-1

    def add_vertex(self, val):                 #往字典中添加(顶点值,编号)对增加新顶点
        self.id += 1
        self.vertices[val] = self.id
        return self.id

    def add_edge(self, u, v, w):               #添加一条权值为w的边<u, v>或(u, v)
        nu = self.vertices[u]
        nv = self.vertices[v]
        self.edges[nu].append((nv, w))
        #self.edges[nv].append((nu, w))        #无向图则需要取消本语句的注释标记

vnum, enum = map(int, input().split())
G = Graph(vnum, enum)
for _ in range(vnum):                          #建立存放顶点信息的字典
    val = input()
    G.add_vertex(val)

for _ in range(enum):                          #建立邻接表
    u, v, w = input().split()
    w = eval(w)
    G.add_edge(u, v, w)
print(G.vertices)
print(G.edges)
```

例如,对于图8.1中的图实例G_3,采用如下方式输入。

```
4 5
A
B
C
D
B A 6
A D 1
C A 2
B C 5
C D 9
```

运行代码清单8.1后,得到的输出应为

```
{'A': 0, 'B': 1, 'C': 2, 'D': 3}
[[(3, 1)], [(0, 6), (2, 5)], [(0, 2), (3, 9)], []]
```

有时,算法中并不关心顶点名(或顶点值)是什么,逻辑图中顶点就以从0开始到$n-1$的编号来表征(也有使用从1开始到n的编号来表征的做法)。对于这种图,输入方式常简化为如下两步。

(1) 第一行两个整数n和m,分别代表图中顶点个数和边的条数。

(2) 接下来m行,每行两个整数u和v,代表顶点u、v之间的边或从u到v的弧。若为有权图,则每行再添加第三个值,表示边上的权值。

例 8.1 建立无向无权图的邻接矩阵并输出。

【题目描述】

给定含有 n 个顶点的无向图,不关心顶点的元素值,仅给顶点从 0 开始依次编号至 $n-1$。建立图的邻接矩阵并输出。

注意:程序中以如下形式输入无向图:第一行为两个整数 n 和 m,分别代表图中顶点个数和边的条数;接下来 m 行,每行两个整数 u 和 v,代表边 (u,v)。要求从上到下以列表形式逐行输出图的邻接矩阵。

例如,当输入如下数据时:

```
4 5
0 1
0 2
2 3
3 0
3 1
```

应输出:

```
[0, 1, 1, 1]
[1, 0, 0, 1]
[1, 0, 0, 1]
[1, 1, 1, 0]
```

【解题思路】

在用 Python 来求解图相关的算法题时,也并非一定要定义并使用 Graph 类,可以根据题意直接用一个列表来简单表示图的邻接矩阵或邻接表。

含有 n 个顶点的无向无权图的邻接矩阵是一个 $n \times n$ 的对称方阵,此处可以用二维列表来表示它。因此,在读入 n 之后,即可构造一个含 n 个元素(每个元素又是一个含 n 个元素、元素初值均为 0)的二维列表 G 来表示邻接矩阵。接下来每读入一条边 (u,v),便把列表元素值 $G[u][v]$ 和 $G[v][u]$ 设置为 1。最后按示例格式,逐元素输出 G 即可。

【参考代码】

```
n, m = map(int, input().split())        #读入顶点个数 n 和边数 m
G = [[0] * n for _ in range(n)]          #初始化邻接矩阵
for _ in range(m):
    u, v = map(int, input().split())
    G[u][v] = 1
    G[v][u] = 1
for item in G:
    print(item)
```

例 8.2 建立有向无权图的邻接表并输出。

【题目描述】

给定含有 n 个顶点的有向无权图,不关心顶点的元素值,仅给顶点从 0 开始依次编号至 $n-1$。建立邻接表并输出。

注意:程序中以如下形式输入有向图:第一行为两个整数 n 和 m,分别代表图中顶点个数和边的条数;接下来 m 行,每行两个整数 u,v,代表弧 $<u,v>$。要求逐行输出图的邻接表中的各个元素。

例如,当输入如下数据时:

```
4 5
0 1
0 2
2 3
3 0
3 1
```

应输出:

```
[1, 2]
[]
[3]
[0, 1]
```

【解题思路】

同样地,本题也可以不采用 Graph 类来表示图,而直接用一个列表来表示图的邻接表。在读入顶点个数 n 之后,可以构造一个含 n 个元素、每个元素初始时均为空列表的二维列表 G 来表示图的邻接表。每读入一条弧 $<u, v>$,在 $G[u]$ 中添加顶点 v 即可。

【参考代码】

```
n, m = map(int, input().split())      #读入顶点个数 n 和边数 m
G = [[] for _ in range(n)]            #初始化邻接表
for _ in range(m):
    u, v = map(int, input().split())
    G[u].append(v)
for item in G:
    print(item)
```

例 8.3 (力扣 997)找到小镇的法官。

【题目描述】

小镇里有 n 个人,按从 1 到 n 的顺序编号。传言称,这些人中有一个暗地里是小镇法官。如果小镇法官真的存在,那么:①小镇法官不会信任任何人;②每个人(除了小镇法官)都信任这位小镇法官;③法官只有一个。

给定二维的信任列表 trust,其中,trust$[i]=[a, b]$ 表示 a 信任 b。要求设计算法判断:如果小镇存在法官并且可以确定他的身份,则返回该法官的编号,否则返回 −1。例如,当输入 $n=2$, trust$=[[1,2]]$ 时,输出为 2;当 $n=3$, trust$=[[1,3],[2,3],[3,1]]$ 时,输出为 −1。

【解题思路】

题干描述了一个含有 n 个顶点的有向图。每个人是图的顶点,trust 的每个元素 trust$[i]=[a, b]$ 是图的一条有向边,从 a 指向 b。判断是否存在法官,即可转换成判断图中是否存在出度为 0、入度为 $n-1$ 的顶点。因此可以先遍历 trust 的每一个元素 $[a, b]$,分别为顶点 a 的出度以及顶点 b 的入度增加 1,存储在列表 inDegrees 和 outDegrees 中。然后遍历每个顶点,如果找到一个符合出度为 0、入度为 $n-1$ 条件的顶点,可以直接返回结果;如果不存在符合条件的点,则返回 −1。

【参考代码】

```python
def findJudge(self, n: int, trust: List[List[int]]) -> int:
    in_degrees = [0] * (n + 1)      #in_degrees[i]存储顶点 i 的入度
    out_degrees = [0] * (n + 1)     #out_degrees[i]存储顶点 i 的出度
    for a, b in trust:
        out_degrees[a] += 1
        in_degrees[b] += 1
    for i in range(1, n + 1):
        if in_degrees[i] == n - 1 and out_degrees[i] == 0:
            return i
    return -1
```

例 8.4 （力扣 1042）不邻接植花。

【题目描述】

有 n 个花园，按从 1 到 n 标记。另有列表 paths，其中，paths$[i]=[u,v]$ 描述了花园 u 到花园 v 的双向路径。在每个花园中，你打算种 4 种花之一。另外，所有花园最多有三条路径可以进入或离开。你需要为每个花园选择一种花，使得通过路径相连的任何两个花园中的花的种类互不相同。以列表形式返回任一可行的方案作为答案 ans，其中，ans$[i]$ 为在第 $i+1$ 个花园中种植的花的种类。花的种类用 1、2、3、4 表示。

例如，当 $n=3$，paths$=[[1,2],[2,3],[3,1]]$ 时，$[1,2,3]$ 是一个满足题意的答案。其他满足题意的答案有 $[1,2,4]$、$[1,4,2]$ 和 $[3,2,1]$ 等。

【解题思路】

可以将每个花园视为一个顶点、花园间的路径视为边构建无向无权图。由于每个花园最多有三条路径可以进入或离开，这就说明每个花园最多有三个花园与之相邻。每个花园可选的种植种类有 1、2、3、4 共 4 种，因此足够给每个花园及其邻接花园们（不超过三个）选种不同的植物。这就保证一定存在合法的种植方案满足题目要求。花园中种植不同的花可以视为每个花园只能标记为给定的 4 种颜色 1、2、3、4 中的一种。初始化时可以为每个花园标记为颜色 0。对于第 i 个花园，统计其周围的花园已经被标记的颜色，然后从未被标记的颜色中选一种颜色给其标记即可。整体标记过程如下。

(1) 首先根据 paths 建立整个图的邻接表。

(2) 初始化时，将每个花园结点的颜色全部标记为 0。

(3) 遍历每个花园，并统计其相邻的花园的颜色标记，并从未被标记的颜色中找到一种颜色给当前的花园进行标记。

(4) 返回所有花园的颜色标记方案即可。

【参考代码】

```python
def gardenNoAdj(self, n: int, paths: List[List[int]]) -> List[int]:
    G = [[] for i in range(n)]          #建立图的邻接表
    for u, v in paths:
        u, v = u - 1, v - 1             #顶点编号变换为从 0 开始
        G[u].append(v)
        G[v].append(u)
    ans = [0] * n                       #初始时，每个花园结点的颜色都标记为 0
    for i in range(n):                  #遍历花园，为花园 i 选择一个合适的颜色
```

```
        colored = [False] * 5          #先将4种颜色全部设为未标记
        for v in G[i]:                  #遍历花园i的邻居们
            colored[ans[v]] = True      #将邻居已使用颜色进行标记
        for j in range(1, 5):           #从4个颜色中逐一选择
            if not colored[j]:          #若该颜色未被标记
                ans[i] = j              #标记花园i为颜色j
                break
    return ans
```

8.3 图的遍历及其应用

图的遍历是指按照某种方式系统地访问图中每个顶点而且仅访问一次的过程,也称为图的周游。根据顶点被访问的先后顺序,可以得到由图的所有顶点组成的序列,称为遍历序列。图的遍历一般有深度优先遍历和广度优先遍历两种,也常称为深度优先搜索和广度优先搜索,简称为 DFS(Depth-First Search)和 BFS(Breadth-First Search)。

8.3.1 深度优先遍历图

假设初始状态是图中所有顶点均未被访问,深度优先遍历是指从图的某一顶点 u 出发,访问此顶点;然后依次从 u 的未被访问的邻接点出发,深度优先遍历图,直至图中所有和 u 相通的顶点都被访问到。对于连通图,图中所有顶点都和 u 相通,因此,对连通图的遍历到此结束。而对于非连通图,则需要另选图中一个未被访问的顶点作起点,重复上述过程,直至图中所有顶点都被访问为止。

显然,深度优先遍历图是一个递归的过程。先考虑连通图的深度优先遍历的实现。定义函数 $\mathrm{dfs}(G, u)$ 来描述对一个连通图 G、从序号为 u 的顶点出发进行深度优先遍历的过程,其伪码如下。

```
def dfs(G, u):
    访问顶点 u
    依次取得 u 的各个邻接点:
        若当前邻接点 v 未被访问:
            dfs(G, v)
```

简单起见,先不关注顶点的元素值,访问顶点时,打印出顶点编号即可。考虑第一个问题,如何判定一个顶点有没有被访问过呢?

可以给图中的每个顶点定义一个标记,如果这个顶点被访问了,标记的值就设为 True,否则就是 False。因此,可以定义一个含有 n 个元素的全局列表 visited,visited[i] 的值标记图中第 i 个顶点是否已经被访问。若 visited[i] 值为 False,表示顶点 i 未被访问;否则表示已被访问。初始时,应将 visited 列表的元素值都设为 False;每当顶点被访问后,都要及时把对应的 visited 元素值设为 True。

这个伪码中还有一个问题没有解决:如何"依次取得 u 的各个邻接点"?它的实现取决于图的存储结构,因为不同的存储结构中邻接点的表示方式不同。以采用邻接矩阵存储图为例,如果矩阵中第 u 行第 v 列的元素值是 1,那么顶点 v 就是顶点 u 的邻接点;因此,若想

依次找到顶点 u 的所有邻接点,就需要遍历邻接矩阵中的第 u 行,一一找出值为 1 的元素所对应的列号。根据这个思想,可以写出对以邻接矩阵存储的连通图进行深度优先遍历的完整 dfs 函数代码(如代码清单 8.2 所示)。

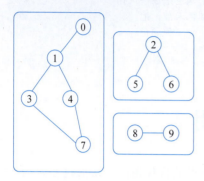

图 8.5 含有三个连通分量的图实例 G_{11}

有了对连通图进行 DFS 的函数 dfs 后,再来看非连通图怎么处理。以如图 8.5 所示的图实例 G_{11} 为例,它含有三个连通分量(图中以虚线框圈出)。调用 dfs $(G,0)$,就会"顺藤摸瓜"地访问到与 0 相通的所有顶点,也就是这个连通分量中的所有顶点,它们都会被标记为已访问。这时应另选一个未被访问的顶点,如顶点 2,从它再次开始 DFS,而这次的遍历,也会给顶点 2 所在的连通分量中的顶点都标记为已访问。最后选择未被访问的顶点 8 或 9,再开始一轮 DFS,就可以完成对整个图的遍历。由此,也可以看到,三个连通分量,应该有三次选择顶点并启动 DFS 的过程。怎样实现顶点选择呢?可以如代码清单 8.2 所示,用一个遍历循环扫描所有顶点,如果它未被访问,就从它开始 DFS。图中有几个连通分量,这里的 dfs 函数就会被调用几次。因此,一个图实例不管是不是连通图,这段代码都能实现对它的深度优先遍历。

代码清单 8.2 对以邻接矩阵存储的图进行深度优先遍历(DFS)

```
def dfs(G, u):                              #G代表图的邻接矩阵
    print(u)                                #访问顶点,这里以输出顶点编号为例
    visited[u] = True
    for v in range(n):
        if G[u][v] == 1 and not visited[v]: #若顶点v是u的邻接点且未被访问
            dfs(G, v)

n = len(G)
visited = [False] * n
for u in range(n):                          #从图中未被访问的顶点u开始一轮新的遍历
    if not visited[u]:
        dfs(G, u)
```

理解了基于邻接矩阵的 DFS 算法,就不难理解基于邻接表的 DFS 算法。因此,代码清单 8.3 中直接给出了它的实现代码。

代码清单 8.3 对以邻接表存储的图进行深度优先遍历(DFS)

```
def dfs(G, u):                  #G代表图的邻接表
    print(u)                    #访问顶点,这里以输出顶点编号为例
    visited[u] = True
    for v in G[u]:              #G[u]是顶点u对应的邻接点表,遍历它
        if not visited[v]:
            dfs(G, v)

n = len(G)
visited = [False] * n
```

```
for u in range(n):                    #从图中未被访问的顶点 u 开始一轮新的遍历
    if not visited[u]:
        dfs(G, u)
```

8.3.2 广度优先遍历图

广度优先遍历的基本思想是：从图的某一顶点 u 出发，访问此顶点后，依次访问它各个未曾访问过的邻接点；然后分别从这些邻接点出发，依次访问它们的邻接点，并使得"先被访问的顶点的邻接点"先于"后被访问的顶点的邻接点"被访问，直至图中所有已被访问的顶点的邻接点都被访问到。对于连通图，遍历至此结束。对于非连通图，需要另选图中一个未被访问的顶点作起点，重复上述过程，直至图中所有顶点都被访问为止。

换句话说，连通图的广度优先遍历过程是以某个顶点 u 为起始点，由近至远，依次访问和 u 有路径连通且路径长度为 1、2、…的顶点。例如，从顶点 1 开始对图实例 G_8 进行广度优先遍历如图 8.6 所示。首先访问顶点 1，然后访问它的邻接点 2 和 3，然后依次访问 2 的邻接点 4 和 5，以及 3 的邻接点 6 和 7，最后访问 4 的邻接点 8。此时图中所有的顶点均已被访问到，因此从顶点 1 出发进行的广度优先遍历结束，得到的遍历序列为 1、2、3、4、5、6、7、8。

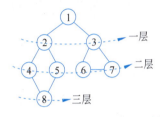

图 8.6 图的广度优先遍历示例

由此可见，图的广度优先遍历过程类似于树的按层次遍历。为了实现"按照顶点被访问的先后顺序"查询它们的邻接点，可以在算法中设置一个队列，并按如下方式进行操作。

(1) 对于从顶点 u 开始的 BFS，初始时，先把 u 放入队列。

(2) 当队列不空时，重复如下操作直至队空：队头元素出队，访问它，然后把它未被访问的邻接点依次入队列。

(3) 当队列为空时，结束此次遍历，连通图的遍历至此结束。而对于非连通图，则需要另选图中一个未被访问的顶点作起点，重复上述过程，直至图中所有顶点都被访问为止。

与深度优先遍历类似，在遍历的过程中也需要借助于访问标志数组 visited。但是需要注意的是，为了防止同一个顶点以"上一层"中不同顶点的邻接点身份多次进入队列（如图 8.6 中顶点 8，它既是第二层中顶点 4 的邻接点，又是顶点 5 的邻接点），应在顶点加入队列时（而不是被访问后），就立即将其 visited 标志设为 True，这样保证每个顶点只进、出队列一次。

同样地，与 DFS 一样，广度优先遍历中"依次访问它各个未曾访问过的邻接点"的实现也取决于图的存储结构。基于邻接表的图 BFS 如代码清单 8.4 所示。读者可以仿照代码清单 8.2 和代码清单 8.4，写出基于邻接矩阵的图 BFS 代码。

代码清单 8.4 对以邻接表存储的图进行广度优先遍历（BFS）

```
from collections import deque

def bfs(G, u):                        #从顶点 u 出发广度优先遍历图 G,G 代表图的邻接表
    Q = deque()                       #建立一个"缓存待访问顶点"序列的队列
    Q.append(u)                       #顶点 u 入队列
    visited[u] = True                 #将刚刚入队列的顶点访问标志设为 True
```

```
        while len(Q) > 0:              #队列不空时,重复如下操作
            u = Q.popleft()             #队头元素出队列
            print(u)                    #访问顶点,这里以输出顶点编号为例
            for v in G[u]:              #依次将刚被访问顶点的各个未被访问的邻接点入队列
                if not visited[v]:
                    Q.append(v)
                    visited[v] = True

    n = len(G)
    visited = [False] * n
    for u in range(n):
        if not visited[u]:
            bfs(G, u)
```

8.3.3 图遍历算法的简单应用

遍历图的过程实质上是通过边或者弧找邻接点的过程,其消耗的时间取决于所采用的存储结构。对于一个顶点个数为 n、边数为 e 的图,基于邻接表遍历,其时间复杂度为 $O(e)$;基于邻接矩阵遍历,为 $O(n^2)$。图遍历是图的基本操作,也是一些图的应用问题求解算法的基础,以此为框架可以派生出许多应用算法。

例 8.5 (力扣 547)省份数量。

【题目描述】

有 n 个城市,其中一些彼此相连,另一些没有相连。如果城市 a 与城市 b 直接相连,且城市 b 与城市 c 直接相连,那么城市 a 与城市 c 间接相连。省份是一组直接或间接相连的城市,组内不含其他没有相连的城市。给定一个 $n \times n$ 的二维列表 isConnected,其中,isConnected$[i][j]=1$ 表示第 i 个城市和第 j 个城市直接相连,而 isConnected$[i][j]=0$ 表示二者不直接相连。要求设计算法求出这 n 个城市所构成的省份的数量。

例如,$n=3$,isConnected$=[[1,1,0],[1,1,0],[0,0,1]]$,可知城市 0 和城市 1 之间直接相连,两者属于一个省份;而城市 2 与其他城市之间都没有相连,属于另一个省份。共有两个省份。

【解题思路】

显然,可以把 n 个城市和它们之间的相连关系看成图,城市是图中的顶点,相连关系是图中的边,给定的矩阵 isConnected 即为图的邻接矩阵(注意,isConnected 中对角线上的元素值均为 1),省份即为图中的连通分量。计算省份总数,等价于计算图中的连通分量数,可以通过深度优先搜索或广度优先搜索实现。

【参考代码】

```
def findCircleNum(self, isConnected: List[List[int]]) -> int:
    def dfs(G, u):
        visited[u] = True
        for v in range(n):
            if G[u][v] == 1 and not visited[v]:
                dfs(G, v)

    n = len(isConnected)
```

```
visited = [False] * n
ans = 0                    #省份个数
for u in range(n):
    if not visited[u]:
        ans += 1           #即将开始一个新省份的遍历,因此省份个数增加 1
        dfs(isConnected, u)
return ans
```

例 8.6 （力扣 1971）寻找图中是否存在路径。

【**题目描述**】

有一个具有 n 个顶点的无向图,其中每个顶点标记从 0 到 $n-1$。给定列表 edges,其中每个元素 $[a,b]$ 代表顶点 a 和 b 之间存在一条边。要求设计算法判定顶点 source 和 destination 之间是否存在有效路径,若存在则返回 True,否则返回 False。

例如,若 $n=6$,edges$=[[0,1],[0,2],[3,5],[5,4],[4,3]]$ 时,构成的无向图如图 8.7 所示。此时若指定 source$=0$,destination$=5$,因为顶点 0 和 5 之间没有有效路径,因此返回 False;若指定 source$=0$,destination$=2$,则应返回 True。

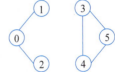

图 8.7　寻找图中是否存在路径示例图

【**解题思路**】

题目要求判断是否存在从起点 source 到终点 destination 的有效路径,等价于判定图中两个顶点 source 和 destination 之间是否连通。两点连通性问题为经典问题。一般可以使用 DFS 或 BFS 来解决(也可以使用并查集来解决)。当使用 DFS 或 BFS 时,其基本思想是从 source 开始一次 DFS 或 BFS,若遍历过程中被访问的顶点恰好是 destination,则可以结束遍历并返回 True;若直至遍历结束,也未访问到顶点 destination,则应返回 False。

使用 BFS 判断顶点 source 到顶点 destination 的连通性,仅需当每次从队列中取出顶点进行访问时,就去判定它是否为 destination 即可。而在使用 DFS 检测顶点 source 到顶点 destination 的连通性时,需要从顶点 source 开始依次遍历每一条可能的路径,只要其中有一条路径可以到达顶点 destination,则返回 True;若遍历完所有可能的路径,均未执行 return True,说明没有一条路径到达了顶点 destination,因此返回 False。

【**参考代码 1**】基于 BFS 的解法

```
def validPath(self, n: int, edges: List[List[int]], \
              source: int, destination: int) -> bool:
    def bfs(G, u):                #定义"改造"后的邻接表 BFS 算法
        qu = deque()
        qu.append(u)
        visited[u] = True
        while len(qu) > 0:
            u = qu.popleft()
            if u == destination:  #访问的顶点是 destination,返回 True
                return True
            for v in G[u]:
                if not visited[v]:
                    qu.append(v)
```

```python
            visited[v] = True
        return False                    #一直未访问到destination,返回False

    G = [[] for _ in range(n)]          #从给定的edges中构建图的邻接表存储结构G
    for u, v in edges:
        G[u].append(v)
        G[v].append(u)
    visited = [False] * n
    return bfs(G, source)               #从source出发对图G的BFS
```

【参考代码2】基于 DFS 的解法

```python
def validPath(self, n: int, edges: List[List[int]], \
              source: int, destination: int) -> bool:
    def dfs(G, u):    #改造DFS算法:若遍历中碰到destination,返回True,否则返回False
        if u == destination:            #访问的顶点是destination,返回True
            return True
        visited[u] = True
        for v in G[u]:
            if not visited[v]:
                if dfs(G, v):           #从v开始的dfs返回True,说明碰到了destination
                    return True         #可以给dfs(G, u)返回True
        return False    #尝试了从u所有邻接点出发的DFS,均未return True,应返回False

    G = [[] for _ in range(n)]          #从给定的edges中构建图的邻接表G
    for u, v in edges:
        G[u].append(v)
        G[v].append(u)
    visited = [False] * n
    return dfs(G, source)               #从source出发对图G的DFS
```

8.3.4 图遍历算法的高阶应用

例 8.7 （力扣 695）岛屿的最大面积。

【题目描述】

给定一个大小为 $n \times m$ 的二进制矩阵 grid。岛屿是由一些相邻 1(代表土地)构成的组合,这里的"相邻"要求两个 1 必须在水平或者竖直的 4 个方向上相邻。可以假设矩阵 grid 的 4 个边缘都被 0(代表水)包围着。岛屿的面积是岛上值为 1 的单元格的数目。设计算法计算并输出 grid 中最大的岛屿面积。若没有岛屿,则输出面积为 0。

例如,当 grid=[[0,0,0,0,0,0,0,0]]时,没有岛屿,因此输出应为 0。

而当 grid=[[0,0,1,0,0,0,0,1,0,0,0,0,0],
         [0,0,0,0,0,0,0,1,1,1,0,0,0],
         [0,1,1,0,1,0,0,0,0,0,0,0,0],
         [0,1,0,0,1,1,0,0,1,0,1,0,0],
         [0,1,0,0,1,1,0,0,1,1,1,0,0],
         [0,0,0,0,0,0,0,0,0,0,1,0,0],

[0,0,0,0,0,0,0,1,1,1,0,0,0],

[0,0,0,0,0,0,0,1,1,0,0,0,0]]

对应的矩阵可以用图 8.8 来可视化。根据题目中岛屿的定义，一共有 6 个岛屿，面积最大的岛屿中共有 6 个值为 1 的单元格，因此输出 6。

0	0	1	0	0	0	0	1	0	0	0	0	0
0	0	0	0	0	0	0	1	1	1	0	0	0
0	1	1	0	1	0	0	0	0	0	0	0	0
0	1	0	0	1	1	0	0	1	0	1	0	0
0	1	0	0	1	1	0	0	1	1	1	0	0
0	0	0	0	0	0	0	0	0	0	1	0	0
0	0	0	0	0	0	0	1	1	1	0	0	0
0	0	0	0	0	0	0	1	1	0	0	0	0

图 8.8　岛屿的最大面积示例

【解题思路】

如果忽略这个网格中所有的"水"，只留下"陆地"；再将每个"陆地"单元格视为图中的一个顶点，它的邻接点是网格中上、下、左、右直接与它相邻的"陆地"单元格。以这种方式来构图，就可以发现：每一个岛屿，就对应这种图中的一个连通分量；岛屿的面积，便是连通分量中顶点的个数。求岛屿的最大面积，便转换为依次遍历每个连通分量、统计它们的顶点个数，然后求最大值的问题。和例 8.5 类似，可以采用 DFS 或 BFS 来实现遍历一个个连通分量的过程。根据本题的需求，可以给 dfs 和 bfs 函数加上返回值，表示遍历一个连通分量时统计到的顶点个数。

但这里需要注意的是，本题中的 grid 是不同于在 8.2 节中所讲述的邻接矩阵或邻接表表示，需要考虑它的存储特点，来实现图的 DFS 或 BFS。

首先，考虑到图中的邻接点需要根据顶点在网格中的位置来判定，因此，不妨给单元格用行号 x 和列号 y 来定位。行号、列号可以分别设计为区间$[0,n-1]$和$[0,m-1]$的整数。如图 8.9 所示，对于单元格(x,y)，其上下左右的单元格分别可以用$(x-1,y)$、$(x+1,y)$、$(x,y-1)$、$(x,y+1)$来定位。

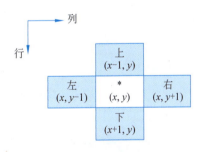

图 8.9　单元格的定位表示

然后，可以从左上角的(0,0)单元格出发，逐行逐列地考察所有的单元格。如果 grid[i][j]为 0(代表水)，则跳过此单元格；若为 1(代表陆地)，则启动从它出发遍历连通分量的过程。需要注意的是，在遍历过程中，同样需要对遍历过的每一个陆地单元格打上"已访问"的标记，这样后面考察到这些格子时，就不能再从它们启动遍历岛屿的过程，从而确保每个岛屿只会被统计一次。

类似地，可以定义一个和 grid 一样大小的二维数组 visited，其中，visited[i][j]用来标记 grid[i][j]是否已访问；但在本题中，也可以直接将 grid[i][j]从 1 改为 0，来表示对应的陆地格子已被访问，这样下次考察到它时，发现值为 0，就会直接跳过。

【参考代码1】基于 DFS 的解法

```python
def maxAreaOfIsland(self, grid: List[List[int]]) -> int:
    def dfs(x, y):          #从点(x, y)出发 DFS 遍历一个连通分量,并统计其中顶点个数
        grid[x][y] = 0
        cnt = 1             #cnt 用于记录本连通分量中已访问的顶点个数
        #依次考虑(x, y)的上、下、左、右 4 个邻接点
        for nx, ny in [(x - 1, y), (x + 1, y), (x, y - 1), (x, y + 1)]:
            #若行、列不越界且 grid[nx][ny]值为 1,则从它出发继续 DFS
            if 0 <= nx < n and 0 <= ny < m and grid[nx][ny] == 1:
                cnt += dfs(nx, ny)      #累加上从邻接点(nx, ny)遍历到的顶点数
        return cnt

    n, m = len(grid), len(grid[0])
    ans = 0                             #记录岛屿的最大面积
    for i in range(n):
        for j in range(m):
            if grid[i][j] == 1:
                ans = max(ans, dfs(i, j))
    return ans
```

【参考代码2】基于 BFS 的解法

```python
def maxAreaOfIsland(self, grid: List[List[int]]) -> int:
    def bfs(x, y):          #从点(x,y)出发 BFS 遍历一个连通分量,并统计其中顶点个数
        cnt = 0             #cnt 用于记录本连通分量中已访问的顶点个数,初值为 0
        q = deque()
        q.append((x, y))
        grid[x][y] = 0
        while q:
            x, y = q.popleft()
            cnt += 1        #每访问一个结点,结点个数增加 1
            for nx, ny in [(x - 1, y), (x + 1, y), (x, y - 1), (x, y + 1)]:
                if 0 <= nx < n and 0 <= ny < m and grid[nx][ny] == 1:
                    q.append((nx, ny))
                    grid[nx][ny] = 0
        return cnt

    n, m = len(grid), len(grid[0])
    ans = 0
    for i in range(n):
        for j in range(m):
            if grid[i][j] == 1:
                ans = max(ans, bfs(i, j))
    return ans
```

例 8.8 （力扣 130）被围绕的区域。

【题目描述】

给定一个 $m \times n$ 的矩阵 board,board 的每个元素是字符'X'或'O'。要求设计算法找到 board 中所有被'X'围绕的区域,并将这些区域里的'O'都替换成'X'。

注意:被围绕的区间不会存在于边界上,换句话说,任何边界上的'O'都不会被替换为

'X'。任何不在边界上，或不与边界上的'O'相连的'O'最终都会被替换为'X'。如果两个元素在水平或垂直方向相邻，则称它们是"相连"的。

例如，如图 8.10(a)所示的 broad(灰色背景代表被围绕的区域)，经算法执行后，就应变成如图 8.10(b)所示。如图 8.10(a)所示的 broad 用列表表示如下。

board = [["X","X","X","X"],["X","O","O","X"],["X","X","O","X"],["X","O","X","X"]]

【解题思路】

由题意可知：所有的不被包围的 O 都必须与边界上的 O 连通。因此，可以利用这个性质，从边界上的 O 开始，"顺藤摸瓜"式地找出所有不被包围的 O，给它们做上标记；再遍历 broad，将那些未被标记的 O(即被包围的 O)，修改为 X。因此，具体思路如下。

图 8.10 board 示例

(1) 构图：忽略矩阵中的"X"，将每一个"O"视为图中的一个顶点，顶点的邻接点为其上下左右直接相邻的顶点。

(2) 遍历：依次以边界上每一个未被标记过的顶点为起点，遍历图。在遍历过程中，将访问到的顶点都标记为一个特殊字符，如"A"。遍历可以采用 DFS 或者 BFS。

(3) 修改：最后遍历这个矩阵，对于每一个元素，如果是标记字母，将其还原为"O"；如果为"O"，将其修改为"X"；如果为"X"，则跳过。

下面给出基于 DFS 的参考代码，有兴趣的读者可以自行编写基于 BFS 的代码。

【参考代码】

```
def solve(self, board: List[List[str]]) -> None:
    def dfs(x, y):    #在 DFS 的过程中，将访问过的顶点标记为'A'
        board[x][y] = "A"
        for nx, ny in [(x - 1, y), (x + 1, y), (x, y - 1), (x, y + 1)]:
            if 0 <= nx < n and 0 <= ny < m and board[nx][ny] == "O":
                dfs(nx, ny)
    
    n, m = len(board), len(board[0])
    #依次以边界上每一个未被标记过的顶点为起点，DFS 遍历图
    for i in range(n):
        for j in range(m):
            if (i in [0, n - 1] or j in [0, m - 1]) and board[i][j] == "O":
                dfs(i, j)
    #遍历结束后进行替换或恢复
    for i in range(n):
        for j in range(m):
            if board[i][j] == "O":
                board[i][j] = "X"    #修改封闭的 O 点
            elif board[i][j] == "A":
                board[i][j] = "O"    #恢复封闭不到的 O 点
```

例 8.9 (力扣 1091)二进制矩阵中的最短路径。

【题目描述】

给定一个 $n \times n$ 的二进制矩阵 grid，要求设计算法返回矩阵中最短畅通路径的长度。

如果不存在这样的路径,返回-1。二进制矩阵中的畅通路径是一条从左上角单元格(即(0,0))到右下角单元格(即($n-1,n-1$))的路径,该路径同时满足下述要求。

(1) 路径途经的所有单元格的值都是0。

(2) 路径中所有相邻的单元格应当在8个方向之一上连通(即相邻两单元格之间彼此不同且共享一条边或者一个角)。

(3) 畅通路径的长度是该路径途经的单元格总数。

例如,当grid=[[0,0,0],[1,1,0],[1,1,0]]时,算法应返回4,其示意图如图8.11所示。

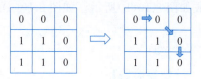

图8.11 二进制矩阵示例

【解题思路】

同样地,在本题中,可以将值为0的单元格视为图的顶点,顶点的邻接点为其8个相邻单元格中的顶点(可以参考图8.9,类似写出4个对角方向上顶点的定位表示)。因此所求问题的本质,就是从这个图中的入口顶点,沿着什么样的路径搜索,可以最快地找到出口?如果是DFS,它的特点是沿着一条路径尽可能往深走,有可能恰好这条路径就是最快的,但也有可能完全走偏了。那么BFS呢?

不妨来演示一下BFS的执行过程。每访问一个顶点,给它标记上路径长度,即从入口到达该点途径的单元格数目。按题意,对于入口顶点,路径长度为1,可以说这是第一层的顶点;而从入口顶点通过边,到达它的各个未曾访问过的邻接点,就可以得到第二层的顶点,它们的路径长度为2;对于第二层的所有顶点,它们未被访问的邻接点们便构成了第三层的顶点,路径长度也相应地增加为3……以此类推,对于每一层的顶点,通过将其"未被访问的邻接点"们纳入下一层的办法,可以实现从入口顶点一层一层"往外扩"的方式去搜索终点,每"往外扩"一层,路径长度相应增加1。只需要检查在这个过程中,是否"碰到"了出口。一步步往外扩的过程,实现了在所有的路径上齐头并进的搜索。因此,当扩张过程中第一次"碰到"出口时,对应的长度就是所求的最短长度。若遍历完了图中所有的顶点都未曾"碰到"出口,就说明不存在畅通路径,应返回-1。所以求无权图的最短路径问题的解法宜采用BFS。

【参考代码】

```python
def shortestPathBinaryMatrix(self, grid: List[List[int]]) -> int:
    def bfs(x, y):
        q = deque()
        q.append((x, y))
        grid[x][y] = 1
        ans = 0                                    #记录路径的长度
        while len(q) > 0:
            ans += 1                               #开始新的一层,层数加1
            size = len(q)                          #目前队列长度,即为本层结点数
            for _ in range(size):
                x, y = q.popleft()
                if (x, y) == (n - 1, n - 1):       #碰到出口,返回 ans
                    return ans
                for i in range(8):                 #不是出口,则需要把其邻接点入队列
                    nx, ny = x + dx[i], y + dy[i]
```

```
                if 0 <= nx < n and 0 <= ny < n and grid[nx][ny] == 0:
                    q.append((nx, ny))
                    grid[nx][ny] = 1
    return -1                          #若能执行到此处,说明一定没有碰到出口

n = len(grid)
dx = [-1, 0, 1, 1, 1, 0, -1, -1]       #8个可能邻接点在水平方向偏移量
dy = [1, 1, 1, 0, -1, -1, -1, 0]       #8个可能邻接点在垂直方向偏移量
if grid[0][0] == 1:                    #左上角单元格不能走,则不存在路径
    return -1
else:                                  #否则,从左上角开始 BFS
    return bfs(0, 0)
```

例 8.10 （力扣 994）腐烂的橘子。

【题目描述】

给定一个 $n \times m$ 的网格 grid 中，每个单元格可以有以下三个值之一：值 0 代表空单元格，值 1 代表新鲜橘子，值 2 代表腐烂的橘子。每分钟，腐烂的橘子周围 4 个方向上相邻的新鲜橘子都会腐烂。设计算法求出直到单元格中没有新鲜橘子为止所必须经过的最小分钟数。如果无论经过多长时间，都不可能使所有的新鲜橘子腐烂，则输出 -1。

例如，当 grid=[[2,1,1],[1,1,0],[0,1,1]]时，橘子的腐烂过程如图 8.12 所示（图中 √ 代表新鲜橘子，× 代表腐烂的橘子）。最少经过 4 分钟，所有的橘子都会腐烂，因此结果为 4。

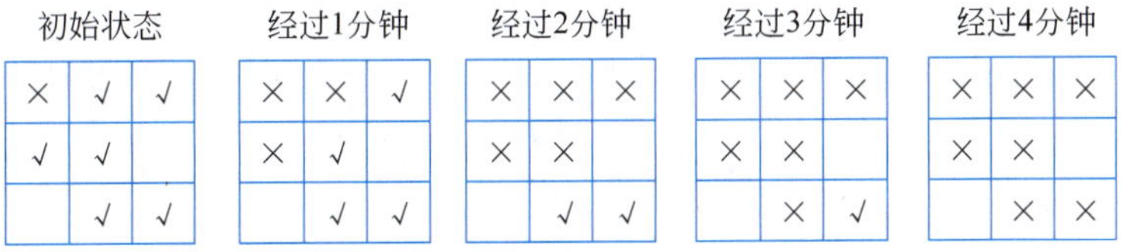

图 8.12 腐烂的橘子示例

【解题思路】

根据题意，可以知道每经过一分钟，每个腐烂的橘子都会使上下左右相邻的新鲜橘子腐烂。假设在初始状态时，图中只有一个腐烂的橘子（称其为源点），它每分钟向外拓展，腐烂上下左右相邻的新鲜橘子，那么下一分钟，就是这些被腐烂的橘子再向外拓展腐烂相邻的新鲜橘子……这与 BFS 一层一层向外扩的过程一一对应，每往外扩一层，分钟数增加 1。当从源点开始的 BFS 结束后，如果单元格中没有新鲜橘子了，则可返回 BFS 中经过的层数；否则返回 -1。

以上是基于初始状态时图中只有一个源点的情况。但在实际题目中，初始状态时腐烂的橘子（源点）可能不止一个。这样看似与 BFS 有所区别，不能直接套用。现在，不妨假设在初始状态之前还有一个 "-1 分钟" 时刻，在这个时刻，所有初始状态下的腐烂橘子（源点）都是新鲜的，而有一个虚拟的超级源点会在下一分钟（即第 0 分钟时）把这些橘子都变腐烂。那么仍然可以采用上述只有一个源点 BFS 的思路来求解。只需要在 BFS 初始化时，将所有的源点（而不是单一源点）都放进队列里，相当于从虚拟的超级源点开始，经过 1 分钟、往外扩一层的状态。这就是多源广度优先搜索的策略。

为了确认是否所有新鲜橘子都被腐烂,可以记录一个变量 cnt 表示当前网格中的新鲜橘子数,广度优先搜索的时候如果有新鲜橘子被腐烂,则 cnt 减少 1,最后搜索结束时如果 cnt 大于 0,说明有新鲜橘子没被腐烂,返回 −1,否则返回所有新鲜橘子被腐烂的时间的最大值即可;也可以在广度优先搜索的过程中把已腐烂的新鲜橘子的值由 1 改为 2,遍历结束后检查网格中是否仍有值为 1 的橘子即可。

【参考代码】

```python
def orangesRotting(self, grid: List[List[int]]) -> int:
    qu = deque()
    n, m = len(grid), len(grid[0])
    #将所有源点入队列
    for x in range(n):
        for y in range(m):
            if grid[x][y] == 2:
                qu.append((x, y))
    depth = 0                    #层数
    while len(qu) > 0:
        depth += 1               #层数增加1,注意:这种写法源点为第1层
        size = len(qu)
        for _ in range(size):
            x, y = qu.popleft()
            for nx, ny in [(x - 1, y), (x + 1, y), (x, y - 1), (x, y + 1)]:
                if 0 <= nx < n and 0 <= ny < m and grid[nx][ny] == 1:
                    grid[nx][ny] = 2
                    qu.append((nx, ny))
    for x in range(n):
        for y in range(m):
            if grid[x][y] == 1:
                return -1
    return depth - 1 if depth else 0
```

8.4 拓扑排序

拓扑排序是指对有向无环图生成一个包含所有顶点的线性序列,且该序列必须满足下面两个条件。

(1)每个顶点出现且只出现一次。

(2)若存在一条从顶点 A 到顶点 B 的路径,那么在序列中顶点 A 出现在顶点 B 的前面。

注意:只有有向无环图才能进行拓扑排序。对于一个有向无环图,其拓扑排序序列可能不唯一。例如,对于如图 8.13 所示的有向无环图 G_{12},序列 B→A→C→E→D、A→B→C→E→D、A→C→E→B→D 等都是可能的拓扑排序序列。因为它们都满足上述两个条件。

一般地,可以采用下述步骤来对有向无环图进行拓扑排序。

(1)计算每个顶点的入度:对于有向图中的每个顶点,计算它的入度,即指向该顶点的边的数量。

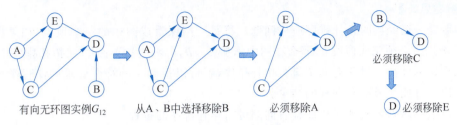

图 8.13　有向无环图实例 G_{12}

(2) 选择入度为零的顶点作为起始点：从图中选择一个入度为零的顶点作为起始点，即一个没有任何依赖关系的顶点。

(3) 移除起始点并更新图：移除起始点，并更新与之相邻的顶点的入度。这相当于在图中移除一个顶点及其关联的边。

(4) 重复步骤(2)和步骤(3)：重复选择入度为零的顶点，移除该顶点并更新图，直到图中所有顶点都被移除。

如图 8.13 所示，以有向无环图实例 G_{12} 为例，初始时，入度为 0 的顶点有 A 和 B，可以从两者中任选其一进行移除。若选择 B 作为起始点，移除 B 后，图中入度为 0 的顶点只有 A，因此接下来必须移除 A。移除 A 后，顶点 C 变成唯一一个入度为 0 的顶点，移除它，则得到唯一一个入度为 0 的顶点 E；移除 E 后，得到唯一一个入度为 0 的顶点 D；移除 D 后，图中所有顶点都被移除，至此得到完成图 G_{12} 的一次拓扑排序，得到序列 B→A→C→E→D。

显然，若对一个有环图按上述步骤进行拓扑排序，因为环中的顶点存在互相依赖的关系，在步骤(4)中，一定不可能实现所有的顶点都被移除。因此，可以使用拓扑排序来判定图中是否存在环或回路的情况。

拓扑排序是一种非常有用的图算法，常用于描述图中顶点之间的依赖关系，能够解决许多实际问题中的顺序关系。例如，在编译源代码时，文件之间存在依赖关系，拓扑排序可用于确定编译的顺序；在任务调度中，拓扑排序可以用于确定任务执行的顺序，确保依赖关系得到满足；在安排课程表时，拓扑排序可用于确定课程的先修关系，确保学生按照正确的顺序修读课程等。

例 8.11　(力扣 210)课程表Ⅱ。

【题目描述】

某同学总共有 numCourses 门课需要选，编号为 0～numCourses－1。在选修某些课程之前需要一些先修课程。先修课程按数组 prerequisites 给出，其中，prerequisites$[i]$=$[a,b]$，表示如果要学习课程 a 则必须先学习课程 b。要求设计算法返回他为了学完所有课程所安排的学习顺序。可能会有多个正确的顺序，返回任意一种均可。如果不可能完成所有课程，返回一个空列表。

例如，若 numCourses＝4，prerequisites＝[[1,0],[2,0],[3,1],[3,2]]，总共有 4 门课程。要学习课程 3，应该先完成课程 1 和课程 2。并且课程 1 和课程 2 都应该排在课程 0 之后。因此，一个正确的课程顺序是[0,1,2,3]，另一个正确的排序是[0,2,1,3]。

再如，若 numCourses＝2，prerequisites＝[[1,0],[0,1]]，总共有两门课程。要学习课程 1，需要先完成课程 0；但是在学习课程 0 之前，又要先完成课程 1。这是不可能的。因此返回[]。

【解题思路】

本题是一道经典的拓扑排序应用问题。将每一门课看成图中的一个顶点；如果想要学习课程 a 之前必须完成课程 b，那么在图中添加弧 $<b,a>$。这样一来，在拓扑排序中，b 一定出现在 a 的前面。对该有向图进行拓扑排序，就可以得到一种符合要求的课程学习顺序或者得出不可能完成所有课程的结论。

可以借助队列来实现对该课程有向图进行拓扑排序的过程。

（1）计算每个顶点的入度：将初始时入度为 0 的顶点都放入队列中，它们可以作为拓扑排序最前面的顶点，并且它们之间的相对顺序是无关紧要的。

（2）选择入度为零的顶点作为起始点：取出队首的顶点 u，并将 u 放入所求的结果序列中。

（3）移除起始点并更新图：移除 u 的所有出边，也就是将 u 的所有相邻顶点的入度减少 1。在这一步操作之后，如果某个相邻顶点 v 的入度变成了 0，就将 v 放入队列中。

（4）重复步骤(2)和步骤(3)，直至队列为空。此时若结果序列中已经包含 numCourses 个顶点，就可以返回所求的结果序列；否则说明图中存在环，也就不可能完成所有课程，返回空列表。

注意：在上述实现过程中需要不断考察顶点的入度，因此可以采用一个列表来记录各顶点的入度。

【参考代码】

```python
def findOrder(self, numCourses: int, prerequisites: List[List[int]]) \
        -> List[int]:
    g = [[] for i in range(numCourses)]        #使用邻接表存储图
    d = [0] * numCourses                        #记录对应顶点的入度
    for u, v in prerequisites:                  #v 是 u 的先修课程
        g[v].append(u)                          #弧<v, u>表示 v 是 u 的先修课程
        d[u] += 1                               #u 的入度加 1
    qu = deque()                                #记录入度为 0 的顶点
    for v in range(numCourses):                 #将所有初始时入度为 0 的课入队列
        if d[v] == 0:
            qu.append(v)
    ans = []
    while len(qu) > 0:
        v = qu.popleft()                        #修读一门课
        ans.append(v)
        for u in g[v]:                          #将其邻接点的入度都减少 1
            d[u] -= 1
            if d[u] == 0:                       #及时将入度为 0 的结点加入队列
                qu.append(u)
    return ans if len(ans) == numCourses else []
```

8.5 并查集

在计算机科学中，并查集是一种用于处理集合的数据结构，它管理一系列不相交的集合，并支持两种操作：把两个不相交的集合**合并**为一个集合，以及**查询**某元素所在的集合是

什么。

并查集最重要的设计思想在于:用集合中的一个元素来代表集合。譬如学校有很多班级,每个班级有多个同学,每个班级可选一个班长作为班级的代表。如图 8.14 所示,这里的班级 1 和班级 2,班长分别为 A 和 Z。在这里,班级就对应着集合,同学对应着集合中的元素,班长是其中的一个元素,他也是这个班级集合的代表。如果想判定两个元素是否在同一集合中,就像这里判断两个同学 B 和 X 是否属于同一个班级,很简单,可以分别查询他们的班长是谁,看看是不是同一个人就可以了。

图 8.14　并查集示意图

常用一个森林来表示并查集。森林中的每一棵树表示一个集合,树中的结点表示对应集合中的元素,根结点作为集合的代表。初始化一个并查集时,可以认为每个元素都属于一个单独的集合,每个集合都是一棵只有根结点的树。方便起见,将根结点的父亲设为它自身。

如果要将一个元素 A 所在的集合和另一个元素 B 所在的集合合并,在不考虑优化的情况下,可以将 A 对应树的根结点连到 B 对应树的根结点即可(反之亦可)。如图 8.15 所示,元素 5 所在集合的代表是根结点 1,元素 7 所在集合的代表是根结点 6,两者不相同。因此,若想将元素 5 所在集合与元素 7 所在集合合并,则可以将根结点 1 连到根结点 6,合并后的集合仍以 6 为代表。这就是并查集的合并操作。

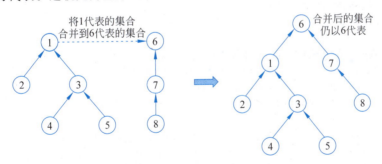

图 8.15　并查集的合并操作示例

并查集所支持的另一个常用操作就是查询某个元素所属的集合,即查询对应的树的根结点是什么。这可以用于快速确定两个元素是否属于同一集合的场景。在查询操作时,需要沿着树中的分支向上移动,直至找到根结点并返回根结点。例如,在图 8.16(a)中,若想查询元素 5 所在的集合,则沿着分支向上找到其父亲结点 4,继续向上找到结点 3,再找到结点 1,发现结点 1 是根结点,因此返回结点 1,此次查询结束。但若再次需要查询 5 所在的集合,又必须重复此向上多次查找的过程。显然,在查询过程中经过的每个元素都属于同一集合,可以将其直接连到根结点以加快后续查询。仍以对如图 8.16(a)所示的查询元素 5 所在的集合为例,在找到根结点 1 后,可以把结点 4、结点 5 的父亲结点直接设置为根结点 1。综上所述,在寻找某个结点所属的集合,并返回该集合根结点的过程中,若结点的父亲非自身(即结点不是根结点),则通过递归的方法,将它的父亲设置为其父亲结点所在集团的根,通过这种方式,在查询的过程中让底层结点的父亲设置为根。这一过程称为"路径压缩"。通过路径压缩,可以将对应树的高度降低,以提高后续查找的效率。

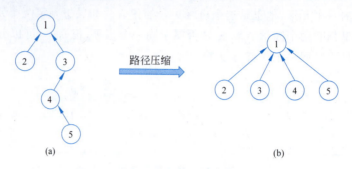

图 8.16　并查集的查询与路径压缩示例

虽然在上面的描述中使用森林来描述并查集,以及用树来描述一个集合,但对于这些树中的每个结点而言,孩子是谁并不重要,重要的是父亲是谁。根结点的父亲是它自己。因此,可以考虑使用类似父结点引用表示法来描述并查集,用一个列表 fa 来记录并查集中每个元素的父亲。为了简单起见,假设所处理的数据中每个元素已经被转换成了一个从 0 开始的顺序编号(这一点总是有办法实现的),那么 fa 中就只需要记录其父亲的编号。在初始化时,每个元素的父结点设为自己。根据上述并查集的查询与合并操作的定义,可以给出并查集的实现代码,如代码清单 8.5 所示。

代码清单 8.5　并查集及其基本操作

```
#初始化,每个元素的父结点设为自己
fa = list(range(n))

#查询(在查询过程中同时实现路径压缩操作)
def find(x):                    #查询 x 所属集合代表(根结点)
    if fa[x] != x:              #若不是根结点
        #递归查询其父亲所属集合代表(根),并更新其父亲为该代表
        fa[x] = find(fa[x])
    return fa[x]                #返回其父亲(此时,其父亲一定是根结点)

#合并
def merge(i, j):                #将元素 i 所在集合合并到元素 j 所在的集合中去
    fa[find(i)] = find(j)
```

并查集是一种简单而强大的数据结构,适用于处理集合操作的场景。通过路径压缩等优化,可以在实际应用中获得较高的效率。并查集在解决连通性问题、图算法优化和集合的动态操作等方面都发挥着重要的作用。深入理解并查集的原理和实现方式,有助于更好地应用它解决实际问题。

例 8.12　连通块中点的数量。

【题目描述】

给定一个包含 n 个顶点(编号从 1 到 n)的无向图,初始状态下图中没有任何边。需要

执行一系列的操作来构建和查询这个图。操作共有以下三种类型。

（1）连接操作 C a b：在顶点 a 和顶点 b 之间添加一条无向边。注意，这里允许 a 和 b 相等，即可以形成自环。

（2）连通性查询操作 Q1 a b：检查顶点 a 和顶点 b 是否位于同一个连通分量内。同样地，这里的 a 和 b 可以相等。

（3）连通分量大小查询操作 Q2 a：返回顶点 a 所在连通分量中的顶点数量。

程序采用如下输入格式。

（1）输入的第一行包含两个整数 n 和 m，分别表示顶点的数量和操作的数量。

（2）接下来的 m 行每行描述一个操作，操作指令为 C a b、Q1 a b 或 Q2 a 中的一种。

例如，当输入如下数据时：

```
5 6
C 1 2
C 2 3
Q1 1 3
Q2 1
C 4 5
Q2 4
```

输出为

```
Yes
3
2
```

【解题思路】

可以将编号为 1～n 的点视为并查集的元素。有边连通的点构成一个连通块；同一个连通块中的点属于同一个集合，连通块中点的数量即为集合中元素的个数。因此，C a b 操作可以视为 a 所属集合和 b 所属集合的合并操作，而 Q1 a b 操作可以视为查询 a 和 b 是否同属一个集合的操作。由于本题还有 Q2 操作以查询集合中元素的个数，因此，可以定义一个列表来记录每个集合中的元素个数。在初始化并查集时，每个集合中元素个数均为 1；而在将集合 i 合并到集合 j 中去时，可以适当修改代码清单 8.5 中的 merge 函数，将集合 j 中的元素个数更新为两个集合元素之和。

【参考代码】

```
def find(x):                    #查询 x 所属集合，返回集合代表(即根结点)
    if fa[x] != x:              #若不是根结点
        #递归查询其父亲所属集合代表(根)，并更新其父亲为该代表
        fa[x] = find(fa[x])
    return fa[x]                #返回其父亲(此时，其父亲一定是根结点)

def merge(i, j):                #将元素 i 所在集合合并到元素 j 所在的集合中去
    i, j = find(i), find(j)     #更新 i 和 j 的值分别为它们所在集合的根结点
    fa[i] = j                   #合并
    cnt[j] += cnt[i]            #更新 j 所代表集合的元素个数

n, m = map(int, input().split())
```

```
fa = list(range(n))           #初始化,每个元素的父结点设为自己
cnt = [1] * n                 #记录每个集合中元素的个数,初始时均为1
for i in range(m):
    s = input().split()
    a = int(s[1]) - 1
    if s[0] == "C":
        b = int(s[2]) - 1
        if find(a) == find(b):
            continue
        merge(a, b)
    elif s[0] == "Q1":
        b = int(s[2]) - 1
        print("Yes" if find(a) == find(b) else "No")
    else:
        print(cnt[find(a)])
```

例 8.13 (力扣 785)判断二分图。

【题目描述】

如果能将一个图的结点集合分割成两个独立的子集 A 和 B,并使图中的每一条边的两个结点一个来自 A 集合,一个来自 B 集合,就将这个图称为二分图。

现在给定一个含有 n 个结点的无向图,其中每个结点都有一个介于 $0 \sim n-1$ 的唯一编号。再给定该无向图的邻接表 graph,其中,graph[u]由结点 u 的邻接结点组成。该无向图同时具有以下属性。

(1) 不存在自环(graph[u]不包含 u)。

(2) 不存在平行边(graph[u]不包含重复值)。

(3) 如果 v 在 graph[u]内,那么 u 也应该在 graph[v]内(该图是无向图)。

(4) 这个图可能是非连通图。

要求设计算法判定该无向图是否为二分图,是则返回 True;否则,返回 False。

【解题思路】

如果是二分图,那么图中每个顶点的所有邻接点都应该属于同一集合,且不与顶点处于同一集合。因此可以使用并查集来解决这个问题。遍历图中每个顶点,判断当前顶点是否存在和它处于同一个集合中的邻接点。若是,则说明不是二分图,返回 False;若不是,则将当前顶点的所有邻接点进行合并。若遍历完图中所有顶点后都没有返回 False,则说明该图是二分图,返回 True。具体实现见参考代码 1。

本题也可以使用 DFS 或 BFS 来求解。在对 graph 指定的图进行搜索的过程中,可以使用两种不同的颜色对顶点进行"染色"。对于二分图,图中所有相邻的顶点应能被染成相反的颜色。可以用一个含 n 个元素的 colors 列表来标记染色,因为仅有两种颜色,colors 的每个元素可以用 False 和 True 代表两种不同的颜色。以 DFS 为例,在从图中某个顶点 u 开始 DFS 时,应逐一检查 u 的各个邻接点:若未被访问,则染上与 u 不同的颜色;若已被访问,则要检查其颜色是否与 u 相同,相同则说明它不是二分图,此时应返回 False。只要发现有从某个顶点开始的 DFS 返回了 False,就说明它不是二分图;反之,如果所有的连通分量都染色成功,则说明它是二分图。DFS 的具体实现见参考代码 2。感兴趣的读者可以自行尝试 BFS 的实现。

【参考代码1】

```python
def isBipartite(self, graph: List[List[int]]) -> bool:
    #查询
    def find(x):                    #查询 x 所属集合,返回集合代表(即根结点)
        if fa[x] != x:              #若不是根结点
            #递归查询其父亲所属集合代表(根),并更新其父亲为该代表
            fa[x] = find(fa[x])
        return fa[x]                #返回其父亲(此时,其父亲一定是根结点)

    #合并
    def merge(i, j):                #将元素 i 所在集合合并到元素 j 所在的集合中去
        fa[find(i)] = find(j)

    n = len(graph)                  #顶点个数
    fa = list(range(n))
    for u in range(n):              #逐个遍历图中的顶点
        sa = find(u)                #求出顶点 u 所处的集合,记为 sa
        adjs = graph[u]
        if not adjs:                #u 的邻接表为空,则继续考察图中下一个顶点
            continue
        for v in adjs:
            if find(v) == sa:       #如果 u 和邻接点 v 属于同一集合,则不是二分图
                return False
        v0 = adjs[0]
        for v in adjs[1:]:          #合并 u 的所有邻接点到同一集合中
            merge(v, v0)
    return True
```

【参考代码2】

```python
def isBipartite(self, graph: List[List[int]]) -> bool:
    def dfs(G, u):                  #若能实现所要求的染色方案,返回 True,否则返回 False
        visited[u] = True
        for v in G[u]:
            if not visited[v]:      #对于未被访问的邻接点
                colors[v] = not colors[u]    #染上和 u 不一样的颜色
                if dfs(G, v) == False:
                    return False
            else:                   #对于已经访问过的顶点,需要检查其颜色是否与 u 相同
                if colors[v] == colors[u]:
                    return False
        return True

    n = len(graph)
    visited = [False] * n
    colors = [False] * n            #顶点的染色,共有两种颜色,刚开始都染上 False 色
    for u in range(n):
        if not visited[u]:
            if dfs(graph, u) == False:
                return False
    return True                     #所有的连通分量均未返回 False,说明肯定是二分图
```

8.6 连通网的最小生成树

连通网的最小生成树是图论中一个重要的概念,它解决了在带权图中找到最经济的、连接所有结点的问题。最小生成树的应用涵盖了网络设计、通信网络以及电力网络等多个领域,是图论在解决实际问题中的有力工具。

例如,要在 n 个城市间建立通信联络网,网中的顶点表示城市,边表示城市间的通信线

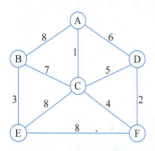

图 8.17 连通网示例

路,而边上的权值表示建设对应线路所需花费的代价。如图 8.17 所示,一共有 A、B、C、D、E、F 6 个城市,其中有 10 对城市间可以铺设线路,相应线路的铺设代价以权值形式列在边上。现在希望从这个连通网中选择 5 条边,来构建一棵生成树,并且使得树上所有边的权值之和最小,这样可以使得建立该通信网的代价最低。该如何选?

为了找到连通网的最小生成树,出发点就是尽量优先选择权值小的边。通常采用两种算法:克鲁斯卡尔(Kruskal)算法和普里姆(Prim)算法。

Kruskal 算法的基本思想是:对于含有 n 个顶点的连通网,先将网中的所有边按权值升序排序。然后从权值最小的边开始,依次加入生成树,但要确保加入的边不会形成回路;重复这个步骤,直到已经选择了 $n-1$ 条边(或者说生成树上已经包含 n 个结点)。

以如图 8.17 所示连通网的最小生成树构建为例,所有的边按权值从小到大排序为 AC、DF、BE、CF、CD、AD、BC、AB/CE/EF。先考虑权值最小的边 AC,肯定不会形成回路,因此,把它加入生成树中。然后考虑边 DF,也没有形成回路,可以加入生成树中。接下来考虑 BE、CF,都可以加入生成树中。接下来考虑 CD。显然,若在生成树中加入 CD,就会产生回路 C-D-F-C,因此,CD 不可取。同样地,AD 也不可取。接下来是 BC,它可以被加入。至此,对于这个有 6 个顶点的连通图,已经加入了 5 条边,任务完成。

显然,实现 Kruskal 算法的一个核心问题在于:如何判定选取的边是否会构成回路?用并查集可以很好地解决这个问题。只需要判断这条边的两个顶点是否属于同一集合即可。若属于同一集合,那么加入这条边就会产生回路;否则不会产生回路。

Prim 算法的基本思想是:任选图中一个顶点开始,将其加入生成树,并标记为已访问。然后在所有一端是已访问顶点、另一端是未访问顶点的边中,选择一条权值最小的边,通过它将对应的未访问顶点加入生成树,并将该顶点标记为已访问。重复上述步骤,直到所有顶点都已被加入了生成树上。在这个过程中所选择的边,就是生成树上的边。

仍以如图 8.17 所示连通网为例,利用 Prim 算法为其构建最小生成树的步骤如下。

(1) 不妨选择从顶点 A 开始。将顶点 A 加入生成树,并标记它为已访问。

(2) 至此,所有一端是已访问顶点(目前仅有 A)、另一端是未访问顶点的边共有 AB、AC、AD 三条。选择其中权值最小的边 AC,通过它把顶点 C 加入生成树中,标记 C 为已访问。

(3) 至此,所有一端是已访问顶点(目前有 A 和 C)、另一端是未访问顶点的边有 AB、

AD、CB、CD、CE、CF 共 6 条。选择其中权值最小的边 CF,通过它把顶点 F 加入生成树中,标记 F 为已访问。

(4) 至此,所有一端是已访问顶点(目前有 A、C、F)、另一端是未访问顶点的边中选择其中权值最小的边 FD,通过它把顶点 D 加入生成树中,标记 D 为已访问。

(5) 至此,所有一端是已访问顶点(目前有 A、C、F、D)、另一端是未访问顶点的边中选择其中权值最小的边 CB,通过它把顶点 B 加入生成树中,标记 B 为已访问。

(6) 至此,所有一端是已访问顶点(目前有 A、C、F、D、B)、一端是未访问顶点的边中选择其中权值最小的边 BE,通过它把顶点 E 加入生成树中,标记 E 为已访问。至此,已访问的顶点个数达到 6 个,任务完成。

从上述过程中可以看出,实现 Kruskal 算法的一个核心问题在于:如何实现一端是已访问顶点、另一端是未访问顶点的边集的存储与更新,并高效地从中选择权值最小的边?可以考虑用小顶堆来实现这种边集的存储与使用。每当将一个顶点加入生成树时,可以将它未被访问的邻接点及其对应的边以(权值,邻接点)的元组形式加入小顶堆中。但是这里需要注意的一个问题是:同一个顶点,可能会以不同顶点邻接点的身份加入堆中。如图 8.17 中的顶点 D,它先后会以顶点 A、C、F 的邻接点加入堆中,在上述步骤(4)中,当通过选择边 FD 将顶点 D 加入生成树并标记为已访问后,AD、CD 两条边对应的信息(6,D)、(5,D)仍然存在于堆中。这时如果从堆中取出边直接就加以使用,就会造成回路。因此,从堆中取出一条边信息时,应先判定其对应的顶点是否已访问,如果是,则应舍弃这条边。

Kruskal 算法和 Prim 算法的实现可以参考例 8.14。

例 8.14 (力扣 1135)最低成本连通所有城市。

【题目描述】

地图上有 n 座城市,它们按从 1 到 n 的次序编号。给定一个整数 n 和一个列表 connections,其中,connections$[i]=[x_i,y_i,\text{cost}_i]$ 表示将城市 x_i 和城市 y_i 连接所要的成本为 cost_i(连接是双向的)。若能连通所有 n 个城市,则返回连通它们的最低成本,否则返回 -1。该最小成本应该是所用全部连接成本的总和。

例如,当 $n=3$,connections=[[1,2,5],[1,3,6],[2,3,1]]时,选出任意两条边都可以连接所有城市,从中选取成本最小的两条,其成本之和为 6,因此输出 6。

再如,当 $n=4$, connections=[[1,2,3],[3,4,4]]时,图中有 4 个城市,却无法选出三条边来连通所有的城市。因此输出 -1。

【解题思路】

若将城市视为顶点,城市之间的连接视为边,连接的成本视为边权值,本题就可以转换成求网络最小生成树的问题。注意,本题中的城市网并非一定为连通网。因此,在使用 Kruskal 算法或者 Prim 算法构建最小生成树的过程中,若最终选取边不足 $n-1$ 条(或者顶点不足 n 个),则应返回 -1。

需要注意的是,在使用 Prim 算法构建最小生成树的过程中,需要频繁访问顶点的各个邻接点,因此,在开始构建之前,应先由 connections 构建图的邻接表存储结构。

【参考代码 1】使用 Kruskal 算法求解

```
def minimumCost(self, n: int, connections: List[List[int]]) -> int:
    def find(x):                              #并查集的查询操作
```

```python
        if fa[x] != x:
            fa[x] = find(fa[x])
        return fa[x]

    def merge(i, j):                              #并查集的合并操作
        fa[find(i)] = find(j)

    fa = list(range(n))                           #并查集的初始化
    #使用Kruskal算法构建最小生成树
    ans = 0                                       #总成本
    cnt = 0                                       #记录已经加入的边的条数
    connections.sort(key=lambda x: x[2])          #所有的边按权值升序排列
    for u, v, w in connections:
        u, v = u - 1, v - 1                       #顶点序号切换到[0, n-1]
        if find(u) != find(v):                    #两个端点不在一个集合中
            ans += w                              #加入生成树
            merge(u, v)                           #合并顶点 u 到顶点 v 所在集合
            cnt += 1
            if cnt == n - 1:                      #已选出 n-1 条边,构造成功,返回
                return ans
    return -1                                     #未能选出 n-1 条满足要求的边,构造失败
```

【参考代码 2】 使用 Prim 算法求解

```python
def minimumCost(self, n: int, connections: List[List[int]]) -> int:
    from heapq import heappush, heappop

    G = [[] for _ in range(n)]
    for u, v, w in connections:                   #由 connections 构建图的邻接表
        u, v = u - 1, v - 1
        G[u].append((v, w))
        G[v].append((u, w))
    #使用 Prim 算法构建最小生成树
    heap = []                                     #定义堆 heap,堆中元素以(权值,邻接点)的形式描述边信息
    visited = [False] * n
    heappush(heap, (0, 0))                        #从顶点 0 开始
    cnt = 0                                       #统计已经加入生成树上顶点的个数
    ans = 0                                       #总成本
    while heap:
        w, u = heappop(heap)                      #从堆中弹出最小权值的边及其牵连的顶点
        if visited[u]:                            #如果顶点 u 已经被访问,则舍弃这条边
            continue
        ans += w                                  #把这个顶点 u 加到生成树上,标记为已访问
        cnt += 1
        if cnt == n:                              #生成树上已有 n 个顶点,构造成功,返回
            return ans
        visited[u] = True
        for v, w in G[u]:                         #考察新加到树上的顶点 u 的所有邻接点
            if not visited[v]:                    #若邻接点 v 未被访问,则入堆候选
                heappush(heap, (w, v))            #将权值为 w、(从 u)到 v 的边放入堆
    return -1                                     #未能加入 n 个顶点,构造失败
```

例 8.15 (力扣 1584)连接所有点的最小费用。

【题目描述】

给定一个 points 数组,表示二维平面上的一些点,其中,$points[i]=[x_i,y_i]$。连接点 $[x_i,y_i]$ 和点 $[x_j,y_j]$ 的费用为它们之间的曼哈顿距离:$|x_i-x_j|+|y_i-y_j|$,其中,$|val|$ 表示 val 的绝对值。要求设计算法返回将所有点连接的最小总费用。只有任意两点之间有且仅有一条简单路径时,才认为所有点都已连接。

例如,当 points=[[0,0],[2,2],[3,10],[5,2],[7,0]]时,其在二维平面上的分布如图 8.18(a)所示,可以按照如图 8.18(b)所示连接所有点得到最小总费用,总费用为 20。此时,任意两个点之间只有唯一一条路径互相到达。

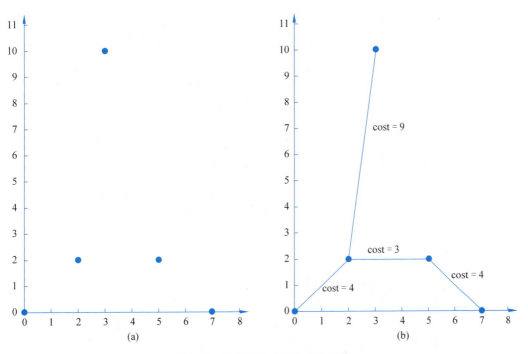

图 8.18 二维平面上的点分布示例

【解题思路】

根据题意,可以得到一个具有 n 个顶点的完全图,任意两点之间都有边,边的权值为它们的曼哈顿距离(也即连接这两点的费用)。因此,先计算所有边的权值,然后将所求的问题转换为求这个完全图最小生成树的问题。可以使用 Kruskal 算法或 Prim 算法来实现。本书仅给出 Kruskal 算法求解的参考代码。

【参考代码】

```
def minCostConnectPoints(self, points: List[List[int]]) -> int:
    n = len(points)
    fa = list(range(n))                  #并查集的初始化

    def find(x):                         #并查集的查询操作
        if fa[x] != x:
            fa[x] = find(fa[x])
```

```python
        return fa[x]

    def merge(i, j):                          #并查集的合并操作
        fa[find(i)] = find(j)

    def distance(p1, p2):                     #计算两点之间的曼哈顿距离
        return abs(p1[0] - p2[0]) + abs(p1[1] - p2[1])

    edges = []
    for i in range(n):
        for j in range(n):
            if i != j:
                edges.append((i, j, distance(points[i], points[j])))
    edges.sort(key=lambda x: x[2])            #所有的边按权值升序排列

    #使用Kruskal算法构建最小生成树
    ans = 0                                   #总成本
    cnt = 0                                   #记录已经加入的边的条数
    for u, v, w in edges:
        if find(u) != find(v):                #两个端点不在一个集合中
            merge(u, v)                       #合并顶点u到顶点v所在集合
            ans += w                          #加入生成树
            cnt += 1
            if cnt == n - 1:                  #已选出n-1条边,构造成功,返回
                break
    return ans
```

8.7 最短路径问题

在网络中,路径的长度由其上所有边的权值之和决定。在所有连接顶点 u 和顶点 v 的路径中,长度最短的那条路径被称为最短路径。这个最短路径的长度,也就是从 u 到 v 的距离,是图论中一个至关重要的概念。最短路径问题不仅在理论上具有深远的意义,而且在现实世界中也有着广泛的应用场景。例如,在物流和运输领域,最短路径问题可以帮助我们找到最短的行驶里程、最低的运费、最小的成本或最节省时间的路线。此外,最短路径问题还广泛应用于网络设计、城市规划、通信系统、社交网络分析等多个领域,它帮助我们优化资源分配,提高效率,降低成本。

从顶点 u 出发,通过精心设计的遍历过程,能够找出到达顶点 v 的所有可能的路径,并从中甄别出最短的那一条。这种方法在理论上是可行的。例如,可以利用之前讨论的深度优先搜索(DFS)或广度优先搜索(BFS)策略。然而,这种方法并不高效,特别是在面对一些复杂情况时,如图中存在环,就可能导致可达路径的数量变得无限多,给算法的实现和性能带来挑战。

鉴于最短路径问题在各个领域的广泛应用和重要性,研究者们已经开发出了一系列更为高效的算法。可以根据其应用场景将最短路径问题细分为以下两种类型。

(1) 单源最短路径问题，即确定从单一源点出发到图中所有其他顶点的最短路径。

(2) 所有顶点对之间的最短路径问题，即求解图中每一对顶点之间的最短路径。

接下来的两节将分别介绍两种高效的算法，它们分别针对上述两种最短路径问题。对于从一个顶点 u 到另一个特定顶点 v 的最短路径问题，虽然它看似是一个简化的问题，但它没有特殊的有效算法。但是，该问题显然可以采用单源路径问题算法的同样模式求解，一旦找到目标顶点，就可以提前结束计算了。

8.7.1 单源最短路径的 Dijkstra 算法

在图论中，寻找从单一源点到所有其他顶点的最短路径是一个经典问题。荷兰计算机科学家艾兹格·迪科斯彻拉于 1959 年提出了一种高效算法——Dijkstra 算法，用于解决这一问题。Dijkstra 算法的核心思想是按最短路径长度递增的次序，逐步确定求从源点到图中所有顶点的最短路径。算法开始时，假设源点到自己的距离为 0，而到其他所有顶点的距离为无穷大。随后，算法迭代地选择距离源点最近的顶点，并更新通过该顶点可达（有边/弧相邻）的所有其他顶点的距离。

显然和源点之间存在路径并且其路径长度值最小的顶点，必定是源点的某个邻接点。如图 8.19(a) 所示，当求以 B 为源点的单源最短路径长度时，可以确定路径 B→C 是最短路径长度值最小的路径。顶点 C 就是一个已经确定了最短路径长度的顶点。

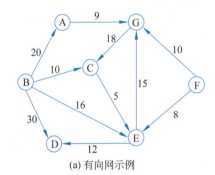

(a) 有向网示例

dist	A	B	C	D	E	F	G
初始	inf	0	inf	inf	inf	inf	inf
第一条	20	0	10	30	16	inf	inf
第二条	20	0	10	30	15	inf	inf
第三条	20	0	10	27	15	inf	30
第四条	20	0	10	27	15	inf	29
第五条	20	0	10	27	15	inf	29
第六条	20	0	10	27	15	inf	29

(b) Dijkstra算法求第N条最短路径过程中dist元素值变化示例

图 8.19 用 Dijkstra 算法对有向网求单源最短路径长度示例

第二条长度次短的最短路径只可能产生在下列两种情况之中：一是从源点到该点有弧存在；二是先经由某条已确定的最短路径后，再经由其终点通过邻接的弧间接到达。例如，在图 8.19(a) 中，第二条长度次短的最短路径 B→C→E，就是由已确定的最短路径 B→C 的终点 C 通过其邻接的弧 <C,E> 延伸得到的，它甚至比直接经由弧 <B,E> 的路径长度更短。以此类推，后续的第三条、第四条……最短路径的产生只可能是从源点直接通过一条弧到达终点或者通过已求出的这些最短路径"延伸"，也就是从源点间接到达终点。

由此可以得到 Dijkstra 算法的步骤如下。

(1) 初始化：设 dist[v] 为从源点 source 到顶点 v 的最短路径长度。初始时，dist[source]＝0，其他所有 dist[v]＝∞。

(2) 选择最近顶点：从未确定最短路径的顶点中，选择 dist[u] 最小的顶点 u。

(3) 更新邻接顶点：对于顶点 u 的每个邻接顶点 v，计算通过 u 到达 v 的新路径长度。如果新路径长度小于当前的 dist[v]，则更新 dist[v]。

（4）迭代过程：重复步骤（2）和步骤（3），直到所有顶点的最短路径都被确定。

下面以对图 8.19（a）求源点为 B 的单源最短路径长度为例，详细阐述其求解过程。初始时，dist[B]=0，其他顶点的 dist 值为∞（这里用 inf 表示）。算法迭代过程中，dist 值的变化情况如图 8.19（b）所示，在每一次迭代过程中，灰色背景的顶点代表本次迭代开始时"已确定最短路径长度的顶点"。

（1）首次迭代选择顶点 B，因为它与源点 B 距离最近。更新通过 B 可达的所有其他顶点（即 B 的邻接点）到源点 B 的距离。这里把 dist[A]、dist[C]、dist[D]以及 dist[E]分别更新为 20、10、30、16。

（2）第二次迭代选择顶点 C，因为在所有"未确定最短路径的顶点"中，它与源点 B 有着最近的距离。进一步更新通过 C 可达顶点的 dist 值，本例中应将 dist[E]更新为 15（即路径 B→C→E 的长度）。

（3）同样地，第三次迭代选择下一个与源点 B 有着最近距离的顶点 E，并进一步更新通过 E 可达的顶点 D 和 G 的 dist 值为 27 和 29。

（4）在随后的迭代中，均是在所有"未确定最短路径的顶点"中，选择与源点 B 最近顶点，并重复更新过程。直至第 7 次迭代时发现已经没有与源点 B 有路径相通且"未确定最短路径的顶点"，因此停止迭代。此时到 F 点的最短路径长度仍为∞，则说明从源点 B 到 F 无路径。至此，dist 中就记录了从源点到各终点的最短路径长度。

从上面的示例过程中可以看到，可以使用小顶堆来高效选择"未确定最短路径的结点"中与源点距离最近的点。算法实现如代码清单 8.6 所示。

代码清单 8.6 对以邻接表存储的图 *G* 求从顶点 source 开始的单源最短路径

```
def dijkstra(G, source):
    dist = [float("inf")] * n
    dist[source] = 0
    heap = [(0, source)]               #堆中元素记录(到起点的距离,顶点)两个信息
    while heap:
        du, u = heappop(heap)          #弹出堆中与源点距离最近的点
        if dist[u] < du:               #如果已经更新过，则跳过
            continue
        for v, w in G[u]:              #遍历顶点 u 的每个邻接顶点 v,(u, v)权重为 w
            dv = dist[u] + w           #计算通过 u 到达 v 的新路径长度
            if dv < dist[v]:
                dist[v] = dv           #如果新路径长度小于当前的 dist[v],则更新它
                heappush(heap, (dv, v)) #将更新后的顶点入堆
    return dist
```

8.7.2 求解任意顶点间最短路径的 Floyd 算法

Floyd 算法是一种用于在带权网络中求解所有顶点对之间最短路径的算法。该算法名称以其创始人之一、1978 年图灵奖获得者罗伯特·弗洛伊德命名。Floyd 算法基于带权网络的邻接矩阵表示，其中，对角线元素的值都是 0，表示从各顶点到自身的距离为 0，其余元素是权值，无边的情况用∞表示。

算法的基本想法如下：

(1) 如果两个顶点 i，j 之间有边，那么它自然是从顶点 i 到 j 的直接路径，其长度可以由边的权值直接得到。无边时可以看作存在长度为∞的直接路径。

(2) 但是，从 i 到 j 的直接路径未必是从 i 到 j 的最短路径。有可能存在从 i 到 j 更短路径，途中经过其他顶点。

(3) 考虑一种系统化的方法，检查和比较从 i 到 j 的可能经过任何顶点的所有路径，从中找出最短路径。依次以各个顶点作为中间顶点改变路径，不断比较寻找任意两点间更短的路径，直到所有顶点都作为过中间顶点后，就能得出最短路径。

Floyd 算法的具体实现思路如下。

(1) 创建一个二维数组 dist，用于存储任意两个顶点之间的最短路径长度。

(2) 初始化 dist 数组，将每条边的权值赋值给对应的 dist[i][j]，其中 i 和 j 分别表示边的起点和终点。

(3) 使用三重循环，分别遍历每一个顶点 k，将顶点 k 作为中间顶点，按如下方式更新 dist 数组：对于每一对顶点 i 和 j，如果 dist[i][j] 大于 dist[i][k]+dist[k][j]，则更新 dist[i][j] 为 dist[i][k]+dist[k][j]。

(4) 最终，dist 数组中存储的就是每对顶点之间的最短路径长度。

该算法的实现可以参考代码清单 8.7。通过多次迭代，每对顶点之间的最短路径逐渐更新，直到遍历完所有的中间顶点，就得到了最后的最短路径矩阵。

代码清单 8.7 对以邻接矩阵存储的有权网 *G* 求任意两点间的最短路径长度

```python
def floyd(G):
    n = len(G)
    dist = [G[i].copy() for i in range(n)]   #复制邻接矩阵来初始化距离 dist 矩阵
    for k in range(n):
        for i in range(n):
            for j in range(n):
                dist[i][j] = min(dist[i][j], dist[i][k] + dist[k][j])
    return dist
```

Floyd 算法使用三重循环来迭代更新所有顶点对之间的最短路径，其中，n 表示图中顶点的数量。因此，算法的时间复杂度为 $O(n^3)$。算法需要使用一个二维数组 dist 来存储图中顶点对之间的最短路径距离，因此空间复杂度为 $O(n^2)$。

小结

本章首先聚焦于图的基本概念和存储方式，详细阐述了邻接矩阵和邻接表这两种常见的图存储方法及其 Python 代码实现，使读者能够更好地掌握图的结构表示。然后，在基础算法部分，本章着重介绍了图的深度优先搜索和广度优先搜索，以帮助读者理解图中顶点访问的不同策略。本章还讨论了图的拓扑排序、连通网的最小生成树、最短路径等高级主题，使读者能够进一步探索图论的广泛应用场景。通过本章的学习，读者将具备利用图结构解决实际问题的基本能力。

1. 建立有向无权图的邻接矩阵并输出

【题目描述】

给定含有 n 个顶点的有向无权图,不关心顶点的元素值,顶点从 0 开始依次编号至 $n-1$。要求建立其邻接矩阵并输出。程序中以如下形式输入有向图。

(1) 第一行为两个整数 n 和 m,分别代表图中顶点个数和弧的条数。

(2) 接下来 m 行,每行两个整数 u 和 v,代表弧 $<u,v>$。

要求从上到下以列表形式逐行输出图的邻接矩阵。

【示例】

```
输入:
    4 5
    0 1
    0 2
    2 3
    3 0
    3 1
输出:
    [0, 1, 1, 0]
    [0, 0, 0, 0]
    [0, 0, 0, 1]
    [1, 1, 0, 0]
```

2. 建立无向无权图的邻接表并输出

【题目描述】

给定含有 n 个顶点的无向无权图,不关心顶点的元素值,顶点从 0 开始依次编号至 $n-1$。要求建立其邻接表并输出。程序中以如下形式输入无向图。

(1) 第一行为两个整数 n 和 m,分别代表图中顶点个数和边的条数。

(2) 接下来 m 行,每行两个整数 u 和 v,代表边 (u,v)。

要求从上到下、逐行输出图中各顶点的邻接表。

【示例】

```
输入:
    4 5
    0 1
    0 2
    2 3
    3 0
    3 1
输出:
    [1, 2, 3]
    [0, 3]
    [0, 3]
    [2, 0, 1]
```

3.（力扣 1791）找出星状图的中心

【题目描述】

有一个无向的星状图，由 n 个编号为从 1 到 n 的顶点组成。星状图有一个中心顶点，并且恰有 $n-1$ 条边将中心顶点与其他每个顶点连接起来。给定一个二维整数数组 edges，其中，edges$[i]$=$[u_i,v_i]$ 表示在顶点 u_i 和 v_i 之间存在一条边。设计算法找出并返回 edges 所表示星状图的中心顶点。

【示例】

输入：edges = [[1,2],[2,3],[4,2]]
输出：2

解释：顶点 2 与其他每个顶点都相连，所以顶点 2 是中心顶点。

4.（力扣 1615）最大网络秩

【题目描述】

n 座城市和一些连接这些城市的道路 roads 共同组成一个基础设施网络。每个 roads$[i]$=$[a_i,b_i]$ 都表示在城市 a_i 和 b_i 之间有一条双向道路。两座不同城市构成的城市对的网络秩定义为：与这两座城市直接相连的道路总数。如果存在一条道路直接连接这两座城市，则这条道路只计算一次。

整个基础设施网络的最大网络秩是所有不同城市对中的最大网络秩。给定整数 n 和数组 roads，设计算法返回整个基础设施网络的最大网络秩。

【示例】

输入：n = 4, roads = [[0,1],[0,3],[1,2],[1,3]]
输出：4

解释：城市 0 和 1 的网络秩是 4，因为共有 4 条道路与城市 0 或 1 相连。位于 0 和 1 之间的道路只计算一次。

5.（力扣 841）钥匙和房间

【题目描述】

有 n 个房间，房间按从 0 到 $n-1$ 编号。最初，除 0 号房间外的其余所有房间都被锁住。你的目标是进入所有的房间。然而，不能在没有获得钥匙的时候进入锁住的房间。当进入一个房间，可能会在里面找到一套不同的钥匙，每把钥匙上都有对应的房间号，即表示钥匙可以打开的房间。可以拿上所有钥匙去解锁其他房间。给定一个数组 rooms，其中，rooms$[i]$ 是进入 i 号房间可以获得的钥匙集合。设计算法判定能否进入所有的房间，能返回 True，否则返回 False。

【示例】

输入：rooms = [[1],[2],[3],[]]
输出：True

解释：从 0 号房间开始，拿到钥匙 1；之后去 1 号房间，拿到钥匙 2；然后去 2 号房间，拿到钥匙 3。最后去了 3 号房间。由于能够进入每个房间，所以返回 True。

6.（力扣797）所有可能的路径

【题目描述】

给定一个有 n 个结点的有向无环图 graph，设计算法找出所有从顶点 0 到顶点 $n-1$ 的路径并输出（不要求按特定顺序）。graph$[i]$ 是一个从顶点 i 可以访问的所有顶点的列表（即从顶点 i 到顶点 graph$[i][j]$ 存在一条有向边）。

【示例】

```
输入：graph = [[1,2], [3], [3], []]
输出：[[0,1,3], [0,2,3]]
```

解释：输出代表了图中有两条路径 0→1→3 和 0→2→3。

7.（力扣200）岛屿数量

【题目描述】

给定一个由'1'(陆地)和'0'(水)组成的二维网格，设计算法计算网格中岛屿的数量。岛屿总是被水包围，并且每座岛屿只能由水平方向和/或竖直方向上相邻的陆地连接形成。此外，可以假设该网格的 4 条边均被水包围。

【示例】

```
输入：
   grid = [
     ["1","1","0","0","0"],
     ["1","1","0","0","0"],
     ["0","0","1","0","0"],
     ["0","0","0","1","1"]
   ]
输出：3
```

8.（力扣542）01 矩阵

【题目描述】

给定一个由 0 和 1 组成的矩阵 mat，设计算法输出一个大小相同的矩阵，其中每一个格子是 mat 中对应位置元素到最近的 0 的距离。约定：两个相邻元素间的距离为 1。

【示例】

```
输入：mat = [[0,0,0], [0,1,0], [1,1,1]]
输出：[[0,0,0], [0,1,0], [1,2,1]]
```

9.（力扣207）课程表

【题目描述】

你这个学期必须选修 numCourses 门课程，记为 0～numCourses－1。在选修某些课程之前需要一些先修课程。先修课程按数组 prerequisites 给出，其中，prerequisites$[i]$＝$[a_i, b_i]$，表示如果要学习课程 a_i 则必须先学习课程 b_i。例如，先修课程对[0,1]表示：想要学习课程 0，你需要先完成课程 1。

请设计算法判断是否可能完成所有课程的学习？如果可以，返回 True；否则，返回 False。

【示例】

输入：numCourses = 2, prerequisites = [[1,0]]
输出：True

解释：总共有两门课程。学习课程 1 之前,需要完成课程 0。因此,可以先修课程 0,然后修课程 1,从而完成所有课程的学习。这是可能的,返回 True。

10. 使用并查集来求解例 8.5（（力扣 547）省份数量）

11. 使用并查集来求解例 8.6（（力扣 1971）寻找图中是否存在路径）

12. （力扣 684）冗余连接

【题目描述】

树可以看成是一个连通且无环的无向图。给定往一棵有 n 个结点(结点值 $1\sim n$)的树中添加一条边后的图。添加的边的两个顶点包含在 $1\sim n$ 中,且这条附加的边不属于树中已存在的边。图的信息记录于长度为 n 的二维数组 edges 中,edges[i]=[a_i,b_i]表示图中在 a_i 和 b_i 之间存在一条边。

设计算法找出一条可以删去的边,删除后可使得剩余部分是一棵有着 n 个结点的树。如果有多个答案,则返回数组 edges 中最后出现的那个。

【示例】

输入：edges = [[1,2],[2,3],[3,4],[1,4],[1,5]]
输出：[1,4]

13. （力扣 1631）最小体力消耗路径

【题目描述】

你准备参加一场远足活动。给你一个二维 rows×columns 的地图 heights,其中,heights[row][col]表示格子(row,col)的高度。一开始你在最左上角的格子(0,0),且你希望去最右下角的格子(rows−1,columns−1)(注意下标从 0 开始编号)。你每次可以往上、下、左、右 4 个方向之一移动,你想要找到耗费体力最小的一条路径。一条路径耗费的体力值是由路径上相邻格子之间高度差绝对值的最大值决定的。

设计算法返回从左上角走到右下角的最小体力消耗值。

【示例】

输入：heights = [[1,2,2],[3,8,2],[5,3,5]]
输出：2

解释：路径[1,3,5,3,5]连续格子的差值绝对值最大为 2,这条路径比路径[1,2,2,2,5]更优,因为另一条路径差值最大值为 3。

14. （力扣 743）网络延迟时间

【题目描述】

有 n 个网络结点,标记为 $1\sim n$。

给定一个列表 times,表示信号经过有向边的传递时间。times[i]=(u_i,v_i,w_i),其中,u_i 是源结点,v_i 是目标结点,w_i 是一个信号从源结点传递到目标结点的时间。

现在,从某个结点 k 发出一个信号。设计算法判定需要多久才能使所有结点都收到信号？如果不能使所有结点收到信号，返回-1。

【示例】

输入：times = [[2,1,1],[2,3,1],[3,4,1]],n = 4,k = 2
输出：2

15.（力扣1334）距离阈值内邻居最少的城市

【题目描述】

有 n 个城市，按 $0 \sim n-1$ 编号。给定一个边数组 edges，其中，edges$[i]$=[from$_i$,to$_i$,weight$_i$]代表 from$_i$ 和 to$_i$ 两个城市之间的双向加权边，距离阈值是一个整数 distanceThreshold。

设计算法返回在路径距离限制为 distanceThreshold 以内可到达城市最少的城市。如果有多个这样的城市，则返回编号最大的城市。注意，连接城市 i 和 j 的路径的距离等于沿该路径的所有边的权重之和。

【示例】

输入：n = 4,edges = [[0,1,3],[1,2,1],[1,3,4],[2,3,1]],distanceThreshold = 4
输出：3

解释：每个城市阈值距离 distanceThreshold=4 内的邻居城市分别是：

城市 0→[城市 1，城市 2]
城市 1→[城市 0，城市 2，城市 3]
城市 2→[城市 0，城市 1，城市 3]
城市 3→[城市 1，城市 2]

城市 0 和 3 在阈值距离 4 以内都有两个邻居城市，但是必须返回城市 3，因为它的编号最大。

第9章 排序和查找

排序和查找是计算机应用过程中最常出现的操作。例如,银行系统中经常要查询一个账号是否存在,并能根据此账号获得此账号客户的相关信息。在图书馆系统中,读者可能会根据图书的作者姓名查询该作者的所有馆藏图书,这都属于查找问题范畴。由于数据巨大,如何快速找到所查询的信息是一个重要的计算机技术问题。对数据排序是提高查找速度的重要途径,在一个排好序的数据中查询信息将会大大提高查找的速度。本章主要讨论排序和查找这两个最基本的问题。

9.1 查找

9.1.1 基本术语和概念

查找就是根据给定的某个值,在一组记录集合中确定某个特定的记录;或者是根据指定的条件,找到属性值与之相符的某些记录。由同一类型的数据元素(或记录)构成的集合被称为**查找表**,也是查找对象的集合。

查找表可利用任意数据结构实现。当查找表用线性表表示时,也称为**列表**。这里所说的列表与 Python 中的 list 数据类型是有区别的,但一般可以用 list 来表示这样的列表,但要求列表中的数据必须是同一类型的数据。

关键字是数据元素的某个数据项的值,用它可以标识查找表中的一个或一组数据元素。如果一个关键字可以唯一标识列表中的一个数据元素,则称其为**主关键字**,否则为**次关键字**。例如,描述学生数据时,可以把学号作为标识学生的关键字,而把学生姓名作为次关键字。

当数据元素仅有一个数据项时,数据元素的值就是关键字。

因此,查找就是根据给定的关键字值,在特定的查找表中确定一个其关键字与给定值相同的数据元素,并返回该数据元素在列表中的位置。若找到相应的数据元素,则称查找是成功的,否则称查找失败,此时应返回空地址或失败信息。

显然,查找算法中涉及以下三类参量。

(1) 查找对象 K(找什么)。

(2) 查找范围 L(在哪找)。

(3) K 在 L 中的位置(查找的结果)。

其中,(1)、(2)为输入参量,(3)为输出参量,在函数中,输入参量必不可少,输出参量也可用函数返回值表示。

平均查找长度(Average Search Length,ASL):为确定数据元素在列表中的位置,需和给定值进行比较关键字个数的期望值,称为查找算法在查找成功时的平均查找长度。对于长度为 n 的列表,查找成功时的平均查找长度为

$$ASL = \sum_{i=1}^{n} p_i C_i$$

其中,p_i 为查找列表中第 i 个数据元素的概率,C_i 为找到列表中第 i 个数据元素时,已经进行过的关键字比较次数。由于查找算法的基本运算是关键字之间的比较操作,所以可用平均查找长度来衡量查找算法的性能。

查找的基本方法可以分为两大类,即比较式查找法和计算式查找法。其中,比较式查找法又可以分为基于线性表的查找法和基于树的查找法,而计算式查找法也称为 Hash(哈希)查找法。

基于线性表的查找是最简单的查找。将数据元素存储在线性表中,查找算法根据给定值在线性表中进行查找,直到找到其在线性表中的存储位置并读取相关信息,或者确定在表中未找到为止。本章主要介绍的就是基于线性表的查找。

9.1.2 顺序查找

对于一个关键字无序的线性表来说,用所给的关键字与线性表中的所有记录逐个进行比较,直到成功或失败,这种查找方法称为顺序查找。

线性表存储结构通常为顺序结构,也可为链式结构。在 Python 中,可以直接采用列表来表示线性表,但要求列表中所有元素必须是同一类型。

代码清单 9.1 中的函数 sequential_search 所表示的算法,就是针对于数据元素为整型类型数据的一个查找算法。

代码清单 9.1　顺序查找

```
"""顺序查找
找到返回元素的位置,否则返回-1"""
def sequential_search(a, item):
    n = len(a)
    i = 0
    while i < n and a[i] != item:
        i += 1
    return -1 if i == n else i
#主程序
alist = [99, 8, 69, 12, 5, 28, 24, 19, 70, 10, 23]        #查找表
```

```
print(sequential_search(alist, 28))                    #查找28
print(sequential_search(alist, 68))                    #查找68
```

算法是从列表 a 的最左端开始,从前向后查找关键字为 item 的元素,如果找到,则返回该元素在列表中所在的位置,如果没有找到,则返回-1。显然,当未找到时,循环变量 i 会等于 n;而找到时,循环变量 i 必定小于 n。

该算法的时间代价主要消耗在循环处的比较上,即两个循环判断条件的执行。其中,第1个循环条件 i<n 是保证循环的结束及边界条件的判定。如果在保证查找成功的情况下,该条件的执行只是白白浪费时间,有实验表明,在查找记录超过 1000 条时,该条语句的平均执行时间占到整个算法执行时间的 60%。因此可以对算法进行改进。

可以在列表最后增加一个需要查找元素作为哨兵。在添加了哨兵的查找表中,无论如何,一定会找到所要找的元素。如果循环结束后,找到的元素位置 i 等于 n,则说明找到的是哨兵,查找表中原本并没有关键字为 item 的元素,应返回-1,否则应返回 i,如图 9.1 所示。

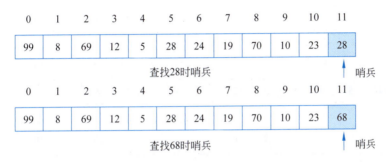

图 9.1 设置哨兵进行顺序查找

代码清单 9.2 设置哨兵进行顺序查找

```
"""顺序查找,设置哨兵
找到返回元素的位置,否则返回-1
"""
def sequential_search1(a, item):
    n = len(a)
    i = 0
    a.append(item)        #把查找的元素追加到列表最后,作为哨兵
    while a[i] != item:
        i += 1
    return -1 if i == n else i
#主程序
alist = [99, 8, 69, 12, 5, 28, 24, 19, 70, 10, 23]     #查找表
print(sequential_search1(alist, 28))                    #查找28
print(sequential_search1(alist, 68))                    #查找68
```

假设列表长度为 n,那么查找第 i 个数据元素时需进行 i 次比较,即 $C_i=i$。若查找每个数据元素的概率相等,即 $p_i=1/n$,则顺序查找算法的平均查找长度为

$$\text{ASL}=\sum_{i=1}^{n}p_ic_i=\frac{1}{n}\sum_{i=1}^{n}C_i=\frac{1}{n}\sum_{i=1}^{n}i=\frac{1}{2}(n+1)$$

因此,在等概率查找的情况下,对于顺序表,查找成功时平均比较次数约为表长度的一

半。如果在查找不成功的情况下,则需要进行 $n+1$ 次比较才能确定。由此可见,当表很大时,查找的效率就会比较低。但是顺序查找的优势在于对表没有特别的要求,数据元素可以任意排列,在未找到时需要插入的情况下,插入元素可以直接加到表尾。

9.1.3 二分查找

二分查找又称为折半查找法,这种方法要求待查找的列表必须是按关键字大小有序排列的顺序表。以在非递减有序顺序表中进行二分查找为例,其基本过程是:将表中间位置记录的关键字与查找关键字比较,如果两者相等,则查找成功;否则利用中间位置记录将表分成前、后两个子表,如果中间位置记录的关键字大于查找关键字,则进一步查找前一子表,否则进一步查找后一子表。重复以上过程,直到找到满足条件的记录,使查找成功,或直到子表不存在为止,此时查找不成功。图 9.2 为二分查找法在列表 [5,8,10,12,23,35,69,70,84,89,99] 中查找元素 10 的情况,其中,mid=(low+high)/2。

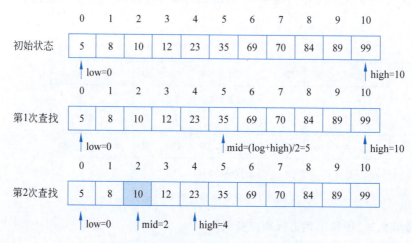

图 9.2　二分查找过程示例(找到情况)

图 9.3 给出了二分查找法在列表 [5,8,10,12,23,35,69,70,84,89,99] 中查找并不存在的元素 50 的具体过程。当 high<low 时,表示不存在这样的元素,查找失败。

代码清单 9.3 是给出的二分查找的算法,变量 mid 是每次查找的有序列表的中间位置索引,通过与该位置的元素比较,不断调整 low 和 high 值,实际上就是缩小查找范围,如果最终没有找到,则返回 −1。

代码清单 9.3　二分查找

```
def binary_search(a, item):
    low = 0
    high = len(a) - 1
    while low <= high:
        mid = (low + high) // 2                    #保持整数
        if a[mid] == item:                         #找到
            return mid
        else:
            if item < a[mid]:                      #在mid左边
                high = mid - 1
            else:
```

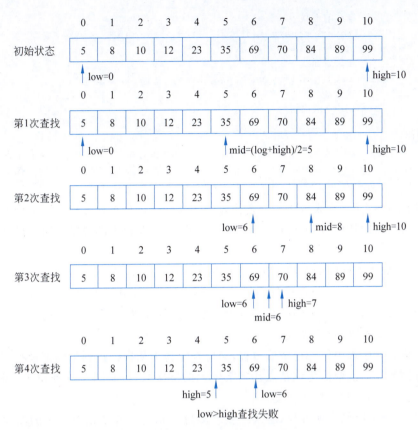

图 9.3　二分查找过程（未找到的情况）

```
                low = mid + 1                    #在 mid 右边
    return -1

#主程序
ordered_list = [5, 8, 10, 12, 23, 35, 69, 70, 84, 89, 99]   #有序查找表
print(binary_search(ordered_list, 10))                       #查找 10
print(binary_search(ordered_list, 50))                       #查找 50
```

二分法查找算法采用的是分治策略。分治是指将问题分解成小问题，以某种方式解决小问题，然后整合结果，以解决最初的问题。对列表进行二分搜索时，先查看中间的元素。如果目标元素小于中间的元素，就只需要对列表的左半部分进行二分搜索。同理，如果目标元素更大，则只需对右半部分进行二分搜索。在两种情况下，都是针对一个更小的列表递归调用二分查找函数，如代码清单 9.4 所示。

代码清单 9.4　二分查找的递归算法

```
def binary_search(a, item, low, high):
    if high >= low:
        mid = (low + high) // 2
        if a[mid] == item:    #找到
            return mid
        else:
            if item < a[mid]:
```

```
                #在前面找
                return binary_search(a, item, low, mid - 1)
            else:
                #在后面找
                return binary_search(a, item, mid + 1, high)
    else:
        return -1   #未找到

#主程序
ordered_list = [5, 8, 10, 12, 23, 35, 69, 70, 84, 89, 99]       #有序查找表
print(binary_search(ordered_list, 10, 0, len(ordered_list)))    #查找 10
print(binary_search(ordered_list, 50, 0, len(ordered_list)))    #查找 50
```

下面用平均查找长度来分析二分查找算法的性能。二分查找过程可用一个称为判定树的二叉树描述,判定树中每一结点对应表中一个记录,其在树中的位置反映了记录在表中的有序位置。

根结点对应当前区间的中间记录,左子树对应前一子表,右子树对应后一子表。二分法查找就是将给定值 k 与二分查找判定树的根结点的关键字进行比较,若相等成功,否则小于根结点的关键字,到左子树中查找。若大于根结点的关键词,则到右子树中查找。不断重复此过程,要么能找到,要么失败。

显然,找到有序表中任一记录的过程,对应判定树中从根结点到与该记录相应的结点的路径,而所做比较的次数恰为该结点在判定树上的层次数。因此,二分查找成功时,关键字比较次数最多不超过判定树的深度。

由于判定树的叶结点所在层,层次之差最多为 1,故 n 个结点的判定树的深度与 n 个结点的完全二叉树的深度相等,均为 $\lfloor \log_2 n \rfloor + 1$。这样,二分查找成功时,关键字比较次数最多不超过 $\lfloor \log_2 n \rfloor + 1$。相应地,二分查找失败时的过程对应判定树中从根结点到某个内容为空的结点的路径(图 9.4 中虚线的结点),因此,二分查找失败时,关键字比较次数最多不超过判定树的深度 $\lfloor \log_2 n \rfloor + 1$。

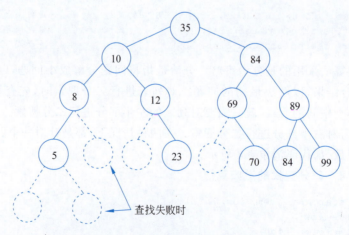

图 9.4 二分法查找构成的判定树

为便于讨论,假定表的长度 $n = 2^h - 1$,则相应判定树必为深度是 h 的满二叉树,$h = \log_2(n+1)$。若每个记录的查找概率相等,则二分查找成功时的平均查找长度为

$$\text{ASL} = \sum_{i=1}^{n} p_i C_i = \frac{1}{n} \sum_{i=1}^{n} i \cdot 2^{i-1} = \frac{n+1}{n} \log_2(n+1) - 1$$

所以,二分查找算法的时间复杂度是 $O(\log_2 n)$。

显然在查找表有序的情况下,二分查找比较次数少,查找速度快,平均性能好,比顺序查找效率更高。二分查找的缺点是要求待查表为有序表,且插入删除困难。因此,折半查找方法适用于不经常变动而查找频繁的有序列表。

例 9.1 (力扣 74)搜索二维矩阵。

【问题描述】

给定一个整数 target 和一个满足下述两条属性的整数矩阵 matrix:矩阵每行中的整数从左到右按非递减顺序排列,且每行的第一个整数大于前一行的最后一个整数。设计算法判定 target 是否在 matrix 中,如果在则返回 True;否则,返回 False。

例如,当 matrix=[[1,3,5,7],[10,11,16,20],[23,30,34,60]]时,若 target=3,则应返回 True;若 target=13,则应返回 False。

【解题思路】

这个问题如果采用常规查找,只需利用二重循环,遍历所有行和列,即可实现题目的目标,其时间复杂度为 $O(mn)$,这里 m 和 n 分别代表矩阵的行数和列数。显然这样没有很好利用此矩阵的特殊性质。

这个矩阵的特殊之处在于,它的每一行都是非递减排列的,且下一行的第一个数比上一行的最后一个数大。如图 9.5 所示,如果将这个矩阵按照**从上到下、逐行从左到右**的方式拉直成一个一维序列,那么这个一维序列就是一个有序表。显然,对于这个一维序列中索引为 mid 的元素(mid≥0),它在 matrix 中的行号和列号应分别为 mid//n 和 mid % n。

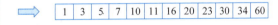

(a) matrix矩阵示例　　　　(b) 将矩阵想象成一个有序表

图 9.5　搜索二维矩阵示例

因此,如果将 matrix 想象成一个如上所述有序表,就可以按照二分查找的方式在矩阵 matrix 中来查找目标数 target。同样需要定义两个指针 low 和 high,分别指向有序表的首和尾,因此初始时 low 应设为 0,high 应设为 $mn-1$。然后,用一个变量 mid 记录当前搜索的位置(low+high)//2。唯一不同的是,需要根据 mid 在矩阵 matrix 中确定要比较的数 matrix[mid//n][mid % n]。

采用这种算法,其时间复杂度为 $O(\log_2(mn))$。

【参考代码】

```python
def searchMatrix(self, matrix: list[list[int]], target: int) -> bool:
    m = len(matrix)
    n = len(matrix[0])
    low = 0
    high = m * n - 1
    while low <= high:
        mid = (low + high) // 2
```

```python
            num = matrix[mid // n][mid % n]    #注意确定mid对应的行列
            if num == target:
                return True
            elif num < target:
                low = mid + 1
            else:
                high = mid - 1
    return False
```

例 9.2 （力扣 540）有序数组中的单一元素。

【问题描述】

给定一个仅由整数组成的有序数组 nums，其中每个元素都会出现两次，唯有一个数只会出现一次。设计算法找出并返回只出现一次的那个数。要求算法必须满足 $O(\log n)$ 时间复杂度和 $O(1)$ 空间复杂度。

例如，当 nums=[1,1,2,3,3,4,4,8,8]时，应返回 2。

【解题思路】

本题要求在一个有序数组中找出唯一一个只出现一次的元素，其他元素都出现两次。并且要求解决方案的时间复杂度为 $O(\log n)$ 和空间复杂度为 $O(1)$。这意味着需要利用数组的有序性质以及二分查找的思想来解决问题。

具体来说，对于任何位置 mid，可以比较 nums[mid]和 nums[mid+1]。因为所有的元素都应该出现两次，所以如果这两个元素相等，那么只出现一次的元素必然在它们之后，因此可以更新 left 为 mid+2。如果这两个元素不相等，那么只出现一次的元素必然在它们之前或者就是 nums[mid]，因此可以更新 right 为 mid。通过这种方式，能在 $O(\log n)$ 的时间复杂度内找出只出现一次的元素。图 9.6 展示了当 nums=[1,1,2,3,3,4,4,8,8]时的查找过程。

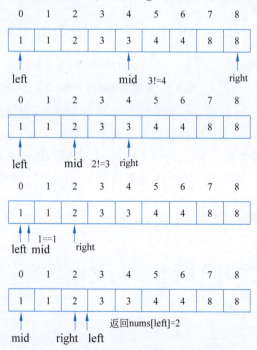

图 9.6 二分法查找单一元素过程示例

在实现时,代码中应首先检查 mid 是否为奇数,如果是,则将其减 1,保证 mid 是偶数,这样就能保证如果 nums[mid]和 nums[mid+1]相等,则只出现一次的元素在它们之后。如果 nums[mid]和 nums[mid+1]不相等,则只出现一次的元素在它们之前或者就是 nums[mid]。这是利用了题目中元素出现两次的特性。

【参考代码】

```python
def singleNonDuplicate(self, nums: List[int]) -> int:
    n = len(nums)
    left = 0
    right = n - 1
    while left < right:
        mid = left + (right - left) // 2
        if mid % 2 == 1:                  #确保 mid 是偶数,使得 mid+1 是奇数
            mid -= 1
        if nums[mid] == nums[mid + 1]:
            left = mid + 2
        else:
            right = mid
    return nums[left]
```

9.2 排序

前面通过查找算法的介绍可以看出,通常希望待处理的数据按关键字大小有序排列,因为这样就可以采用查找效率较高的二分法查找。同时,在很多场合,有序的数据记录可以带来很多操纵上的便利。因此,对数据进行排序是计算机程序设计中的一种最基本的基础性操作,研究和掌握各种排序方法非常重要。

9.2.1 基本术语和概念

1. 排序的定义

排序过程可以定义为有 n 个记录的序列 $\{R_1, R_2, \cdots, R_n\}$,其相应关键字的序列是 $\{K_1, K_2, \cdots, K_n\}$,相应的下标序列为 $\{1, 2, \cdots, n\}$。通过排序,要求找出当前下标序列 $\{1, 2, \cdots, n\}$ 的一种排列 $\{p_1, p_2, \cdots, p_n\}$,使得相应关键字满足如下的非递减(或非递增)关系,即 $K_{p_1} \leqslant K_{p_2} \leqslant \cdots \leqslant K_{p_n}$,这样就得到一个按关键字有序的记录序列 $\{R_{p_1}, R_{p_2}, \cdots, R_{p_n}\}$。

例如,在一个学生成绩单记录中,包括学生的学号、姓名、性别、系别以及各科成绩等信息。如果以学号作为关键字,按照学号大小的顺序进行排序,可以形成一个按学号大小排好序的名单。如果以某科成绩作为关键字(例如英语成绩)从大到小排序,则可以形成如表 9.1 所示的学生成绩记录表。

在排序过程中,一般进行以下两种基本操作。

(1) 比较两个关键字的大小。

(2) 将记录从一个位置移动到另一个位置。

表 9.1 学生成绩表（按英语成绩从大到小排序）

学号	姓名	性别	系别	英语	数学	计算机
02007	朱金萍	男	外语系	98	78	75
02009	赵会如	女	物理系	98	85	87
02015	武新亮	男	外语系	98	80	89
02002	王成娟	女	化学系	92	95	87
02011	王生强	男	外语系	92	67	45
02028	刘镧	男	化学系	90	87	86
02013	任惠芳	女	生物系	89	92	92
02024	许易	男	物理系	88	92	90
...	...	...	...	...	...	...

其中，操作(1)对于大多数排序方法来说是必要的，而操作(2)则可以通过采用适当的存储方式予以避免，或者减少这种操作的次数。对于待排序的记录序列，有以下三种常见的存储表示方法。

(1) 向量结构，即将待排序的记录存放在一组地址连续的存储单元中。由于在这种存储方式中，记录之间的次序关系由其存储位置来决定，所以排序过程中一定要移动记录才行。

(2) 链表结构。采用链表结构时，记录之间逻辑上的相邻性是靠链接来维持的，这样在排序时，就不用移动记录元素，而只需要修改链接。这种排序方式被称为链表排序。

(3) 记录向量与地址向量结合，即将待排序记录存放在一组地址连续的存储单元中，同时另设一个指示各个记录位置的地址向量。这样在排序过程中不移动记录本身，而修改地址向量中记录的"地址"，排序结束后，再按照地址向量中的值调整记录的存储位置。这种排序方式被称为地址排序。

2. 内部排序和外部排序

根据排序时数据所占用存储器的不同，可将排序分为两类。一类是整个排序过程完全在内存中进行，称为内部排序；另一类是由于待排序记录数据量太大，内存无法容纳全部数据，排序需要借助外部存储设备才能完成，称为外部排序。

3. 排序的稳定性

上面所说的关键字 K_i 可以是记录 R_i 的主关键字，也可以是次关键字，甚至可以是记录中若干数据项的组合。若 K_i 是主关键字，则任何一个无序的记录序列经排序后得到的有序序列是唯一的；若 K_i 是次关键字或是记录中若干数据项的组合，当待排序的记录中存在两个或两个以上关键字相等的记录时，得到的排序结果则是不唯一的。

例如，前面介绍的学生成绩记录中，如果学号作为排序的关键字，因为每个学生的学号是唯一的，这样排序结果一定是唯一的。但是如果用某科成绩（如英语成绩）作为排序关键字，则因为有些学生的成绩可能会相同，因此按照成绩排序会出现排名相同的情况。在这种情况下，不同的排序方法可能会产生不同的排序结果。

假设 $K_i=K_j(1\leqslant i\leqslant n,1\leqslant j\leqslant n,i\neq j)$,若在排序前的序列中 R_i 领先于 R_j(即 $i<j$),经过排序后得到的序列中 R_i 仍领先于 R_j,则称所用的排序方法是稳定的;反之,当相同关键字的记录的领先关系在排序过程中发生了变化,则称所用的排序方法是不稳定的。

从排序的角度来说,无论所用的排序方法是否稳定,均能排好序。但在某些应用排序的场合,如选举和比赛等,对排序的稳定性有着特殊的要求。此时,就应该清楚所采用的排序方法的稳定性。

证明一种排序方法是稳定的,要从算法本身的步骤中加以证明。证明排序方法是不稳定的,只需给出一个反例说明。

本节主要讨论内部排序,并且是在线性结构上各种排序方法的实现。为了讨论方便,本节以对存储于列表 a 中的 n 个整数进行从小到大排序来介绍各个排序算法。

9.2.2 选择排序

选择排序是一种简单直观的排序算法。如图 9.7 所示,进行选择排序时可以把列表 a 看作由"有序"与"无序"两部分组成。

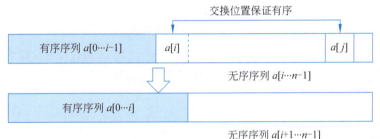

图 9.7 一趟选择排序算法思路示意

刚开始时,有序部分只有 0 个元素;而最后,有序部分有 n 个元素。在每一趟排序的过程中,都要从当前的无序部分中选出一个最小的元素,如 $a[j]$,然后把它与无序部分的第一个元素 $a[i]$ 交换。这样,有序部分会增加一个元素,而无序部分会减少一个元素。因此,重复这个过程 $n-1$ 趟就可以得到 n 个有序的数据。

图 9.8 显示了对[35,24,96,12,76,31,43,76,21]的列表 a 进行选择排序的过程,图中以灰色区域代表有序部分。为了更好地和代码相对应,把最开始的一趟排序称为第 0 趟排序。

对于第 0 趟排序,整个数据都是无序的,因此无序部分的范围是 $a[0]\sim a[n-1]$,在其中找到最小值 12,将其与无序部分的第一个元素 $a[0]$ 进行交换后,即可完成第 0 趟排序。

第 1 趟排序,此时有序部分已经有了一个元素 $a[0]$,因此无序部分的范围是 $a[1]\sim a[n-1]$,在其中找到最小值 21,将其与无序部分的第一个元素 $a[1]$ 进行交换后,即可完成第 1 趟排序。

以此类推,对于第 i 趟排序,需要在 $a[i]\sim a[n-1]$ 范围内寻找最小值 $a[j]$,若 j 不等于 i,则需要交换 $a[i]$ 与 $a[j]$。

当总共进行了 $n-1$ 趟选择排序后,无序部分只有 $a[n-1]$ 一个元素,因此不必再做处理。

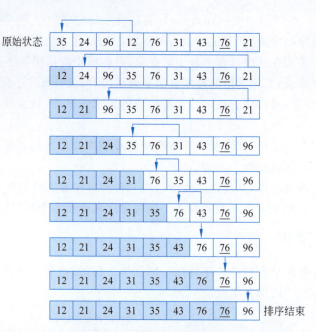

图 9.8 选择排序的过程

选择排序算法的实现可以参考代码清单 9.5 中的函数 select_sort。其中,有意把每一趟遍历后的结果打印出来,便于读者去观察数据排序的过程。

代码清单 9.5　选择排序

```python
def select_sort(a):
    n = len(a)
    for i in range(n - 1):
        j = i
        for k in range(i + 1, n):          #在当前无序范围内寻找最小值
            if a[k] < a[j]:
                j = k
        if i != j:
            a[i], a[j] = a[j], a[i]        #交换位置
            print("第{}趟".format(i), a)   #输出过程
#主程序
alist = [35, 24, 96, 12, 76, 31, 43, 76, 21]
print("排序前", alist)
print("=====排序过程========")
select_sort(alist)
print("=====排序结束========")
print("排序后", alist)
```

运行代码清单 9.5 的结果如下。

```
排序前 [35, 24, 96, 12, 76, 31, 43, 76, 21]
=====排序过程========
第 0 趟 [12, 24, 96, 35, 76, 31, 43, 76, 21]
第 1 趟 [12, 21, 96, 35, 76, 31, 43, 76, 24]
第 2 趟 [12, 21, 24, 35, 76, 31, 43, 76, 96]
```

```
第 3 趟 [12, 21, 24, 31, 76, 35, 43, 76, 96]
第 4 趟 [12, 21, 24, 31, 35, 76, 43, 76, 96]
第 5 趟 [12, 21, 24, 31, 35, 43, 76, 76, 96]
第 6 趟 [12, 21, 24, 31, 35, 43, 76, 76, 96]
第 7 趟 [12, 21, 24, 31, 35, 43, 76, 76, 96]
=====排序结束========
排序后 [12, 21, 24, 31, 35, 43, 76, 76, 96]
```

在 select_sort 函数中,位于内层 for 循环中的比较操作 $a[k]<a[j]$ 是本算法中执行频率最高的原操作。选择排序过程中需要进行的比较次数与初始状态下待排序的序列的排列情况无关。当 $i=0$ 时,需进行 $n-1$ 次比较;当 $i=1$ 时,需进行 $n-2$ 次比较;以此类推,共需要进行的比较次数是 $(n-1)+(n-2)+\cdots+2+1=n(n-1)/2$。因此本算法的时间复杂度恒为 $O(n^2)$。

在选择排序过程中,所需移动记录的次数比较少。最好情况下,即待排序记录初始状态就已经是正序排列了,则不需要移动记录。最坏情况下,即待排序记录初始状态是按逆序排列的,则需要移动记录的次数最多为 $n-1$。

对于选择排序,很容易找到一个反例,证明它不是稳定的排序算法。例如,对序列 $a=[50_1,50_2,20]$,使用选择排序的方法,从小到大排序后得到 $[20,50_2,50_1]$。这个序列中有两个 50,分别用脚注 1、2 来表示第 1 个 50 和第 2 个 50,排序后这两个 50 的先后次序就发生了变化。

9.2.3 冒泡排序

进行冒泡排序时,依然可以把列表看成由有序与无序两部分组成。刚开始时,全是无序的,而最后全是有序的。冒泡排序是一种简单的交换类排序方法,它是通过相邻的数据元素的交换,逐步将待排序的无序序列变成有序序列的过程。冒泡排序的基本思想是:从头扫描序列的无序部分,在扫描的过程中顺次比较相邻的两个元素的大小,将不合顺序(这里指前面小、后面大)的交换。通过这种方式,无序部分中的最大值就会像气泡冒出一样,慢慢地被交换到无序部分的最后一个位置上。这样有序部分会扩大一个元素,而无序部分会减少一个元素。

图 9.9 展示了对待排序记录 $a=[35,24,96,12,76,31,43,76,21]$ 进行最开始的一趟冒泡排序的过程(同样地,在这里,为了更好地和代码相对应,把最开始的一趟排序称为第 0 趟排序)。此时,整个序列都是无序的。图中灰色背景的是正在比较的一对元素,双向箭头弧线表示两者需要交换,带×标志的双向箭头弧线表示两者不需要交换。如果列表中有 n 个元素,那么第 0 趟遍历要比较 $n-1$ 对。注意,通过这样的比较与交换,最大的元素 96 会一直往后挪,直到遍历过程结束。

然后,当第 1 趟遍历开始时,最大值已经在正确位置上了。因此序列中的无序部分的范围是 $a[0]\sim a[n-2]$,因此只需对该范围内的 $n-1$ 个元素按类似的方式进行比较(和交换),也就是说,要比较 $n-2$ 对。同样地,这一趟遍历会将次大的元素 76 放在倒数第二个位置上,有序部分增加了一个元素。

以此类推,第 i 趟遍历时,无序部分的范围是 $a[0]\sim a[n-1-i]$,需要比较 $n-1-i$ 对。当遍历 $n-1$ 趟后,无序部分只有 $a[0]$ 一个元素,不必再做处理,排序结束。代码清

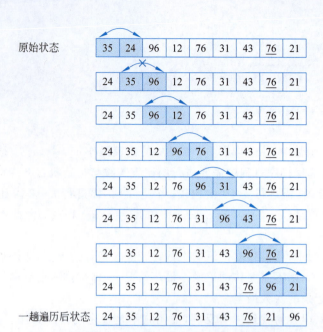

图 9.9　一趟冒泡排序算法过程示例

单 9.6 给出了完整的 bubble_sort 函数。该函数以一个列表为参数，必要时会交换其中的元素。

代码清单 9.6　冒泡排序算法

```python
def bubble_sort(a):
    n = len(a)
    for i in range(n - 1):
        for j in range(n - 1 - i):
            if a[j] > a[j + 1]:
                a[j], a[j + 1] = a[j + 1], a[j]
        print("第{}趟".format(i), a)


#主程序
alist = [35, 24, 96, 12, 76, 31, 43, 76, 21]
print("排序前", alist)
print("=====排序过程========")
bubble_sort(alist)
print("=====排序结束========")
print("排序后", alist)
```

运行代码清单 9.6 的结果如下。

```
排序前 [35, 24, 96, 12, 76, 31, 43, 76, 21]
=====排序过程========
第 0 趟 [24, 35, 12, 76, 31, 43, 76, 21, 96]
第 1 趟 [24, 12, 35, 31, 43, 76, 21, 76, 96]
第 2 趟 [12, 24, 31, 35, 43, 21, 76, 76, 96]
第 3 趟 [12, 24, 31, 35, 21, 43, 76, 76, 96]
第 4 趟 [12, 24, 31, 21, 35, 43, 76, 76, 96]
```

```
第 5 趟 [12, 24, 21, 31, 35, 43, 76, 76, 96]
第 6 趟 [12, 21, 24, 31, 35, 43, 76, 76, 96]
第 7 趟 [12, 21, 24, 31, 35, 43, 76, 76, 96]
=====排序结束=========
排序后 [12, 21, 24, 31, 35, 43, 76, 76, 96]
```

对于代码清单 9.6 中实现的冒泡排序算法，不管一开始元素是如何排列的，给含有 n 个元素的列表排序总需要遍历 $n-1$ 趟。第 0 趟比较 $n-1$ 次，第 1 趟比较 $n-2$ 次，最后一趟，即第 $n-2$ 趟比较 1 次。总的比较次数是前 $n-1$ 个整数之和，即 $(n-1)+(n-2)+\cdots+2+1=\dfrac{n(n-1)}{2}$，因此，该算法的时间复杂度是 $O(n^2)$。在最好情况下，列表已经是有序的，不需要执行交换操作。在最坏情况下，每一次比较都将导致一次交换。另外，从代码实现中可以看到，只有当前面的元素大于后面的元素，才交换其前后位置；两者相等时不交换，前后位置关系不变。因此，冒泡排序法是一种稳定的排序方法。

按上述方式实现的冒泡排序通常被认为是效率最低的排序算法，因为不管一开始元素是如何排列的，每一趟排序中无序部分的范围总是依次缩减 1 个元素，给含有 n 个元素的列表排序总需要遍历 $n-1$ 趟。显然，这里存在可以优化的地方。

(1) 如果当前这一趟排序过程中，最后一次交换发生在 $a[j]$ 与 $a[j+1]$ 之间，就说明序列中 $a[j+1\cdots n-1]$ 中的元素已经有序排列，那么下一趟冒泡排序的排序范围可以限制在 $a[0\cdots j]$，而不必循规蹈矩地逐个减少。

(2) 特别地，如果在当前这一趟遍历中没有发生元素交换，就可以确定列表已经有序，从而结束排序。

因此，可以修改前面冒泡排序函数，使其能更加灵活地调整下一趟排序的范围以及终止排序。代码清单 9.7 实现了如上所述的修改，这种排序通常被称作短冒泡。代码中采用变量 lastExchangeIndex 来记录最后一次发生交换的位置。在每一趟排序开始时，将 lastExchangeIndex 初始化为 0。如果在这一趟排序过程中发生了交换，那么就更新 lastExchangeIndex 的值；如果没有交换，lastExchangeIndex 的值维持 0 不变。当这一趟排序结束时，将 lastExchangeIndex 的值赋值给表征下一趟排序范围的变量 i。若 i 为 0，则会退出 while 循环，终止排序。

代码清单 9.7　冒泡算法改进，短冒泡

```python
def bubble_sort(a):
    n = len(a)
    i = n - 1
    while i > 0:
        lastExchangeIndex = 0
        for j in range(i):
            if a[j] > a[j + 1]:
                a[j], a[j + 1] = a[j + 1], a[j]
                lastExchangeIndex = j
        i = lastExchangeIndex
```

9.2.4　插入排序

插入排序的基本思想是：在一个已排好序的记录子集的基础上，每一步将下一个待排序的记录有序插入已排好序的记录子集中,直到将所有待排记录全部插入为止。打扑克牌时的抓牌就是插入排序一个很好的例子,每抓一张牌,插入合适位置,直到抓完牌为止,即可得到一个有序序列。

直接插入排序是一种最基本的插入排序方法。其基本操作是将第 i 个记录插到前面 $i-1$ 个已排好序的记录中,具体过程为:将第 i 个记录的关键字 K_i 顺次与其前面记录的关键字 $K_{i-1},K_{i-2},\cdots,K_1$ 进行比较,将所有关键字大于 K_i 的记录依次向后移动一个位置,直到遇见一个关键字小于或等于 K_i 的记录 K_j,此时 K_j 后面必为空位置,将第 i 个记录插入空位置即可,如图9.10所示。

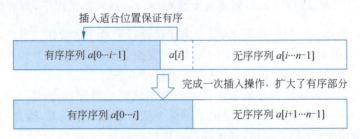

图 9.10　直接插入排序算法

完整的直接插入排序是从 $i=2$ 开始,也就是说,将第 1 个记录视为已排好序的单元素子集合,然后将第 2 个记录插入单元素子集合中。i 从 2 循环到 n,即可实现完整的直接插入排序。

图 9.11 给出了一个完整的直接插入排序实例。图中阴影部分为当前已排好序的记录子集合。

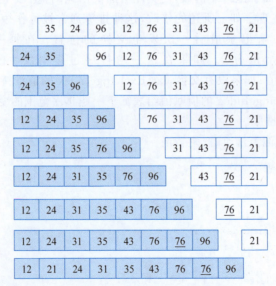

图 9.11　直接插入排序实例

代码清单 9.8　插入排序

```
def insert_sort(a):
    n = len(a)
```

```python
    for i in range(1, n):
        x = a[i]                        #x 记录待插入的元素
        j = i - 1                       #有序部分从 a[0]到 a[i-1]
        while j >= 0 and a[j] > x:
            a[j + 1] = a[j]             #后移元素
            j -= 1
        #插到适当位置
        a[j + 1] = x
        print("第{}趟".format(i), a)

#主程序
alist = [35, 24, 96, 12, 76, 31, 43, 76, 21]
print("排序前", alist)
print("=====排序过程========")
insert_sort(alist)
print("=====排序结束========")
print("排序后", alist)
```

运行代码清单 9.8 的结果如下。

```
排序前 [35, 24, 96, 12, 76, 31, 43, 76, 21]
=====排序过程========
第 1 趟 [24, 35, 96, 12, 76, 31, 43, 76, 21]
第 2 趟 [24, 35, 96, 12, 76, 31, 43, 76, 21]
第 3 趟 [12, 24, 35, 96, 76, 31, 43, 76, 21]
第 4 趟 [12, 24, 35, 76, 96, 31, 43, 76, 21]
第 5 趟 [12, 24, 31, 35, 76, 96, 43, 76, 21]
第 6 趟 [12, 24, 31, 35, 43, 76, 96, 76, 21]
第 7 趟 [12, 24, 31, 35, 43, 76, 76, 96, 21]
第 8 趟 [12, 21, 24, 31, 35, 43, 76, 76, 96]
=====排序结束========
排序后 [12, 21, 24, 31, 35, 43, 76, 76, 96]
```

直接插入排序算法分析：对整个排序过程而言，最好情况是待排序记录本身已按关键字有序排列，此时总的比较次数为 $n-1$ 次，移动记录的次数也达到最小值 $2(n-1)$（每一次只对待插记录移动两次）；最坏情况是待排序记录按关键字逆序排列，此时总的比较次数达到最大值为 $n(n-1)/2$，记录移动的次数也达到最大值 $n(n-1)/2$。

算法执行的时间耗费主要取决于数据的分布情况。若待排序记录是随机的，即待排序记录可能出现的各种排列的概率相同，则可以取上述最小值和最大值的平均值，约为 $n^2/4$。因此，直接插入排序的时间复杂度为 $T(n)=O(n^2)$。

直接插入排序方法是稳定的排序方法。在直接插入排序算法中，由于待插入元素的比较是从后向前进行的，循环的判断条件就保证了后面出现的关键字不可能插到与前面相同的关键字之前。

直接插入排序算法简便，比较适用于待排序记录数目较少且基本有序的情况。当待排记录数目较大时，直接插入排序的性能就不好，为此可以对直接插入排序做进一步的改进。在直接插入排序法的基础上，从减少"比较关键字"和"移动记录"两种操作的次数着手来进行改进。

例 9.3　（力扣 88）合并两有序数组。

【问题描述】

给定两个按非递减顺序排列的整数数组 nums1 和 nums2，另有两个整数 m 和 n，分别表示 nums1 和 nums2 中的元素数目。设计算法合并 nums2 到 nums1 中，使合并后的数组同样按非递减顺序排列。

注意：最终合并后数组不应由函数返回，而是存储在数组 nums1 中。为了应对这种情况，nums1 的初始长度为 $m+n$，其中，前 m 个元素表示应合并的元素，后 n 个元素为 0，应忽略。nums2 的长度为 n。

例如，当 nums1 $=[1,2,3,0,0,0]$，$m=3$，nums2 $=[2,5,6]$，$n=3$ 时，合并之后 nums1 应为 $[1,2,2,3,5,6]$。

【解题思路】

用 Python 中的列表来表示数组。可以设定两个指针 i,j，开始时都指向两个需要合并数组的最后一个元素。同时用一个指针 p 指向合并后最后一个元素的位置。然后从后面向前面比较 nums1$[i]$ 和 nums2$[j]$ 的大小。如果哪个元素大，就把该元素放到 p 指针的位置，然后 p 指针前移，而指向大的元素的指针也前移，因为它所指向的元素已存放到指定位置了。图 9.12 是在题目描述中所给示例的情况下，i、j 以及 p 指针在合并排序过程中的状态变化示意图。该算法的时间复杂度为 $O(m+n)$。

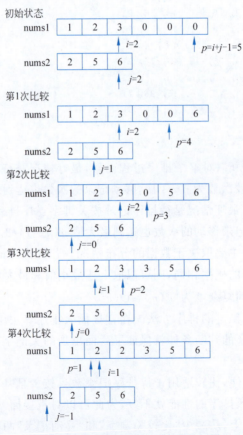

图 9.12　合并两有序数组的过程示例

【参考代码】

```
def merge(self, nums1, m, nums2, n):
    i = m - 1
    j = n - 1
    p = m + n - 1               #合并时从 nums1 空间中最后一个元素开始存放
    while j >= 0:
        if i >= 0 and nums1[i] >= nums2[j]:
            nums1[p] = nums1[i]
            i -= 1
        else:
            nums1[p] = nums2[j]
            j -= 1
        p -= 1                  #下一个存放位置,从后往前存放
```

9.2.5 希尔排序

希尔排序又称为缩小增量排序法,是一种基于插入思想的排序方法,它利用了直接插入排序这样的一个性质,即在待排序的线性表的关键字序列基本有序且排序数据元素 n 较少时,其算法的性能最佳。

希尔排序将待排序的关键字序列分成若干个较小的子序列,对子序列进行直接插入排序,最后使整个待排序序列排好序。在时间耗费上,较直接插入排序法的性能有较大的改进。

如何把序列划分为若干子序列是希尔排序算法的关键。具体实现时,首先选定距离 d_1,在整个待排序记录序列中将所有间隔为 d_1 的记录分成一组,进行组内直接插入排序;然后再取两个记录间的距离 $d_2 < d_1$,在整个待排序记录序列中,将所有间隔为 d_2 的记录分成一组,进行组内直接插入排序,直至选定两个记录间的距离 $d_t = 1$ 为止,此时只有一个子序列,即整个待排序记录序列。

如图 9.13 所示,这个列表有 9 个元素。如果设增量为 $d=3$,就有三个子列表,每个都可以应用插入排序算法进行排序,尽管列表仍然不算完全有序,但通过给子列表排序,已经让元素离它们的最终位置更近了。

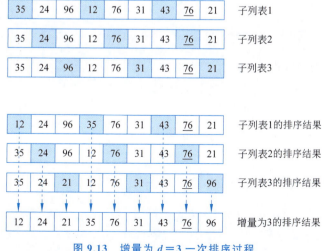

图 9.13 增量为 $d=3$ 一次排序过程

经过前面按增量 3 对各个子序列排序后,序列已比较有序了,再进行插入排序,总的移动次数大大减少了,见图 9.14。

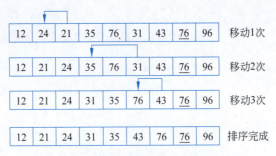

图 9.14 希尔排序的第二步移动插入

代码清单 9.9 希尔排序

```
def shell_sort(a):
    sub_count = len(a) // 2              #增量从表长的一半开始
    while sub_count > 0:
        for startpos in range(sub_count):
            gap_insertion_sort(a, startpos, sub_count)
        print("增量=", sub_count, "\n 排序结果是", a)
        sub_count = sub_count // 2       #增量每次减一半

"""子序列的插入排序"""
def gap_insertion_sort(a, start, gap):
    for i in range(start + gap, len(a), gap):
        curval = a[i]
        pos = i
        while pos >= gap and a[pos - gap] > curval:
            a[pos] = a[pos - gap]        #移动
            pos = pos - gap
        a[pos] = curval

#主程序
alist = [35, 24, 96, 12, 76, 31, 43, 76, 21]
print("排序前", alist)
print("=====排序过程========")
shell_sort(alist)
print("=====排序结束========")
print("排序后", alist)
```

运行代码清单 9.9 的结果如下。

```
排序前 [35, 24, 96, 12, 76, 31, 43, 76, 21]
=====排序过程========
增量= 4
排序结果是 [21, 24, 43, 12, 35, 31, 96, 76, 76]
增量= 2
排序结果是 [21, 12, 35, 24, 43, 31, 76, 76, 96]
增量= 1
```

```
排序结果是 [12, 21, 24, 31, 35, 43, 76, 76, 96]
=====排序结束========
排序后 [12, 21, 24, 31, 35, 43, 76, 76, 96]
```

代码清单9.9中的函数采用了一组增量。先为$n/2$个子列表排序,接着是$n/4$个子列表。最终,整个列表由基本的插入排序算法排好序。

可能有人会觉得希尔排序不可能比插入排序好,因为最后一步要做一次完整的插入排序。但实际上,列表已经由增量的插入排序做了预处理,所以最后一步插入排序不需要进行多次比较或移动。也就是说,每一趟遍历都生成了"更有序"的列表,这使得最后一步非常高效。

希尔排序的总体算法时间复杂度分析比较复杂,已经超出了本书的讨论范围,感兴趣的读者可以查阅相关文献,但是不妨了解一下它的时间复杂度。

基于上述行为,希尔排序的时间复杂度大概介于$O(n)\sim O(n^2)$。若采用代码清单9.9中的增量,则时间复杂度是$O(n^2)$。通过改变增量,如采用$2k-1(1,3,7,15,31,\cdots)$,希尔排序的时间复杂度可以达到$O(n^{3/2})$。

在希尔排序过程中,相同关键字记录的领先关系发生变化,说明**该排序方法是不稳定的**。

9.2.6 归并排序

归并排序法的基本思想是将两个或两个以上有序表合并成一个新的有序表。假设初始序列含有n个记录,首先将这n个记录看成n个有序的子序列,每个子序列的长度为1,然后两两归并,得到$n/2$个长度为2(n为奇数时,最后一个序列的长度为1)的有序子序列。在此基础上,再进行两两归并,保证归并后的序列为有序的,如此重复,直至得到一个长度为n的有序序列为止。这种方法被称作2-路归并排序。

归并排序的难点在于理解如何进行两个有序序列的2-路归并,简言之,如何将两个已经排序好的序列合并成一个更大的有序序列的过程,其具体算法思想与步骤如下。

(1) 初始化。

① 创建一个新的数组a,用来存储合并后的序列,其长度等于两个有序序列(分别记为left和right)的总长度。

② 设置三个指针:i指向第一个子序列的起始位置,j指向第二个子序列的起始位置,k指向数组a的起始位置。

(2) 比较与合并。

① 比较两个子序列当前指针所指向的元素(即left[i]和right[j])。

② 将较小的元素放入$a[k]$中,并令相应的指针(即较小元素对应的指针)和k后移一位。

③ 重复上述比较和移动操作,直到其中一个子序列的所有元素都被处理完。

(3) 处理剩余元素。

① 如果子序列left中还有剩余元素,将它们依次复制到数组a中。

② 如果子序列right中还有剩余元素,将它们依次复制到数组a中。

实际上,整个归并排序可以分为两个步骤:第一个步骤是分裂,就是逐步把待排序的序列进行一分为二分裂,第二步是两两归并的过程。图9.15展示了一个待排序列进行分裂的过程,图9.16则展示了分裂后的序列进行有序合并的过程。2-路归并排序可以采用递归方法实现,参考代码如代码清单9.10所示。

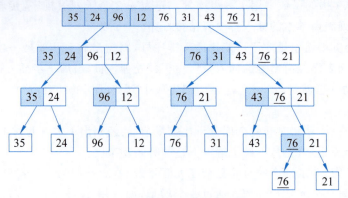

图9.15 待排序列进行分裂的过程

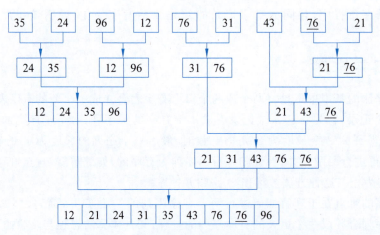

图9.16 分裂后的序列进行有序合并过程

代码清单9.10 归并排序

```
def merge_sort(a):
    if len(a) > 1:
        mid = len(a) // 2        #从序列中间分裂
        left = a[:mid]           #切片复制得到左边子序列
        right = a[mid:]          #切片复制得到右边子序列
        merge_sort(left)         #递归调用,对左边子序列进行归并排序
        merge_sort(right)        #递归调用,对右边子序列进行归并排序

        #对有序序列left和right进行2-路归并,可以将结果存放在列表a中
        i, j, k = 0, 0, 0        #初始化
        #比较与合并
        while i < len(left) and j < len(right):
            if left[i] < right[j]:
                a[k] = left[i]
```

```
                i = i + 1
            else:
                a[k] = right[j]
                j = j + 1
            k = k + 1
        #处理剩余元素
        for item in left[i:]:
            a[k] = item
            k = k + 1
        for item in right[j:]:
            a[k] = item
            k = k + 1
    print("Merging:", a)

#主程序
alist = [35, 24, 96, 12, 76, 31, 43, 76, 21]
print("排序前", alist)
print("=====排序过程========")
merge_sort(alist)
print("=====排序结束========")
print("排序后", alist)
```

运行代码清单 9.10 的结果如下。

```
排序前 [35, 24, 96, 12, 76, 31, 43, 76, 21]
=====排序过程========
Merging: [35]
Merging: [24]
Merging: [24, 35]
Merging: [96]
Merging: [12]
Merging: [12, 96]
Merging: [12, 24, 35, 96]
Merging: [76]
Merging: [31]
Merging: [31, 76]
Merging: [43]
Merging: [76]
Merging: [21]
Merging: [21, 76]
Merging: [21, 43, 76]
Merging: [21, 31, 43, 76, 76]
Merging: [12, 21, 24, 31, 35, 43, 76, 76, 96]
=====排序结束========
排序后 [12, 21, 24, 31, 35, 43, 76, 76, 96]
```

归并排序总的时间复杂度为 $O(n\log_2 n)$。在实现归并排序时，需要和待排记录等数量的辅助空间，空间复杂度为 $O(n)$。

与快速排序和堆排序相比，归并排序的最大特点是，它是一种稳定的排序方法。一般情况下，由于要求附加和待排记录等数量的辅助空间，因此很少利用 2-路归并排序进行内部排序。

类似 2-路归并排序,可设计多路归并排序法,归并的思想主要用于外部排序。

9.2.7 快速排序

在讨论的冒泡排序中,由于扫描过程中只对相邻的两个元素进行比较,因此在互换两个相邻元素时只能消除一个逆序。如果通过两个(不相邻的)元素的交换,能够消除待排序记录中的多个逆序,则会大大加快排序的速度。快速排序方法就是想通过一次交换而消除多个逆序。

快速排序的基本思想是:从待排序记录序列中选取一个记录(通常选取第一个记录),其关键字设为 pivot,然后将其余关键字小于 pivot 的记录移到前面,而将关键字大于 pivot 的记录移到后面,结果将待排序记录序列分成两个子表,最后将关键字为 pivot 的记录插到其分界线的位置处。我们将这个过程称作一趟快速排序。

通过一次划分后,就以关键字为 pivot 的记录为分界线,将待排序序列分成了两个子表,且前面子表中所有记录的关键字均不大于 pivot,而后面子表中的所有记录的关键字均不小于 pivot。对分割后的子表继续按上述原则进行分割,直到所有子表的表长不超过 1 为止,此时待排序记录序列就变成了一个有序表。

图 9.17 是快速排序中一趟排序的过程。

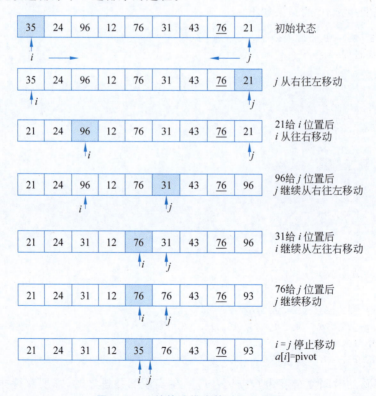

图 9.17 一趟快速排序的过程和结果

通过上述描述可以看出,快速排序也采用分治策略,可以用递归方式进行。参见代码清单 9.11。可以看到,在函数 qsort_rec(a, left, right) 中,对 a[left…right] 中元素进行一次划分,其过程如下。

(1) 设枢轴为 $a[left]$,并将它的值暂存到临时变量 pivot 中。

(2) 设两个指针 i 和 j,初始时令 $i=left,j=right$。

(3) 首先从 j 所指位置向前搜索($j-=1$),直至 $j==i$ 跳出本次划分或找到第一个小于枢轴的元素,将其移到 i 所指位置,实现小数据前移。

(4) 再从 i 所指位置向后搜索($i+=1$),直至 $i==j$ 跳出本次划分或找到第一个大于枢轴的元素,将其移至 j 所指位置,实现大数据后移。

(5) 重复上述两步,当划分结束时,此时 i 所指位置即为枢轴的最终位置。

划分好的两个区域分别为 $a[left\cdots i-1]$ 和 $a[i+1\cdots right]$。

代码清单 9.11　快速排序

```python
def qsort_rec(a, left, right):
    if left >= right:              #区间不超过1,不需要排序,退出递归
        return
    i, j = left, right
    pivot = a[i]                   #设定起始元素为基准元素
    while True:
        #从j所指位置向前搜索
        while i < j and a[j] >= pivot:
            j -= 1                 #j向左移动
        if j == i:                 #当i=j时,即找到一块快速排序的枢轴位置
            break                  #本趟结束
        else:
            a[i] = a[j]            #小记录移到左边
            i += 1
        #从i所指向后搜索
        while i < j and a[i] < pivot:
            i += 1                 #i向右移动
        if j == i:
            break
        else:
            a[j] = a[i]            #大记录移到右边
            j -= 1
    a[i] = pivot                   #将基准元素放到该位置
    print("一趟排序后", a)
    qsort_rec(a, left, i - 1)      #递归处理左半区
    qsort_rec(a, i + 1, right)     #递归处理右半区

def quick_sort(a):
    qsort_rec(a, 0, len(a) - 1)

#主程序
alist = [35, 24, 96, 12, 76, 31, 43, 76, 21]
print("排序前", alist)
print("=====排序过程========")
quick_sort(alist)
print("=====排序结束========")
print("排序后", alist)
```

运行代码清单 9.11 的结果如下。

```
排序前 [35, 24, 96, 12, 76, 31, 43, 76, 21]
=====排序过程========
一趟排序后 [21, 24, 31, 12, 35, 76, 43, 76, 96]
一趟排序后 [12, 21, 31, 24, 35, 76, 43, 76, 96]
一趟排序后 [12, 21, 24, 31, 35, 76, 43, 76, 96]
一趟排序后 [12, 21, 24, 31, 35, 43, 76, 76, 96]
一趟排序后 [12, 21, 24, 31, 35, 43, 76, 76, 96]
=====排序结束========
排序后 [12, 21, 24, 31, 35, 43, 76, 76, 96]
```

分析快速排序的时间耗费，共需进行多少趟，取决于递归调用深度。可以分析得出快速排序的时间复杂度近似为 $O(n\log_2 n)$。快速排序是不稳定的。

小结

本章主要以线性表为基本数据结构介绍了计算机科学中最重要的两类算法——查找和排序。查找中主要介绍了两个最基本的查找算法：顺序查找和二分查找。在数据有序的情况下，二分法查找会有更高的查找速度。排序中主要介绍了几种常见的排序算法，如选择排序、冒泡排序、插入排序、希尔排序、归并排序以及快速排序。在不同的数据情况下，它们排序的性能会有不同，在使用时，应根据具体的数据情况以及应用情况进行选择，如表 9.2 所示。

表 9.2 各种排序算法的性能比较

排序算法	平均时间复杂度	最好情况	最坏情况	空间复杂度	稳定性
选择排序	$O(n^2)$	$O(n^2)$	$O(n^2)$	$O(1)$	不稳定
冒泡排序	$O(n^2)$	$O(n)$	$O(n^2)$	$O(1)$	稳定
插入排序	$O(n^2)$	$O(n)$	$O(n^2)$	$O(1)$	稳定
希尔排序	$O(n\log n)$	$O(n\log_2 n)$	$O(n\log_2 n)$	$O(1)$	不稳定
归并排序	$O(n\log n)$	$O(n\log n)$	$O(n\log n)$	$O(n)$	稳定
快速排序	$O(n\log n)$	$O(n\log n)$	$O(n^2)$	$O(\log n)$	不稳定

请读者注意，目前排序算法已有很多，如堆排序、计数排序、桶排序、基数排序等，可以参考其他相关材料来学习。

习题

1. 加深对经典排序算法的理解

设待排序的关键字序列为{12,2,16,30,28,10,16 * ,20,6,18}，试分别写出使用以下排

序方法,每趟排序结束后关键字序列的状态(从小到大):①选择排序;②冒泡排序;③插入排序;④希尔排序;⑤归并排序;⑥快速排序。

2.（力扣 240）搜索二维矩阵 Ⅱ

【题目描述】

设计一个高效的算法来搜索矩阵 matrix 中是否存在一个目标值 target。该矩阵具有以下特性:每行的元素从左到右升序排列。每列的元素从上到下升序排列。注意,矩阵大小不超过 300×300,其中元素绝对值不超过 10^9。

例如,当 matrix=[[1,4,7,11,15],[2,5,8,12,19],[3,6,9,16,22],[10,13,14,17,24],[18,21,23,26,30]]时,给定 target=5,应返回 True;而给定 target=20,应返回 False。

3.（力扣 35）搜索插入位置

【题目描述】

给定一个无重复元素的升序排列数组 nums 和一个目标值 target,要求设计时间复杂度为 $O(\log n)$ 的算法在数组中找到目标值,并返回其索引。如果目标值不存在于数组中,返回它将会被按顺序插入的位置。

【示例】

```
输入: nums = [1,3,5,6], target = 5
输出: 2
```

4.（力扣 162）寻找峰值

【题目描述】

峰值元素是指其值严格大于左右相邻值的元素。给定一个元素个数小于 1000 的整数数组 nums,要求设计时间复杂度为 $O(\log n)$ 的算法找到峰值元素并返回其索引。数组可能包含多个峰值,在这种情况下,返回任何一个峰值所在位置即可。可以假设 $\text{nums}[-1]=\text{nums}[n]=-\infty$。

注意:题目数据保证 $-2^{31} \leqslant \text{nums}[i] \leqslant 2^{31}-1$,且对于所有有效的 i 都有 $\text{nums}[i] \neq \text{nums}[i+1]$。

【示例】

```
输入: nums = [1,2,1,3,5,6,4]
输出: 1 或 5
```

解释:算法可以返回索引 1,其峰值元素为 2;或者返回索引 5,其峰值元素为 6。

5.（力扣 922）按奇偶排序数组 Ⅱ

【题目描述】

给定一个非负整数数组 nums,nums 中一半整数是奇数,一半整数是偶数。设计算法对数组进行排序,以便当 $\text{nums}[i]$ 为奇数时,i 也是奇数;当 $\text{nums}[i]$ 为偶数时,i 也是偶数。可以返回任何满足上述条件的数组作为答案。

注意:nums 的元素个数保证是偶数,且不超过 20 000;$0 \leqslant \text{nums}[i] \leqslant 1000$。

【示例】

输入:nums = [4,2,5,7]
输出:[4,5,2,7]

解释:[4,7,2,5],[2,5,4,7],[2,7,4,5]也会被接受。

附录 A LeetCode 网站在线编程说明

1. 为什么推荐 LeetCode 网站进行实训

（1）LeetCode 是全球领先的在线编程学习平台，其题目库广泛覆盖 IT 大公司的真实面试题，为求职者提供了宝贵的实战经验。

（2）LeetCode 的部分题目与数据结构课程内容紧密相连，题目难度适中，有助于学生将理论知识应用于实际问题解决中。

（3）LeetCode 倡导核心代码设计模式，让编程者专注于算法的实现，而无须分心于输入/输出的处理，从而更高效地解决问题。

（4）LeetCode 提供了一个活跃的讨论平台，用户可以在此交流学习心得，借鉴他人的解题思路，共同进步。

（5）许多题目配有 LeetCode 官方的文字或视频讲解，为自学者提供了丰富的学习资源。

（6）LeetCode 支持多种主流编程语言，包括但不限于 C/C++、Java、Python 等，满足不同用户的编程习惯。

2. 利用 LeetCode 网站实训的步骤

（1）访问 LeetCode 官网，注册成为免费用户，或选择升级为 VIP 用户，以享受更多服务。

（2）单击"题库"，通过题目名称、内容或编号进行搜索，或按标签分类浏览。选择题目后，进入"题目描述"页面，仔细阅读任务要求、目的和提示信息。若有需要，可以在"题目描述"页面上方单击"题解"标签，查看 LeetCode 官方或其他用户发布的解题思路，以获得启发。

（3）题目描述页面的右边是代码提交框，首先在语言框中选择熟悉的编程语言，如 Python3。然后在代码框中编写或粘贴代码。

（4）单击页面上方的"提交"按钮，LeetCode 平台将执行程序。如果程序存在问题，平台会提供错误信息；如果程序正确执行，将获得程序在 LeetCode 网站所有提交代码中执行时间、内存消耗的相对排名。

3. LeetCode 的核心代码设计模式

LeetCode 网站的在线编程题目专注于算法（函数）的设计和实现。以 Python 3 语言为例，用户在 LeetCode 的代码提交框中通常需要完成一个名为 Solution 的类中的特定实例方法的定义。这个方法即是题目要求实现的核心算法，其参数和返回值已由平台根据题目需求预先设定。用户只需遵循算法的逻辑，完成该函数定义体的代码编写，随后单击页面上方的"运行"或"提交"按钮，LeetCode 平台将自动执行程序，评估算法的正确性和效率，用户无须额外定义 Solution 类的实例并调用相应方法来进行测试。这种设计使得用户可以专注于算法逻辑的编写，而无须分心于数据的输入和输出。

然而需要注意的是，LeetCode 的免费用户无法在线调试代码。因此，当遇到程序执行错误时，用户可能需要在本地环境中进行调试和纠错。对于涉及单链表、二叉树、图等复杂数据结构的题目，建议用户首先在本地机器上设计并实现这些数据结构的基本操作算法，如创建、遍历和输出等。完成这些基础后，再根据题目要求实现特定的算法，构建一个包含完整输入和输出的程序，以便于进行有效的测试和验证。

参 考 文 献

[1] 裘宗燕. 数据结构与算法(Python语言描述)[M]. 北京：北京大学出版社,2017.
[2] 严蔚敏,陈文博. 数据结构及应用算法教程(修订版)[M]. 北京：清华大学出版社,2011.
[3] 约翰·策勒. Python程序设计[M]. 3版. 北京：人民邮电出版社,2018.
[4] 布拉德利·米勒,戴维·拉努姆. Python数据结构与算法分析[M]. 2版. 北京：人民邮电出版社,2019.
[5] 余青松. Python程序设计与算法教程[M]. 北京：清华大学出版社,2017.
[6] 李春葆. 数据结构 LeetCode 在线编程实训(C/C++语言)[M]. 北京：清华大学出版社,2022.
[7] 胡松涛. 图解 LeetCode 初级算法(Python版)[M]. 北京：清华大学出版社,2020.
[8] 陈良旭. 数据结构和算法基础 Python语言实现[M]. 北京：北京大学出版社,2020.
[9] Kenneth A L. 数据结构(Python语言描述)[M]. 李军,译. 北京：人民邮电出版社,2017.

图书资源支持

感谢您一直以来对清华版图书的支持和爱护。为了配合本书的使用,本书提供配套的资源,有需求的读者请扫描下方的"书圈"微信公众号二维码,在图书专区下载,也可以拨打电话或发送电子邮件咨询。

如果您在使用本书的过程中遇到了什么问题,或者有相关图书出版计划,也请您发邮件告诉我们,以便我们更好地为您服务。

我们的联系方式:

清华大学出版社计算机与信息分社网站:https://www.shuimushuhui.com/

地　　址:北京市海淀区双清路学研大厦 A 座 714

邮　　编:100084

电　　话:010-83470236　010-83470237

客服邮箱:2301891038@qq.com

QQ:2301891038(请写明您的单位和姓名)

资源下载: 关注公众号"书圈"下载配套资源。

书圈

清华计算机学堂

观看课程直播